甘肃省地质灾害专业监测示范与研究

丛 凯　毕远宏　李玉山 ◎著

河海大学出版社
·南京·

图书在版编目(CIP)数据

甘肃省地质灾害专业监测示范与研究 / 丛凯，毕远宏，李玉山著. -- 南京：河海大学出版社，2024.3
ISBN 978-7-5630-8922-2

Ⅰ.①甘… Ⅱ.①丛… ②毕… ③李… Ⅲ.①地质灾害－监测系统－预警系统－研究－甘肃 Ⅳ.①P694

中国国家版本馆CIP数据核字(2024)第073183号

书　　名	甘肃省地质灾害专业监测示范与研究
书　　号	ISBN 978-7-5630-8922-2
责任编辑	章玉霞
特约校对	姚　婵
装帧设计	徐娟娟
出版发行	河海大学出版社
地　　址	南京市西康路1号(邮编:210098)
电　　话	(025)83737852(总编室)
	(025)83722833(营销部)
	(025)83787107(编辑室)
经　　销	江苏省新华发行集团有限公司
排　　版	南京布克文化发展有限公司
印　　刷	广东虎彩云印刷有限公司
开　　本	787毫米×1092毫米　1/16
印　　张	15.5
字　　数	374千字
版　　次	2024年3月第1版
印　　次	2024年3月第1次印刷
定　　价	99.00元

前言

Preface

我国是世界上受地质灾害威胁严重的国家之一。受太平洋板块、印度洋板块和亚欧板块运动作用，我国构造与地震活动强烈，地形地貌、地质条件复杂，加上气候类型多样，人类工程活动剧烈，地质灾害易发、多发、频发。截至2020年底，全国登记在册地质灾害隐患点共有328 654处，潜在威胁1 399万人和6 053亿元财产的安全。按类型划分，滑坡130 202处、崩塌67 383处、泥石流33 667处、不稳定斜坡84 782处，其他类型地质灾害12 620处。2021年，全国共发生地质灾害4 772起，造成80人死亡、11人失踪，直接经济损失32亿元。从灾情类型看，滑坡2 335起、崩塌1 746起、泥石流374起、地面塌陷285起、地裂缝21起、地面沉降11起。从灾情等级看，特大型地质灾害35起，大型地质灾害27起，中型地质灾害328起，小型地质灾害4 382起。可见，地质灾害已成为人类生存发展、工程建设甚至休闲活动无法回避的重要问题。

甘肃省地处中国内陆，位于青藏高原、黄土高原、内蒙古高原交汇地带，境内地质构造复杂，地貌类型多样，生态环境脆弱，地震频发，降雨集中，崩塌、滑坡、泥石流等地质灾害多发、频发，是我国地质灾害最为严重的省份之一。地质灾害具有复杂性、多样性、隐蔽性等特征。近年来，极端天气增多，局部强降雨引发地质灾害的风险增加，地质环境条件发生强烈变化，引发灾害的因素不断增加，地质灾害发生的频率升高，突发、群发现象突出，灾害的隐蔽性也越来越强，颠覆了以往对地质灾害的常规认识。

2011年，国务院颁布了《国务院关于加强地质灾害防治工作的决定》（国发〔2011〕20号），明确了建立健全地质灾害调查评价、监测预警、防治、应急四个体系的核心任务。党的十八大以来，党中央密切关注防灾减灾工作，2018年习近平总书记在中央财经委员会第三次会议上提出，要实施地质灾害综合治理和避险移民搬迁工程，落实好"十三五"地质灾害避险搬迁任务；实施自然灾害监测预警信息化工程，提高多灾种和灾害链综合监测、风险早期识别和预报预警能力。并提出"以人民为中心"的发展思想，坚持"人民至上、生命至上"的原则，牢牢把握"坚持以防为主、防抗救相结合，坚持常态减灾和非常态救灾相统一，努力实现从注重灾后救助向注重灾前预防转变，从应对单一灾种向综合减灾转变，从减少灾害损失向减轻灾害风险转变"的"两个坚持、三个转变"防灾减灾救灾总要求,始终把群众生命财产安全放在首要位置,健全完善地质灾害防治体系,提高地质灾害监测预警预报能力和防治水平,有效防范地质灾害发生。

  监测预警工作作为地质灾害综合防治体系建设的重要组成部分,逐步成为灾前预防、减少地质灾害造成的人员伤亡和财产损失的重要手段。"十二五"以来,我国建立了已知地质灾害隐患点全覆盖的群测群防体系,地质灾害气象风险预警持续完善,该体系可用于专业监测重大地质灾害隐患,已在各级示范区开展应用,防灾减灾成效显著。2022年,全国共发生地质灾害5 659起,其中滑坡3 919起、崩塌1 366起、泥石流202起、地面塌陷153起、地裂缝4起、地面沉降15起,共造成90人死亡、16人失踪、34人受伤,造成直接经济损失15.0亿元。而在2022年,通过"人防＋技防"的手段,全国共成功预报地质灾害321起,涉及可能伤亡人员7 226人,避免直接经济损失6亿元。当前,智能传感、物联网、大数据、云计算和人工智能等新技术快速发展,为构建地质灾害自动化监测预警网络提供了技术支撑。在此背景下,充分依托群测群防体系和专业监测工作基础,遵循"以人为本,科技防灾"理念,基于对地质灾害形成机理和发展规律的认识,重点聚焦临灾预警需求,开展专业化立体综合监测预警点建设,提升地质灾害"人防＋技防"能力水平,支撑地方政府科学决策与受威胁群众防灾避险,成为未来监测预警工作发展的必然趋势。

  本书所指的专业监测含义与以往不同,即针对威胁人数多且不易搬迁、治理难度大且风险性高的重大地质灾害隐患点,利用自动化监测仪器和技术,对灾害体地表及深部变形破坏、相关因素、宏观前兆等指标开展专业化立体综合监测预警。

  本书研究的目标是介绍专业监测项目的工作方法及内容,提出监测数据的分析办法及手段,拓展预警模型的研究方式及思路,并以典型监测点为实例全过程展示专业监测点建设工作,总结工作中存在的问题;为提高监测预警技防水平、支撑和服务地质灾害灾前预防工作提供经验,为其他省份开展此类工作提供示范,也为专业监测工作的研究发展提供参考。

  甘肃省自2020年起已开展多期专业监测项目,截至目前,已建设专业监测点26处。本书以专业监测项目建设内容为主,综合近年来开展的普适性监测项目经验,在地质灾害调查、勘查,监测设备选取、布设、维保,数据采集、挖掘等工作的基础上分析研究而成的。全书共计六个章节,总计37.4万字,其中前文,第1、2、3章及参考文献由丛凯编写,共计12.5万字;第4、5章由毕远宏编写,共计12.3万字;第6章由李玉山编写,共计12.6万字,魏洁、陈龙、张馨予、代宝峰等人也参与了本书的编写工作。

  本书引用了甘肃省地质环境监测院完成的相关课题成果。其中,基于位移监测数据的预警阈值研究、基于地质原型的计算模型预警、滑坡三维数值模拟研究得到了兰州大学张帆宇研究团队的大力支持;在基于泥石流运动过程定量评价的物理模型及计算技术模拟研究中,中国科学院·水利部成都山地灾害与环境研究所给予了大力支持;在撰写过程中,得到了甘肃省自然资源厅、甘肃省地质矿产勘查开发局和甘肃省地质环境监测院领导、专家一如既往的关心、支持和帮助,并提出了许多宝贵意见,在此致以衷心的感谢!

  由于编者学术水平有限,书中难免有不妥之处,敬请读者批评指正!

编 者
2023年12月

目 录
Contents

第1章 绪论 ·········· 001
1.1 地质灾害监测预警工作国内外现状 ·········· 001
    1.1.1 监测预警技术研究 ·········· 001
    1.1.2 监测预警模型研究 ·········· 003
    1.1.3 不同灾害类型的监测研究 ·········· 005
1.2 甘肃省地质灾害监测预警工作开展情况 ·········· 013
    1.2.1 国家级、省级监测预警示范区网络建设 ·········· 013
    1.2.2 甘肃省地质灾害专群结合监测点建设 ·········· 015
    1.2.3 甘肃省地质灾害专业监测点建设 ·········· 017
1.3 目前存在的问题 ·········· 019

第2章 甘肃省地质环境背景条件及地质灾害 ·········· 022
2.1 区域自然地理特征 ·········· 022
    2.1.1 地理位置 ·········· 022
    2.1.2 地形地貌 ·········· 023
    2.1.3 水文特征 ·········· 028
2.2 区域地质构造概况 ·········· 034
    2.2.1 区域地质概况 ·········· 034
    2.2.2 岩土体工程地质特征 ·········· 036
    2.2.3 区域构造概况 ·········· 038
2.3 甘肃省地质灾害概况 ·········· 042
    2.3.1 地质灾害现状 ·········· 043
    2.3.2 地质灾害灾情 ·········· 046

第3章　甘肃省地质灾害专业监测点建设 ································ 049
3.1　工作意义 ································ 050
3.2　工作内容 ································ 050
3.2.1　技术路线 ································ 051
3.2.2　资料收集 ································ 052
3.2.3　专业监测点选取 ································ 053
3.2.4　专业监测点勘查 ································ 054
3.2.5　专业监测点建设 ································ 061

第4章　专业监测数据分析 ································ 069
4.1　雨量数据统计 ································ 069
4.1.1　兰州市城关区雨量数据统计值 ································ 069
4.1.2　甘南州舟曲县雨量数据统计值 ································ 069
4.1.3　陇南市武都区雨量数据统计值 ································ 070
4.2　雨量与位移的关系 ································ 072
4.2.1　雨量与地表位移的关系 ································ 072
4.2.2　雨量与深部位移的关系 ································ 074
4.3　雨量与泥水位、流速的关系 ································ 074
4.4　雨量与土壤含水率的关系 ································ 075

第5章　预警模型模拟与研究 ································ 077
5.1　滑坡灾害预警模型模拟与研究 ································ 077
5.1.1　基于位移监测数据的预警阈值研究 ································ 077
5.1.2　基于地质原型的计算模型预警 ································ 095
5.1.3　滑坡三维数值模拟 ································ 124
5.2　泥石流灾害预警模型模拟及研究 ································ 134
5.2.1　工作内容 ································ 134
5.2.2　技术路线 ································ 135
5.2.3　创新点 ································ 135
5.2.4　物理模型 ································ 136
5.2.5　计算方法 ································ 138
5.2.6　基于动力过程的泥石流数值预警方法 ································ 140
5.2.7　渭子沟流域泥石流计算 ································ 142

第6章　典型专业监测点建设 ································ 150
6.1　大小湾滑坡 ································ 150
6.1.1　自然地理及社会经济状况 ································ 150
6.1.2　地质环境概况 ································ 154

  6.1.3 滑坡特征 …… 160
  6.1.4 滑坡稳定性评价 …… 169
  6.1.5 滑坡发展趋势及危害预测 …… 170
  6.1.6 滑坡监测仪器布设 …… 171
  6.1.7 监测数据分析 …… 174
 6.2 甘家沟泥石流 …… 183
  6.2.1 自然地理及社会经济状况 …… 183
  6.2.2 地质环境概况 …… 186
  6.2.3 泥石流形成条件 …… 193
  6.2.4 泥石流发育特征 …… 212
  6.2.5 泥石流的形成及径流特征 …… 213
  6.2.6 泥石流的堆积特征 …… 214
  6.2.7 泥石流流体特征值计算 …… 215
  6.2.8 泥石流危害特征及发展趋势 …… 218
  6.2.9 泥石流监测方案 …… 219
  6.2.10 甘家沟泥石流监测数据分析 …… 223

参考文献 …… 233

第 1 章

绪论

1.1 地质灾害监测预警工作国内外现状

地质灾害监测可利用相关技术手段获取反映地质灾害变化、影响因素的数据,用于地质灾害演化过程分析、稳定性分析或效果评价,是一门集成了地质灾害认识、仪器设备、数据分析等的综合科学技术。根据我国 2023 年地质灾害监测预警工作的开展情况,结合已有资料综合分析,将地质灾害监测预警工作大致分为三类:监测预警技术研究、监测预警模型研究和不同灾害类型的监测研究。

1.1.1 监测预警技术研究

自 20 世纪 90 年代以来,地质灾害被联合国纳入国际减灾十年计划,全球各个国家对地质灾害也越来越密切关注和高度重视,他们在地质灾害的研究方法上取得了巨大的突破,由于计算机科学发展速度非常快,一些新的科学技术和科学方法被地质灾害预警预测研究领域应用。比如,遥感(RS)技术主要用来对滑坡以及泥石流等地质灾害发生区域的影像进行解译;对面积非常巨大的区域进行空间分析则会用到地理信息系统(GIS)技术和全球定位系统(GPS)技术。全球定位系统主要用来对地质灾害监测点进行不间断的监测,专门监测影响地质灾害发生的因素,这样就能建立实时监测灾害点并能不断返回数据信息的预测预警系统。1970 年,美国的 Johnson 等发表了一篇关于泥石流运动模型的论文,这是第一次采用宾汉黏性流模型(Bingham Viscous Fluid Model)建立泥石流运动方程,它可以用来求解泥石流的最大流速。1977 年,日本的足立胜治等展开了一个关于泥石流发生危险度的判定研究,该研究主要对影响泥石流发生概率的因素做了简单的描述,主要包含地质灾害监测点的实时降雨量、监测点的泥石流形状与形态以及地质灾害监测点的地形地貌三个方面,足立胜治等为日后的泥石流危险度研究开辟了一条新的道路。1980 年,瑞典的 Eldeen 采用危险区域图来研究泥石流灾害的危险度,他是第一个将洪水的危险度研究模式引入的人。1981年,美国人Hollingsworth和Kovacs基于打分方法构建了泥石流危险度评价的最基本框架,且利用因子叠加法实现了对地质灾害危险度的评价,此方法为后面泥石流危险度的研究做了很大的铺垫,现如今,在地质灾害研究中,大多数科学家采用的基础方法就是叠加原理,在此原理的基础上做出一定的研究和深入。1984年,泥石流危险性评价的四个最主要的内容和方法被英国的Hansen总结成系统的结论,这为以后的滑坡泥石流危险性研究做出强有力的铺垫,对科学家们以后的工作也产生了非常大的影响。1991年,泥石流风险制图技术的方法及其自身存在的问题被意大利的Carrara系统总结。这些优秀的理论和方法的提出为以后科学家们研究灾害提供了强有力的支持。

与国外研究相比,我国对地质灾害的研究起步略晚。在地质灾害监测的研究中,我国已经用到了一些方法和理论基础,例如经常用到的定量方法以及最基础的非线性理论。随后,我们采用这些方法以及相应的理论知识建立了地质灾害监测点相应的管理系统以及预测方案。并且这些方法和方案在大多数地区已经得到了应用。当今,在地质灾害的监测中应用了一些新技术,这些新技术能对影响地质灾害监测的因素进行全面监测。群测群防就是在政府或者相关单位的领导下,组织与指导人民对当地灾害点进行监测。信息系统就是对地质灾害监测现场影响地质灾害发生因素的信息进行统一管理,将这些数据整理成相应的报表并上报给专业人士或者相关单位,这些单位和部门就能迅速地做出相关措施。在地质灾害研究中发现,这些监测点发生地质灾害兼有主观和客观方面的原因。主观因素指的是地质灾害监测点自身的因素,例如该区域的地形地貌等。客观因素主要是指该区域的连续强降雨量和人们对该地区自然环境的破坏等自然原因。通过先进的科学技术以及大量的理论研究,我们现已对地质灾害的发生以及这些地质灾害的分布规律做了相当多的研究,对这些影响地质灾害监测的因素都有了明确的认知,其中一些技术和理论通过深入的研究和磨炼已经走在了世界前列。同样,我国也出现了大量的监测系统,例如1999年,李长江等科学家结合地质灾害监测点的地质条件、该区域相关的水文参考和学习资料以及地质资料等进行了相当深入的研究,最终提出了一种基于GIS/ANN(人工神经网络)的群发性滑坡灾害监测概率预警预报方法。2002年,一些科学家和相关专业人士通过大量的理论和方法研究,最终开发出了滑坡地区发生灾害概率预警系统,这是集GIS与ANN于一体的区域群发性系统,这个预警系统能够自动采集监测点传感器设备的信息,让用户能够观测到监测点的实时情况,并且可以与有关单位和相关部门进行网络连接。该预警系统可以对范围内的地质灾害发生的概率进行非常迅速的评价;也可以对已经确定的、可能新增的地质灾害隐患点进行有序搜索,最终进行评价,并且可以对其做出实时预警等;还可以对该地区发生地质灾害的概率分布图进行全自动的编制以及输出,最终实现和完成地质灾害发生的时空范围和强度范围,以及地质灾害发生的分布概率的实时性预警预报,该系统不仅能实现一些相关监测数据的自动采集、分析和评估,还能在互联网上同一时间发布一些滑坡地质灾害的预报信息。2003年和2004年都是降雨量非常多的年度,该系统得到了实际应用。

地质灾害预报工作经历了从现象预报、经验预报到统计预报、灰色预报,再到非线性预报的历程,目前已进入了系统综合预报、全息预报和实时跟踪动态预报的阶段。例如近些年来,一些新的、先进的技术手段的应用和发展,一些相邻学科的渗透和新学科的兴起,为滑坡预报研究提供了新的理论方法和观测、实验、计算手段,主要研究成果有:丁铭绩等对

GIS 在滑坡预测预报中的应用进行了研究,并基于 MapInfo 开发了滑坡预测预报软件系统。殷坤龙等在传统 GIS 技术的基础上,运用二次开发技术实现了滑坡灾害空间预测与 WebGIS 的融合,并在国内率先开展了基于 Internet 和 WebGIS 的滑坡灾害预测预报系统的建立,该系统的核心是滑坡灾害预警系统模块。李彦荣从定量的角度,探讨了与滑坡时间预报密切相关的一些基本问题,并基于 GIS 初步开发了滑坡预测预报系统。刘传正等在 GIS 平台中根据致灾地质环境条件和气候因素,将中国划分为 7 个大区 28 个预警区,通过对历史上发生的地质灾害隐患点和灾害发生前 15 日内实际降水量及降水过程的统计分析,创建了地质灾害气象预警等级判据模式图,初步制作了预报预警判据图,可实现在收到中国国家气象中心全国降水预报半小时内,对所预报的次日降水过程是否诱发地质灾害和诱发灾害的空间范围、危害强度进行预警预报。

伴随着物联网及传感设备的高速发展,当前的地质灾害监测设备具有多元化特点,且设备性能与监测精度都得到了很大提高,总体来说由单一的因素监测,已逐步转向综合化、系统化、立体化监测。而最新的"空-天-地"三维一体化地质灾害监测技术,极大地促进了地质灾害早期识别、危险性评价、预警预报等技术水平。在很大程度上提高了我国地质灾害监测预警的水平。

在未来的发展趋势上,地质灾害监测预警工作将朝着高精度、自动化和实时化的方向发展。随着光学、电学、信息学、计算机技术和通信技术的发展,地质灾害监测仪器的研究开发将更加丰富,能够监测的信息种类和监测手段将越来越多。同时,随着人工智能等新技术的不断发展与应用,地质灾害监测预警工作的智能化水平也将不断提高。这些技术的发展将为地质灾害预警工作带来更多的机遇和挑战。

1.1.2　监测预警模型研究

国外对地质灾害监测的研究开始较早,20 世纪 70 年代起苏联就探索了在泥石流流通区安装震动传感器,将泥石流产生的震动以信号的形式传送至下游,向危险区居民发出报警信号的方法。美国、日本、委内瑞拉、意大利等国家曾经或正在进行面向公众的区域性降雨型滑坡实时预报。其中,美国加利福尼亚旧金山海湾地区的预警系统最具代表性。1985 年,美国地质调查局(USGS)和美国国家气象局(NWS)联合建立了一套滑坡实时预报系统,该系统是基于 1982 年 1 月 5 日在旧金山海湾地区发生的一次特大暴雨所引起的滑坡灾害数据建立的。该系统于 1986 年 2 月 12 日在该地区的另一次特大暴雨灾害中用于滑坡预报,并得到检验。该系统考虑了临界降雨强度和持续时间,并且考虑地质条件、降雨空间分布以及地形条件等。他们在整个海湾地区共设置了 45 个自动雨量站,当降雨量每增加 1 mm 时,通过自动方式将数据传送到美国地质调查局的接收中心。同时,为监测降雨期间地下水的变化,还设置了若干个孔隙水压力计,以观测斜坡中地下水压力的变化。当降雨量和降雨强度将要超过临界值时,系统就会提前预报,以减少灾害损失和人员伤亡。

在我国国内,香港最早研究降雨和滑坡关系并实施预警预报。其最早始于 1972 年 6 月 18 日发生的 SauMauPing 和 PoShan 滑坡的降雨临界值研究。后来,Brand 等人在详细分析了 1963—1983 年的滑坡数目与 1 至 30 天的累计降雨关系之后,认为香港地区的日均滑坡数量和滑坡伤亡人数与前期降雨量之间基本没有关系,但与小时降雨量关系密切;并通过对香港地区1982年资料的分析,得出当最大1 h降雨量超过40 mm时,将发生较大滑坡的结论。由于通过短历时强降雨很难提前预测滑坡,而累计降雨量在到达临界值前几个小时就可以估算到,因此采用了24 h降雨量预测滑坡的方法。经分析,香港地区24 h降雨量超过100 mm时将发生滑坡。香港特区政府于1984年启动了滑坡预警系统,该系统由86个自动雨量计构成,最后确定1 h降雨量75 mm和24 h降雨量175 mm为滑坡预报的临界降雨量。该预警系统自启动以来,平均每年发布3次滑坡预警。

近年来,我国内地在地质灾害监测方面开展了大量工作,经过多年不懈的研究,广大学者对某些典型工程地质条件下的崩滑流地质灾害预警已经取得了不少成功经验,主要经历了现象与经验判断、数学统计模型、系统综合分析及实时跟踪动态预报的阶段。

(1) 现象预报和经验方程预报

自20世纪的60—70年代开始,主要以一些发生的地质灾害为案例,总结得到其破坏现象和失稳前的宏观前兆特征并加以推断,从而得到一种经验方法即经验预报法。如滑坡前兆现象包括地表位移突变、地下水位异常、动物行为异常等。成功案例有宝成线的须家河滑坡预报;斋藤迪孝基于大量的试验,提出了蠕变破坏三阶段理论,建立了加速蠕变的微分方程,并利用该模型于1970年对日本的高场山滑坡成功进行了预报;E. Hock通过分析大量滑坡位移-时间监测曲线,提出了曲线趋势拟合的预报方法,其理论依据与斋藤是相同的。可见,经验预报法具有明显的局限性,由于不同类型的地质灾害破坏机理具有较大的差异,仅通过位移趋势拟合,难以得到较为准确的结果,但是该方法在临滑阶段具有一定的实用性。

(2) 基于数学统计分析方法的预报

随着现代数学方法的交叉应用,国内外学者利用数理统计、灰色系统、神经网络等方法建立了多种地质灾害预报模型或方法。如早期的基于累计位移与变形速率的阈值模型、基于滤波灰色分析法的滑坡中期预报模型,有引入Verhulst生物生长模型构建的滑坡预报模型、基于Verhulst反函数模型的斜坡变形量化曲线分析,还有基于黄金分割法的滑坡中长期预报模型及Markov链预测预报方法。此外,还有基于其他现代数学理论的滑坡定量化预报方法,如模糊数学方法、梯度-正弦方法、多项式拟合方法、图解法等。

基于数学统计分析方法的模型构建,考虑了影响地质灾害产生的主要因素,具有一定的量化评价基础,但是该方法主要是针对典型案例的后期数据验证,真正利用该方法成功预警预报的案例非常之少。同时,模型的数据处理与分析过程对干扰信息的剔除尚未有深刻认识,对地质灾害演化机理与变形过程的耦合分析尚未取得进展,因此其预警预报的精度受到较大影响。

(3) 非线性预报和综合预报模型

随着系统科学与非线性理论的发展及应用,学者们发现地质灾害是一种既确定又随机、既有序又无序的复杂系统,尚有大量未知因素难以量化、评价和认识。因此,非线性科学与混沌理论被引入地质灾害预警预报研究。比较具有代表性的有尖点突变模型、协同模型等。还有多种非线性科学方法的组合模型,如吴承祯等(2000)提出的BP-GA算法。同时,学者们开始引入物理模型与数值模拟方法,构建地质灾害综合预报判据,如新滩滑坡的综合信息预报模型。

随着对地质灾害演化机理的不断认识,学者们发现必须结合其变形破坏机理分析与定量方法计算,才能较好地把握其变形阶段,从而进行科学预警。因此,以地质(Geology)、机理(Mechanism)及变形(Deformation)相结合建立的 GMD 综合预警预报判据得到了巨大发展,并在三峡库区滑坡预报研究中得到了初步应用。

(4) 基于实时监测数据的预警预报模型

早期国外学者在地质灾害研究过程中,发现灾害的发生与降雨存在着关联,即当降雨量或雨强达到或超过一个临界值时,发生地质灾害的概率很大。为此,通过收集历史降雨数据及其是否诱发地质灾害,统计其导致地质灾害产生概率的大小,获得降雨临界值,随后在雨量临界线的基础上,增加土体含水率、地下水位等指标。基于降雨数据的预警方法主要用于区域地质灾害预警,对象包括浅层滑坡、剖面泥石流等;单独的崩滑体灾害一般是以变形、受力及倾斜度作为监测预警指标,如深层滑坡。许强等(2008,2009)提出斜坡变形一般要经历初始变形、等速变形、加速变形 3 个阶段,并在累计位移-时间曲线的基础上,通过坐标变换实现量纲统一,建立改进的切线角滑坡临滑预警判据。何满潮(2009)通过对滑坡体内部相对运动力学指标的监测分析,实现诱发滑坡的多因素归一为力学问题,并建立对应的预警临界值。余斌等通过对单沟泥石流详细的现场调查,将其地形、地质与降雨多因素概化为单一参数,并建立了具有较强针对性的沟谷型泥石流预警模型。此外,还有利用新型技术开展滑坡监测预警研究,如 TDR 技术、岩土体化学成分监测、基于智能裂缝监测仪的速率累计增量黄土滑坡预警。可见,基于监测数据分析的地质灾害预警模型研究是目前最为广泛、应用成果也最多的一种方法,特别是关于泥石流灾害预警方面。但是针对崩滑体的监测预警研究,由于受到个体具有明显差异性、成功案例数据偏少及规律总结不足等条件的限制,仍需要进一步开展深入研究。

1.1.3　不同灾害类型的监测研究

我国滑坡、泥石流灾害监测技术方法研究起步较晚,传统的地表位移监测手段(如刷漆法、贴片法、埋钉法等)不能满足自动化、实时监测、实时预报等各项要求,已逐渐被新技术、新方法取代。近几年大型地质灾害的频繁发生,对各地区居民的生命财产安全造成了极大的威胁,而更多的自动化程度高、实时监测的预警预报设备涌现出来,并被应用到地质灾害监测中,目前各地已建立了完备的监测预警平台。针对区域性的监测,运用了物联网、计算机、网络、卫星定位等相关技术,对各地地质灾害隐患点进行了实时监测,并通过系统平台进行了相关的灾害预警预报工作。通常可根据滑坡、泥石流等灾害形成条件、运动特征、流体特征等方面进行监测,常用的监测手段有物源监测、水源监测、流动要素监测、动力要素监测、运移冲淤监测、物质组成监测及物理化学性质监测等。

1.1.3.1　滑坡监测研究

1. 滑坡监测技术方法

按监测对象的不同,滑坡监测可分为三大类:变形特征监测、控制因素监测和诱发因素监测。

变形特征监测可分为以下几类:①地面绝对位移监测。它是最基本的常规监测方法,应用大地测量法来测得崩滑体测点在不同时刻的三维坐标,从而得出测点的位移量、位移方向与位移速率。主要使用经纬仪、水准仪、红外测距仪、激光测距仪、全站仪和高精度GPS等;利用多期遥感数据或DEM数据也可对滑坡、泥石流等灾害体进行监测;还可利用合成孔径雷达干涉测量(InSAR)技术进行大面积的滑坡监测。②地面相对位移监测。它是量测崩滑体变形部位点与点之间相对位移变化的一种监测方法,主要对裂缝等重点部位的张开、闭合、下沉、抬升、错动等进行监测,是位移监测的重要内容之一。目前常用的监测仪器有振弦位移计、电阻式位移计、裂缝计、变位计、收敛计、大量程位移计等,使用BOTDR分布式光纤传感技术也可进行监测。近年来有人使用三维激光扫描仪进行滑坡体表面监测,与GPS、全站仪等数据相结合,能够达到很好的精度。特别是在滑坡急剧变形阶段,过大的变形会破坏各种监测设施,这种情况下采用三维激光扫描仪测量来快速建立滑坡监测系统,可以满足临滑预报要求。③深部位移监测。该方法是先在滑坡等变形体上钻孔并穿过滑带以下至稳定段,定向下入专用测斜管,管孔间环状间隙用水泥砂浆(适于岩体钻孔)或砂土石(适于松散堆积体钻孔)回填固结测斜管,下入钻孔倾斜仪,以孔底为零位移点,向上按一定间隔测量钻孔内各深度点相对于孔底的位移量。常用的监测仪器有钻孔倾斜仪、钻孔多点位移计等。

控制因素监测主要是监测滑坡体的地下水和应力变化情况。地下水监测内容主要有地下水位、孔隙水压力、土体含水量等,常用的监测仪器有水位计、渗压计、孔隙水压力计、TDR土壤水分仪等。因为在地质体变形的过程中必定伴随着地质体内部应力的变化和调整,所以监测应力的变化是十分必要的,常用的仪器有锚杆应力计、锚索应力计、振弦式土压力计等。

诱发因素监测主要有以下四类:①地震监测。地震一般由专业台网监测,当地质灾害位于地震高发区时,应经常及时收集附近地震台站资料,评价地震作用对区内崩滑体稳定性的影响。②降雨量监测。降雨是触发滑坡的重要因素,因此雨量监测成为滑坡监测的重要组成部分,已成为区域性滑坡预报预警的基础和依据。现阶段一般采用遥测自动雨量计进行监测,该技术已较成熟。③冻融监测。在高纬度地区,冻融作用也是触发滑坡的因素之一,如陕北很多黄土滑坡和崩塌就发生在春季冻融之际。对于冻融触发的地质灾害,目前还没有好的专业性监测仪器能监测到,可通过地温计结合孔隙水压力计监测,研究地温变化与冻结滞水之间的关系。④人类活动监测。人类活动如掘洞采矿、削坡取土、爆破采石、坡顶加载、削坡建密、灌溉等往往诱发地质灾害,应监测人类活动的范围、强度、速度等。

2. 滑坡稳定性影响研究

在国外,许多学者从事雨水入渗对滑坡稳定性影响的研究。有些学者提出,降雨引发的滑坡是由于雨水入渗后孔隙水压力的连续变化,导致非饱和层剪切强度丧失,非饱和土体性质影响了雨水入渗率及孔隙水压力增长率(即水力响应);也导致土层剪切强度下降和边坡安全度的降低。Fredlund等(1987)研究了负孔隙水压力(基质吸力)对边坡稳定性的影响,并对边坡稳定性分析中的安全系数计算公式进行了完善,将正、负孔隙水压力都包含了进来。其对香港地区暴雨条件下的渗流和边坡稳定性的分析表明,对于浅层滑坡,负孔隙水压力在对抗剪强度的影响中起主要作用。Michelle等(2007)根据降雨量数据建立数值模型,预测有潜在滑面的滑坡体破坏规律,模型包括:瞬态渗流有限元分析计算降雨引起的孔隙水压力变化；极限平衡稳定性分析计算瞬时孔隙水压力条件下沿滑面的边坡安全系数；边坡安全系数和沿滑面坡体滑动速率的经验关系；在实测数据基础上建立优化公式用于校正数值分析结果。Enrice(2011)提出一种基于一些解析解分析暴雨引发的浅层滑坡的简化方法。这种方法结合了一个简单的渗流模型，计算在雨水入渗作用下的坡体内孔隙水压力的变化，同时评估预测降雨情况下是否会发生边坡失稳。刘礼领等(2008)应用有限单元法分别模拟了有裂隙和无裂隙条件下斜坡体渗流场的变化，并对不同埋深滑面边坡的稳定性进行了计算，结果表明考虑裂隙的模拟结果与实际情况吻合性更好。

3. 降雨激发滑坡影响研究

滑坡的最主要诱发因素是地震和降雨，现阶段地震的准确预报困难较大，因而降雨是滑坡监测预警的重要研究对象，多年来人们一直试图找到适用于某一地区的降雨量临界值（阈值、门槛值、起始值），以便对不同危险级别的滑坡进行监测和预警。国际上对这一问题的研究主要集中在 20 世纪 80、90 年代，1998 年，Glade 通过对新西兰惠林顿地区的滑坡和降雨资料进行研究，建立了确定降雨临界值的三个模型——日降雨量模型、前期降雨量模型和前期土体含水状态模型，基本概括了当前降雨诱发滑坡临界值的确定方法。Caine(1980)对全球不同地区降雨诱发滑坡关系的研究，Band 等(1984)对香港地区临界值的研究，Cannon 和 Ellen(1985)、Wieczorek(1987)、Mark 和 Newman(1989)根据 1982 年旧金山海湾地区滑坡和降雨数据建立的滑坡与降雨强度和持续时间临界关系曲线，Guidicini(1997)对巴西九个地区滑坡和降雨之间统计关系的研究，Ayalew(1999)对埃塞俄比亚 64 个监测点的滑坡和降雨量的分析研究，以及 Grozier 和 Eyles(1980)对前期土体含水量状态和雨量过剩指数的研究等，都可以归结为以上三类临界值模型。

国内对降雨诱发泥石流临界值的研究较早，如谭炳炎(1992、1995)、蒋忠信(1994)、朱平一(1995)等。滑坡降雨临界值的研究主要始于 2000 年以后，如谢剑明等(2003)对浙江省台风区和非台风区的滑坡降雨临界值做了研究；吴树仁等(2004)以三峡库区为例对滑坡预警判据做了研究；李铁峰等(2006)结合前期有效降雨量和 Logistic 模型对降雨临界值的确定做了研究，并以三峡库区做了方法验证；李媛(2006)、李昂(2007)采用不同的统计方法对四川雅安主城区降雨临界值做了研究；此外，浙江、云南、陕西、山东、宁夏等省、陇南、兰州、青岛等地都建立了自己的降雨诱发滑坡临界值，并进行了实际的预警预报。国内的降雨诱发滑坡临界值模型也都可以归结为上述的日降雨量（或降雨强度）和前期降雨量模型，采用小时雨强、当日降雨量、前几日累计降雨量（或前期有效降雨量）、前期降雨量占年平均雨量的比值（%）等表达式对临界降雨量进行刻画，其基本方法是采用统计技术对历史滑坡和降雨资料进行分析，取其统计意义上的临界点作为降雨诱发滑坡的临界值。详见表 1-1。

表 1-1　国内外滑坡降雨临界值研究

序号	研究地区	降雨临界值及表达式	研究方法/统计方法
1	日本	$I=2.18D-0.26$，I 为降雨强度(mm/h)，D 为降雨持续时间(h)	样本统计法，统计 2006—2008 年日本发生的 1 174 起滑坡
2	意大利	$I=7.74D-0.64$，I 为降雨强度(mm/h)，D 为降雨持续时间(h)	贝叶斯统计法和频率分析法

续表

序号	研究地区	降雨临界值及表达式	研究方法/统计方法
3	尼泊尔喜马拉雅山地区	$I=73.90D-0.79$,I 为降雨强度(mm/h),D 为降雨持续时间(h)	样本统计法,统计喜马拉雅山地区 193 处与滑坡相关的 I 与 D 的关系
4	中欧、南欧地区	$I=9.40D-0.56$;$I=15.56D-0.70$;$I=7.56D-0.48$,I 为降雨强度(mm/h),D 为降雨持续时间	贝叶斯统计法
5	美国华盛顿州西雅图地区	$I=82.73D-1.13$,I 为降雨强度(mm/h),D 为降雨持续时间(h)	样本统计分析
6	意大利西北部	$I=19D-0.50$,I 为降雨强度(mm/h),D 为降雨持续时间(h)	数理统计、样本统计分析
7	委内瑞拉	250 mm/(24 h)	样本统计分析
8	新西兰北岛地区	$ra_0=r_1+2dr_2+3dr_3+\cdots+ndr_n$,其中 ra_0 表示滑坡发生前期雨量(mm);d 为一常数,指表层水的流出量;r_n 表示滑坡发生前第 n 天的降雨量(mm)	前期降雨量模型
9	西班牙略夫雷加特河流域	两种模式:若前期无降雨,则临界值为 190 mm;若前期为中等强度降雨,则临界值为 200 mm	采用雨量计记录分析降雨与滑坡发生的关系
10	埃塞俄比亚	引入累计降雨量与平均降雨量的比值因子 L_f,若 L_f 处于 15%~30%,则滑坡变形迹象明显;若 L_f 大于 30%,则发生滑坡	样本统计分析
11	波多黎各	$I=91.46D-0.82$,I 为降雨强度(mm/h),D 为降雨持续时间(h)	样本统计分析
12	美国旧金山海湾地区	Caine 关系式:$(I_r-I_0)D=Q_c$,I_0 为 4.49 mm/h,Q_c 为 13.65 mm;丰富泥石流的 Cannon-Ellen 曲线可近似为 I_0 为 6.86 mm/h,Q_c 为 38.1 mm 的表达式;而 La Honda 试验的单一泥石流的 Wieczorek 曲线可近似为 I_0 为 1.52 mm/h,Q_c 为 9.00 mm 的表达式。其中,I_0 为整个降雨过程的平均排水速率,Q_c 为含水量临界值	土体力学强度与降雨两者耦合分析
13	巴西	使用"最终系数"$C_f=C_c+C_e$ 来预警,其中,C_c 为当年所有前期降雨量的累加值与年平均降雨量的比值;C_e 为本次降雨期间的雨量与年平均降雨量的比值。巴西 Caraguatatuba 地区 C_f 临界值取为 1.56	样本分析法,通过记录分析滑坡与降雨资料建立统计关系
14	浙江省	使用阈值线 $P_0=140.27-0.67PEA$ 判断,降雨在该阈值线以上时将会发生滑坡,式中 P_0 为日降雨量,PEA 为前期有效降雨量	建立累计滑坡频度-降雨量分形关系计算前期有效降雨量
15	浙江省	非台风区:当日降雨量阈值高易发区为 60 mm,中易发区为 130 mm;有效降雨量阈值高易发区为 150 mm,中易发区为 225 mm。台风区:当日降雨量阈值高易发区为 90 mm,中易发区为 150 mm;有效降雨量阈值高易发区为 125 mm,中易发区为 275 mm	相关性分析,幂指数形式的有效降雨量模型
16	陕北黄土高原地区	降雨诱发黄土崩滑可概化为三种模式:一是缓慢下渗诱发型,二是入渗阻滞诱发型,三是入渗贯通诱发型。第一种模式的滑坡发生概率可由 Logistic 模型判断,$\exp(-3.169+0.105R_1+0.119R_2+0.038R_3)p=1+\exp(-3.169+0.105R_1+0.119R_2+0.038R_3)$;第二种模式的临界值为 10.1~20.0 mm,第三种模式的最小临界值是 0.1~10.0 mm,最大临界值是 50.1~60.0 mm	二项 Logistic 回归分析法和相关性分析法

续表

序号	研究地区	降雨临界值及表达式	研究方法/统计方法
17	陕西黄土高原地区	诱发滑坡的降雨启动值、加速值、临灾值分别为 25 mm、35 mm、65 mm，诱发崩塌降雨启动值、加速值、临灾值分别为 15 mm、30 mm、50 mm	样本统计分析和日综合雨量方法
18	三峡地区	$\exp(-3.847+0.04r+0.043ra)p=1+\exp(-3.847+0.04r+0.043ra)$，$p$ 为滑坡发生概率，r 为当日降雨量，ra 为前期有效降雨量	Logistic 回归模型法，前期有效降雨量法

1.1.3.2 泥石流监测研究

泥石流监测是泥石流研究的先行手段，是泥石流理论研究、实验研究、机理分析、物理过程、数学模拟以及预警的基础。而泥石流预警则是根据监测结果，对外发布警报，其需要解决的关键问题是在什么时间（When）什么地点（Where）会发生多大（How Scale）规模的泥石流。这就涉及泥石流形成的必要条件（水源、物源和地形条件）。因此，对于泥石流监测来说，其主要内容可分为形成条件（物源、水源等）监测、运动特征（流动动态要素、动力要素和输移冲淤等）监测、流体特征（物质组成及其物理化学性质）监测等。为了预防泥石流灾害，并尽可能降低灾害对广大人民群众生命财产的威胁，自然资源部和相关减灾部门陆续采取了多项泥石流监测措施，逐步完善泥石流监测内容。

1. 泥石流监测技术方法

（1）泥石流固体物质来源（物源）监测

泥石流固体物质来源是泥石流形成的物质基础，应对其地质环境和固体物质性质、类型、空间分布、规模进行监测。泥石流源区固体物质主要为堆积于沟道、坡面的崩塌、滑坡土体，其物质成分大多为宽级配的砾石、泥、沙、黏土等。其中，形成泥石流的物源大部分来自崩塌、滑坡土体。因此，固体物质来源监测需着重关注泥石流流域内，尤其物源区坡面、沟道内堆积体（不稳定斜坡）的空间分布、积聚速度以及位移情况，如地表变形监测、深部位移监测等；而对于流域内表层松散固体物质（松散土体、建筑垃圾等人工弃渣），除监测其分布范围、储量、积聚速度、位移情况及可移动厚度外，还应监测其在降雨过程中、薄层径流条件下的物理性质变化情况，如松散土体含水量、孔隙水压力变化过程等。

（2）气象水文条件（水源）监测

水源既是泥石流形成的必要条件，又是其主要的动力来源之一。泥石流源区水源主要以大气降水、地表径流、冰雪融水、溃决以及地下水等为主。对大气降水来说，主要监测其降雨量、降雨强度和降雨历时；对冰雪融水来说，主要监测其消融水量和历时；当泥石流源区分布有湖泊、水库等，还应评估其渗漏、溃决的危险性。其中，大气降水引起的泥石流分布最广，因此，针对大气降水，主要监测内容包括流域点雨量监测（自记雨量计观测）、气象雨量监测和雷达雨量监测。①点雨量监测。对于中小泥石流流域，设置一定数量的自记雨量计于泥石流物源区，实时监测降雨过程，并对历次泥石流发生情况的降雨资料进行统计分析，建立相关流域泥石流临界雨量预报图，进而对实时雨量与临界雨量线进行对比，发布预警信息。②气象雨量监测。根据国家及当地气象台等发布的卫星云图来监视该区域各种天气系统,如锋面、高空槽、台风等的位置、移动和变化情况,根据气象云图上的云型特征预报预警降水。③雷达雨量监测。根据雷达发射电磁波的回波结构特征,探测带雨云团的分布及移动情况,提供未来 24 h 及更长时间降雨发生、发展、分布情况,以及雨区移动情况和降水强度,结合区域沟道设定的临界降雨量标准进行综合判别后发布泥石流预警信息。

(3) 泥石流运动特征及流体特征监测

泥石流运动特征监测主要包括泥石流暴发时间、历时、运动过程、流态和流速、泥水位、流面宽度、爬高、阵流次数、沟床纵横坡度变化、输移冲淤变化和堆积情况等,通过监测可进一步计算出泥石流的深度、输砂量或泥石流流量、总径流量、固体总径流量等;另外还需要监测泥石流运动过程中流体动压力、流体冲击力、个别石块冲击力等动力要素。流体特征监测内容主要包括泥石流物质组成(矿物组成、化学成分等)、结构特性(孔隙率、浆体微观结构等)及其相关物理化学性质(流体容重、黏度等)。

2. 泥石流预警研究

(1) 基于泥石流灾害临界雨量的预警研究

如前所述,充足的水源(主要为降水)不但是泥石流形成的必要条件,还是泥石流激发的决定因素。因此,多年来,国内外研究者试图找到适用于某一地区的降雨量临界值(阈值)以便对泥石流暴发风险进行监测、预警。国际上对这一问题进行研究主要集中在1970 年以后,其主要是根据对激发泥石流的降雨特征(如前期雨量、降雨量、降雨强度、降雨历时等)进行统计分析后,确定泥石流的临界降雨量,建立泥石流预警模型,如日本学者奥田节夫于 1972 年首先提出了 10 min 雨强为激发泥石流雨量的概念,并确定了日本烧上上沟的激发泥石流的 10 min 雨强为 8 mm;Caine 在 1980 年首次对泥石流及浅层滑坡的发生与降雨强度、历时经验关系做了统计分析,并给出了一个指数经验表达式。通常,临界降雨量具有明显的地域特征,Cannon、Ellen 在考察美国西部泥石流时,发现激发科罗拉多州泥石流的临界降雨强度在 1~32 mm/h,降雨历时较短,为 6~10 min,而加利福尼亚州泥石流发生的临界降雨强度仅需 2~10 mm/h,但降雨历时较长,为 2~16 h,他们基于统计数据建立了降雨强度和历时之间的关系;之后 Wieczorek 等对此进行了进一步的研究,分别建立相应研究区域的降雨强度-历时关系与泥石流形成的预警模型;另外,De Vita 等在研究意大利西南部泥石流与降雨关系时发现,前期降雨量对引发泥石流的日降雨量影响显著;Takahashi、谢正伦等利用累计降雨量和降雨强度指标建立土石流发生临界经验条件,并广泛应用于日本和中国台湾地区预警系统;1999 年我国台湾 7.6 级地震之后,陈俞旭对台湾地区陈有兰溪流域诱发土石流灾害的临界降雨量进行了研究,发现引发土石流的小时临界降雨量在震后的第一年急剧下降(达震前的 1/4),之后随着时间逐渐回升。这些统计模型均可归结为临界雨量模型。而中国大陆对降雨引发泥石流的临界值问题研究稍晚。自 1980 年以来,中国科学院·水利部成都山地灾害与环境研究所和中国科学院东川泥石流观测研究站利用当地气象台 10 min 降雨记录,结合西南山区各地泥石流发生情况,建立一系列不同降雨特征条件下的泥石流预报模型;谭万沛提出了最大 10 min 雨强或 1 h 雨强与总有效雨量组合判别模型,日雨量、小时雨量、10 min 雨量组合模式和小时雨强与日雨量组合判别模型;陈景武等提出了 10 min 雨强与前期雨量组合判别模型;谭炳炎等对成昆铁路沿线泥石流进行监测后,提出最大日降雨雨强、最大 10 min 雨强、最大小时雨强组合模型;唐邦兴通过对 1981 年四川凉山彝族自治州南部和松潘－平武等山区暴雨泥石流的调查分析后,得出暴雨泥石流是 10 min 雨强(10.5 mm)和 1h 雨强(31.2 mm)共同作用的结果;文科军等以降雨强度与当日激发雨量和前期有效雨量为基础,建立了泥石流判别方程;另外,田冰等根据泥石流暴发的前期雨量与日降水量的权重关系,将蒋家沟泥石流分为前期降水型、强降水型和特殊型三种;魏永明等以层次分析法和多元回归法对降雨型泥石流预报模型进行了研究;李铁锋等、丛威青等利用 Logistic 回归模型对当日雨量和前期有效降雨量进行回归分析,形成了一整套对降雨型泥石流临界雨量进行定量分析的方法,并以此进行了泥石流预报;梁光模等、倪化勇等、赵然杭等针对前期降雨量对暴雨型泥石流的贡献问题、泥石流预警预报模式问题等进行了研究,提出了降雨型泥石流的预警框架和建议;王治华等根据现阶段在预测泥石流研究领域取得的成果,依据数字滑坡技术建立了泥石流预警监测模型;潘建华等基于模糊综合评判法进行震后灾区泥石流气候风险评估;王春山等、赵鑫等则就具体流域泥石流进行了综合评判及危险性评价,从而为泥石流监测预警提供参考依据;汶川地震后,Tang 等根据对北川震前和震后泥石流发生的临界雨量和雨强的初步分析,发现震后该区域泥石流起动的前期累计雨量较震前降低了 14.8%～22.1%,小时雨强降低了 25.4%～31.6%,泥石流预警雨量阈值显著减小。随着研究的深入,许多典型单沟泥石流的临界雨量指标逐步获得,如东川蒋家沟、波密古乡沟、加马其美沟、西昌黑沙河、武都火烧沟等。这些研究的基本方法大多是对大量历史泥石流和降雨数据的统计分析,其结果仅能反映在某种经验水平上某个特定泥石流流域在多大特征降雨条件下可能暴发泥石流,至于该泥石流的规模、运动形态、类型、危害范围等,无法预测。实际上,降雨量与泥石流形成机理密切相关,针对不同类型、不同成因的泥石流,其引发泥石流的降雨量是不同的,目前进一步研究趋势是对雨量过程、土体渗流、径流场动态变化、源地土体强度三者耦合关系进行研究,以便从泥石流形成机理方面确定降雨临界值。

(2) 基于泥石流形成机理的预警研究

基于泥石流形成机理的预警研究,主要是从泥石流起动的临界条件出发,探寻不同起动临界条件下的预警指标,确定指标的阈值,进而建立泥石流预警模型和方法。目前这方面的研究主要是从土力学角度出发建立固体物源的临界判别式,以及依据泥石流原型试验结果来选择预警指标这两个方面。

如前所述,泥石流的成因复杂多变,区域变化大,因此,有学者从分析泥石流固体物质的受力特性出发,推导出泥石流起动与降雨量的关系,如 Takahashi 对饱和沟床泥沙、石块进行极限平衡分析后,得出饱和沟床堆积物在表层水流条件下水石流的临界起动条件(体积浓度的函数);崔鹏通过 47 组实验后,分析得到泥石流起动临界数学模型(坡度、水分、级配函数)和解析曲面,进而对沟道内泥石流进行预警和危险性判别;Iverson 通过大量试验研究在浅层滑坡体转化泥石流的起动过程中含水量、孔隙水压力、黏粒含量等土体内部物理性质的变化趋势来预测泥石流的发生;费祥俊等也在坡体饱水条件下,依据极限平衡原理,建立了类似 Takahashi 的泥石流临界坡度(体积浓度的函数);郭仲三等采用有限元法建立了预警泥石流发生的动力学模型,依据该模型,蒋家沟坡地土力类泥石流的始发日降雨量为 17 mm,启动土层厚度为 6～17 cm,临界坡度为 12°;张万顺等针对单一坡面泥石流起动问题,结合分布式水文模型理论,建立了分布式坡面泥石流起动模型,可预测坡面泥石流起动时间、部位及起动量;白利平在假定沟床物质饱水时,沟床物质会受到重力、摩擦力、内聚力、浮力、水流推力的作用,进而根据力学平衡条件,建立相应的松散固体物质起动判别式和雨强表达式,该方法可计算在一定雨强条件下,松散固体物质是否处于稳定状态,从而对泥石流是否发生进行预报;另外,目前实证法和频率计算法不能满足泥石流预警的需要,潘华利等通过分析降雨条件、水文特征及下垫面条件,提出了基于水力类泥石流起动机制来计算泥石流预警雨量阈值的方法。目前这类研究尚处于起步阶段,还较薄弱,有待进一步深入开展。

除此之外,泥石流灾害来临时还可直接采用监测预警仪器发布预警的模式,这类方法主要将自记雨量计(达到该流域临界降水量就预警)、泥水位计(达到设置断面报警阈值就预警)、地声/次声报警仪(捕捉到山洪泥石流运动频率就预警)等安置在具体的流域中,达到预警值(阈值)就预警。这些技术在国内外应用逐渐增多,尤其针对流域临界降雨量监测,如章书成等建立的由遥测智能雨量计、泥石流次声警报器和摄像设备等组成的早期预警系统,将泥石流预警时间提前 1 h 左右。但其成功案例尚少,推广难度较大,主要原因在于目前雨量计所测雨量均为点雨量,不能反映流域内降雨时空变化的真实情况。因此,已有学者尝试开发新型高精度测雨雷达,从流域空间内把握降雨情况,在掌握雨量空间分布的基础上,结合泥石流源区固体物源分布情况进行山洪泥石流预报,这将是一种行之有效的泥石流预警方法。

3. 泥石流监测预警手段

根据泥石流监测预警的手段,可分为人工监测预警、自动监测预警两大类。

(1) 人工监测预警

人工监测预警主要是通过人力的方式对泥石流进行监测预警。在已查明的不同规模泥石流流域内,安排固定人员(监测员)定点、不定时对泥石流流域沟道内固体物源和水源分布、坡体堆积物的移动性等进行观测,对出现的异常现象(地下水异常)进行记录;当接收到当地气象部门提供的降雨等气象信息之后,密切监测流域内降雨过程,并根据经验判别沟坡系统固体物质能否被降雨激发形成泥石流;当发现中下游沟道水流变浑或听到上游传来异常声响、下游沟道内水流变小甚至断流时,应立即向外发出警报。该预警手段直观、可信,但是会花费大量人力、物力,且监测员需要具有较高的临灾判别能力。

(2) 自动监测预警

自动监测预警主要是通过综控中心(控制台)、雨量遥测、GPS 位移遥测、地声遥测、泥水位遥测等子系统共同作用对泥石流活动进行监测预警。雨量遥测是针对单个流域安置若干自记雨量筒,监测降水过程,结合该沟历史雨量特征与泥石流发生之间的关系进行判别,当降雨量达到该沟临界雨量阈值时,发出警报;GPS 位移遥测则根据对松散坡体在降雨过程中位移、形变的实时监测,达到设定阈值时发出警报;而泥水位断面监测则是在预先选择的平直型、断面变化不大的沟道中设置标尺,或者安置泥水位计进行实时监测,当水位达到预警值时发布预警。这些监测预警仪器除具有远程自动遥测、传输外,还有自动分析等功能。该方法的可靠性高于人工监测预警,但成本较高。1986—1995 年,美国国家气象局(NWS)和美国地质调查局(USGS)建立泥石流预警系统(包括天气预报、降水预报、流域土壤含水量和孔隙水压力等),并在旧金山海湾地区进行试验,获得成功;日本、中国香港、新西兰、南非等相继建立了类似的泥石流预警系统。近年来,泥石流、滑坡等地质灾害频发,造成的损失巨大,已引起国土、地矿等相关减灾部门的高度重视,许多泥石流等灾害专业监测预警系统陆续建立起来。如长江水利委员会建立的长江上游滑坡泥石流监测预警系统,到2005年底,该系统建立了1个中心站(长江水利委员会水土保持局)、3个一级站(宜宾、武都、重庆)、8个二级站、56个监测预警点和18个群测群防重点县等,成功预报多次泥石流灾害。

目前,国内外在泥石流监测预警方面的技术、方法等差距不是很大。除了传统的人工监测预警手段外,GPS位移计、孔隙水压力计、TDR土壤水分仪、自记雨量计以及视频监测等专业仪器逐渐成为泥石流监测的常规设备。近年来,一些新技术也很快被应用到泥石流监测领域,如3S技术、三维激光扫描、合成孔径雷达干涉测量(InSAR)等,且监测数据的采集与传输都实现了自动化、远程化。

1.2 甘肃省地质灾害监测预警工作开展情况

甘肃省地质灾害监测预警工作始于"5·12"汶川地震之后的2009年;在"8·8"舟曲特大山洪泥石流灾害后进入初步探索建设阶段;在"十二五""十三五"期间,开展了甘南藏族自治州(以下简称"甘南州")舟曲县、临夏回族自治州(以下简称"临夏州")东乡族自治县(以下简称"东乡县")、定西市岷县等突发地质灾害灾后重建及监测预警示范区建设工作。进入"十四五"后,自然资源部在全国开展地质灾害专群结合实验点建设工作,甘肃省也在三年内建设了4 901处监测点,安装普适型监测设备近1.4万套。自2020年开始,甘肃省对险情、规模巨大且无法实施工程治理的特大型地质灾害隐患点实施专业监测工作,截至目前,共建设专业监测点26处,布设专业监测设备268套。

1.2.1 国家级、省级监测预警示范区网络建设

2009—2016年,甘肃省先后开展并完成了兰州、陇南3个国家级监测预警示范区建设和天水、临夏2个省级监测预警示范区建设工作,范围涵盖了甘肃省4个州(市)的27个区、县(表1-2)。

2009年,甘肃省首次在兰州开展地质灾害监测预警示范工作。2011年9月29日,《甘肃省人民政府贯彻落实国务院关于加强地质灾害防治工作决定的实施意见》(甘政发〔2011〕116号)明确提出"加快兰州黄土高原、陇南山地地质灾害防治国家级示范区和天水、临夏省级地质灾害监测预警示范区建设"。随着甘肃省兰州、陇南、天水、临夏地质灾害防治工作的进一步发展,兰州市、陇南市被确定为国家级地质灾害防治管理与监测预警示范区,天水市、临夏州被确定为省级地质灾害防治管理与监测预警示范区。示范区的建设,将地质灾害防治与土地资源合理利用、城镇建设有机地协调起来,有利于完善地质灾害防治工作体系和技术支撑体系,统筹部署和科学管理地质灾害调查、监测预警、群测群防、风险评价和工程治理工作,将有力推进地质灾害防治技术创新、科普宣传、教育培训与人才培养工作,有利于向全国示范推广。而示范区的建立,也对上述四个市(州)的地质灾害基础调查、防治管理、监测预警等方面提出了更高的要求。2014年10月,按照《甘肃省财政厅、国

土资源厅关于下达2014年省级地质灾害专业预警监测项目资金的通知》(甘财建〔2014〕363号)和《陇南山区国家级地质灾害防治管理及监测预警示范区联合共建框架协议》精神,受陇南市国土资源局委托,甘肃省地质环境监测院承担完成了"陇南市国家级地质灾害监测预警示范区地质灾害监测预警信息系统建设"项目。2016年,按照《甘肃省国土资源厅关于下达2016年中央财政第一批特大型地质灾害防治专项资金计划的通知》(甘国土资发〔2016〕21号),结合《甘肃省地质灾害防治"十三五"规划》《甘肃省地质灾害综合防治体系建设方案(2014—2018)》,甘肃省地质环境监测院承担开展"兰州、陇南、天水、临夏地质灾害监测预警示范区建设"项目。截至2018年12月,兰州国家级示范区已建立地质灾害野外观测站8个,完成全市113处重要地质灾害隐患点的专业监测,共安装雨量计、土壤含水率监测仪、深部位移监测仪、裂缝位移计、GPS监测仪等258套专业监测仪器;在现有兰州市地质环境信息化建设工程基础上进一步开发完善了地质灾害监测预警App软件;完成了兰州市监测预警示范区网站建设、微信公众平台建设和社区示范点建设。陇南山地(包括陇南市和舟曲县)国家级示范区已完成61处地质灾害隐患点专业监测,共安装雨量计、土壤含水率监测仪、深部位移监测仪、拉绳式裂缝位移计、GPS监测仪等470套专业监测仪器;初步建立了省-市(州)-县(区)三级监测预警信息系统;建设北峪河地质灾害专业监测站,制作北峪河地质灾害沙盘模型;完善专业监测数据库的建设等。天水省级示范区已建成天水北山观测站,完成79处重大灾害点专业监测,共安装雨量计、土壤含水率监测仪、深部位移监测仪、拉绳式裂缝位移计、GPS监测仪等203套专业监测仪器。临夏省级示范区内已建成东乡县那勒寺观测站,完成14处重大灾害点专业监测,共安装雨量计、土壤含水率监测仪、深部位移监测仪、拉绳式裂缝位移计、GPS监测仪等71套专业监测仪器(表1-3)。

此外,根据《甘肃省地质灾害综合防治体系建设方案(2014—2018)》和《甘肃省地质灾害综合防治体系建设2017年度实施方案》,甘肃省监测预警系统建设项目是其内容之一。因此,2018年甘肃省国土资源厅(现为甘肃省自然资源厅)以甘国土资环发〔2018〕21号文,向甘肃省地质矿产勘查开发局印发了同意甘肃省监测预警系统建设项目立项实施的通知,由甘肃省地质环境监测院组织实施,同年10月完成了甘肃省监测预警系统建设项目实施方案并通过了评审。2018年9月,甘肃省国土资源厅下达与该项目同期的国家级、省级监测预警示范区网络建设监测项目,对损坏、运行状况异常的监测设备修复,完善国家级、省级监测预警示范区网络,提高监测预警准确度和成功率,为气象预警预报和政府决策提供可靠的技术支撑。

表1-2 国家级、省级监测预警示范区建设信息表

序号	项目名称	工作区	实施单位	实施时间
1	兰州市国家级地质灾害监测预警示范区建设	城关区、七里河区、安宁区、西固区、红古区、永登县、皋兰县、榆中县	甘肃省地质环境监测院 中国地质环境监测院	2009年、2012年
2	陇南市国家级地质灾害监测预警示范区建设	陇南市武都区、成县、徽县、康县、文县、西和县、礼县、宕昌县、两当县	陇南市国土资源局(现陇南市自然资源局)	2014年

续表

序号	项目名称	工作区	实施单位	实施时间
3	陇南市国家级地质灾害监测预警示范区建设	陇南市武都区、徽县、康县、文县、西和县、礼县、宕昌县、两当县、舟曲县	陇南市国土资源局	2016年
4	天水市省级地质灾害监测预警示范区建设	天水市秦州区、麦积区、武山县、秦安县、甘谷县、张家川回族自治县、清水县	天水市国土资源局（现天水市自然资源局）	2016年
5	临夏州省级地质灾害监测预警示范区建设	临夏州东乡县、永靖县	临夏州国土资源局（现临夏州自然资源局）	2016年

表1-3 甘肃省国家级、省级地质灾害专业监测网络现状分布一览表

监测点设备	兰州（国家级）	陇南山地（国家级）陇南市	陇南山地（国家级）舟曲县	临夏州（省级）	天水市（省级）	合计
专业监测点数(处)	113	24	37	14	79	267
监测设备(套)	258	288	182	71	203	1 002
雨量计(套)	70	227	72	3	71	443
孔隙水压力计(套)					2	2
土压力计(套)		4				4
次声/地声监测仪(套)		21	5			26
泥水位监测仪(套)	28	19	31		29	107
GPS监测仪(套)	47		39	21	34	141
裂缝位移计(套)	37	13	17	15	57	139
水位监测仪(套)			5	2		7
渗压计(套)				2		2
深部位移监测仪(套)	3	4	9	2	2	20
土壤含水率监测仪(套)	73			23	8	104
视频监测仪(套)				3		3
TDR土壤水分仪(套)			1			1
泉水流量计(套)			2			2
流速计(套)			1			1

1.2.2 甘肃省地质灾害专群结合监测点建设

地质灾害专群结合监测点建设的主要内容是普适型仪器监测预警。重点聚焦临灾预警需求，针对性布设普适型监测仪器，实现地质灾害地表变形和降雨等关键指标的监测与预警。

2020年以前，地质灾害监测工作主要依靠群测群防员的人工巡查和简易监测，专业化和信息化程度较低，迫切需要运用新技术、新装备、新手段来监测预警。但受到成本过高、

稳定性差、运行维护难度大、标准不统一等诸多方面的影响,现有监测预警装备产业化水平较低,难以适应新时期地质灾害防治需求。为贯彻落实习近平总书记关于防汛救灾工作的系列重要指示精神和时任陆昊部长关于滑坡体预警仪研发试用工作的全面部署要求,逐步实现自动化监测、智能化预警、信息化管理和精准化服务,切实提高我国地质灾害监测预警水平、管理服务成效和防灾减灾能力,自然资源部拟通过开展"普适型地质灾害监测预警仪器设备试用示范与数据服务"促进地质灾害监测预警技术装备的科技化、信息化和运行规范化,有效支撑专群结合地质灾害监测预警工作。在此背景下,按照中国地质调查局统一部署,在甘肃、云南、湖南、重庆和广东5省(市)、15个(县、市)区选择320处地质灾害隐患开展滑坡预警试验工作,其中在甘肃陇南市武都区、文县地区部署了50处监测预警普适型仪器设备建设工作。随后在全国开展了地质灾害专群结合监测预警实验点建设项目。

2020—2023年,甘肃省自然资源厅根据全省地质灾害发育情况,在除嘉峪关和兰州新区以外的13个市(州)、80个县(区)安排了专群结合监测预警点建设,建设专群结合监测预警实验点4 901处,安装普适型监测设备近1.4万套。其中,兰州808处、陇南1 070处、天水773处、平凉586处、定西534处、临夏402处、甘南296处、庆阳230处、白银123处、张掖23处、武威20处、酒泉20处、金昌16处;监测点中滑坡3 726处、崩塌608处、泥石流557处、地面塌陷5处、地裂缝5处。详见表1-4、图1-1。

表1-4　甘肃省各市州专群结合监测点建设数量表　　单位:处

序号	市(州)	2020年第一批	2020年第二批	2021年	2022年	2023年	总计监测点数
1	陇南市	60	156	234	360	260	1 070
2	天水市	60	25	218	270	200	773
3	临夏州	50	0	221	81	50	402
4	甘南州	50	50	126	70	0	296
5	兰州市	80	0	138	220	370	808
6	定西市	40	50	104	210	130	534
7	庆阳市	40	0	70	70	50	230
8	平凉市	30	0	76	340	140	586
9	白银市	30	0	63	30	0	123
10	金昌市	0	0	6	10	0	16
11	酒泉市	0	0	10	10	0	20
12	张掖市	0	0	4	19	0	23
13	武威市	0	0	10	10	0	20
	合计	440	281	1 280	1 700	1 200	4 901

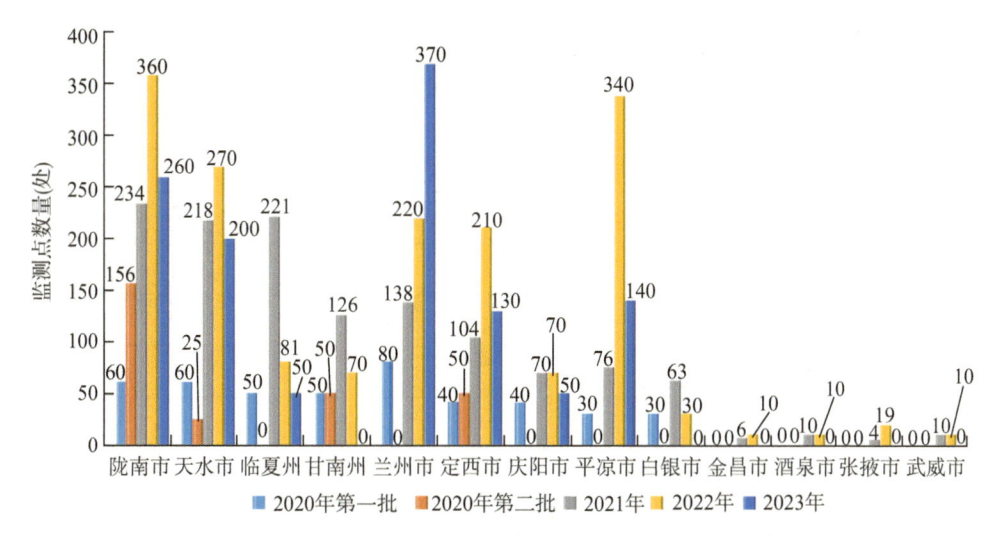

图 1-1　甘肃省各市(州)专群结合监测试验点建设数量图

1.2.3　甘肃省地质灾害专业监测点建设

专业监测是指专业技术人员利用自动化监测仪器和技术，对灾害体地表及深部变形破坏、相关因素、宏观前兆等指标开展专业化立体综合监测预警。主要使用的专门仪器设备，一般能达到远程自动遥测及采集数据的功能。

甘肃省地质灾害专业监测项目自 2020 年开始开展，至今已进行 3 批地质灾害专业监测点建设，共选取重大地质灾害隐患点 26 处，布设专业监测设备 268 台(套)。

2020 年 6 月 8 日，甘肃省在地质灾害频发的陇南市武都区、甘南州舟曲县、兰州市城关区选取了 10 处重大地质灾害开展专业监测点建设工作，共布设各类仪器 117 套，其中陇南市武都区共进行了 4 处地质灾害专业监测点建设，分别为 2 处滑坡、2 处泥石流，安装各类监测仪器共 48 套；甘南州舟曲县共进行了 4 处地质灾害专业监测点建设，均为滑坡，安装各类监测仪器共 49 套；兰州市城关区共进行了 2 处地质灾害专业监测点建设，分别为 1 处滑坡、1 处泥石流，安装各类监测仪器共 20 套。详见表 1-5。

表 1-5　2020 年专业监测项目仪器统计表

地质灾害名称	灾害位置	裂缝位移计	雨量计	GNSS监测仪	深部位移计	含水率监测仪	视频监测仪	泥水位计	流速(流量)计	地声计	总计
红山根四村滑坡群	兰州市城关区	3	1	4	1	3	0	—	—	—	12
大小湾滑坡	甘南州舟曲县	2	1	5	2	3	1	—	—	—	14
立节北山滑坡	甘南州舟曲县	3	0	2	2	2	0	—	—	—	9
门头坪滑坡	甘南州舟曲县	4	1	5	1	4	1	—	—	—	16
中牌滑坡	甘南州舟曲县	3	0	2	2	2	1	—	—	—	10

续表

地质灾害名称	灾害位置	专业监测仪器类型及数量(套)									
		裂缝位移计	雨量计	GNSS监测仪	深部位移计	含水率监测仪	视频监测仪	泥水位计	流速(流量)计	地声计	总计
灰崖子滑坡	陇南市武都区	3	1	5	0	4	1	—	—	—	14
灰崖子东侧滑坡	陇南市武都区	3	0	4	2	3	0	—	—	—	12
卓家沟泥石流	兰州市城关区	—	1	—	—	—	2	2	2	1	8
石门沟泥石流	陇南市武都区	—	2	—	—	—	2	3	3	1	11
大湾沟泥石流	陇南市武都区	—	2	—	—	—	2	3	3	1	11
合计		21	9	27	10	21	10	8	8	3	117

2022年,甘肃省在天水市选定2处、陇南市选取4处,合计6处重大地质灾害,开展专业监测点建设。项目在陇南市安装各类监测设备共44套,在天水市安装各类监测设备共22套。设备类型涉及雨量计、泥水位计、流速(流量)计、视频监测仪、地声计、断线仪及预警广播等。详见表1-6。

表1-6　2022年专业监测项目仪器统计表

地质灾害名称	位置	专业监测仪器类型及数量(套)						
		雨量计	泥水位计	流速(流量)计	视频监测仪	地声计	断线仪	预警广播	总计
甘家沟泥石流	陇南市武都区	3	2	2	2	1	2	1	13
渭子沟泥石流	陇南市武都区	3	2	2	2	1	—	1	11
小河口沟泥石流	陇南市武都区	3	2	2	2	1	2	1	13
关家沟泥石流	陇南市文县	1	2	2	2	—	—	—	7
九峪沟泥石流	天水市麦积区	2	2	2	1	—	2	1	10
罗峪沟泥石流	天水市秦州区	3	3	3	2	—	—	1	12
合计		15	13	13	11	3	6	5	66

2023年,甘肃省完成地质灾害专业监测点建设共10处,布设监测设备85套。其中,陇南4处,3处为泥石流,1处为滑坡,共布设监测设备35套;天水3处,均为泥石流,共布设监测设备25套;定西3处,均为泥石流,共布设监测设备25套。详见表1-7。

表1-7　2023年专业监测项目仪器统计表

地质灾害名称	位置	专业监测仪器类型及数量(套)								
		雨量计	GNSS监测仪	深部位移计	孔隙水压力计	泥水位计	流速(流量)计	地声计	断线仪	视频监测仪	预警广播	总计
晒家沟泥石流	陇南市武都区	2	—	—	—	1	1	1	—	1	1	7
陶家坝滑坡	陇南市文县	—	5	1	2	—	—	—	—	1	—	9

续表

地质灾害名称	位置	雨量计	GNSS监测仪	深部位移计	孔隙水压力计	泥水位计	流速(流量)计	地声计	断线仪	视频监测仪	预警广播	总计
车拉沟泥石流	陇南市宕昌县	2	—	—	—	2	2	1	—	1	1	9
干沟平村干沟泥石流	陇南市文县	2	—	—	—	1	1	4	—	1	1	10
清水镇一心村三社泥石流	定西市岷县	2	—	—	—	2	2	—	—	1	1	8
西江镇峨路村泥石流	定西市岷县	1	—	—	—	2	2	1	—	1	—	7
大碱沟泥石流	定西市安定区	2	—	—	—	1	1	4	—	1	1	10
水家沟泥石流	天水市秦州区	2	—	—	—	2	2	—	—	1	1	8
保峪沟泥石流	天水市麦积区	2	—	—	—	1	1	—	1	1	1	7
杜家坪沟泥石流	天水市麦积区	1	—	—	—	1	1	4	—	1	2	10
合计		16	5	1	2	13	13	15	1	10	9	85

1.3 目前存在的问题

甘肃省在近10年开展了大量的监测预警工作,并取得了丰硕的成果,预警方式从单纯的群测群防发展为目前的"人防+技防",预警手段也从简单的贴纸、钉桩发展为自动化智能监测。通过预警能力的不断提升,甘肃省每年成功预警案例不断增加,预警工作实效不断显现。但由于监测预警工作是一个长期的、需要不断优化提升的过程,在其发展过程中,每个阶段都会暴露出不同的问题,现阶段正处于监测预警工作初期的实验点建设阶段,根据多年的工作经验,总结出该阶段主要存在以下几类问题。

1. 监测预警工作目前处于前期的建设阶段,监测点建设工作已基本满足要求,预警工作尚需加强分析研究

自2010年以来,全省分年度共下达多批次监测预警项目,建设监测点6 000余处(部分已超过维保期运行),各类设备运行良好,设备在线率长期保持在96%以上。但各类设备预警模型仍然按照气象部门预报分级和以往经验设置,预警模型尺度较大,阈值设置简单。

往往在不同地区的同一类设备阈值区间是相同的,不同类型的同一种灾害点阈值区间

是相同的。未考虑到每个边坡的坡度、坡型、岩土体结构、地下水条件等都是不同的,这样企图用一个临界值去预警该范围内的所有类型灾害是不现实的;同时存在部分阈值设置较低,造成设备频繁预警的现象,长期困扰地方及相关专业人员。

2. 监测预警覆盖面仍需提高,单点监测设备密度需增加

截至2022年底,全省已查明地质灾害隐患点20 662处,全省布设的监测预警点数量为4 948处(含专业监测点),为灾害点总数的23.95%,覆盖率不及四分之一,专群结合点的建设工作还需持续开展。而目前专群结合项目,受资金等各方面限制,布设的设备数量较少,往往很长的一段边坡,只有一两个监测设备控制,这样有可能导致监测的地方未动而未监测的地方滑动的尴尬局面,严重影响预警效率。

3. 对重大地质灾害隐患点的专业监测工作需持续关注

在全省已查明的地质灾害隐患点中,规模等级在大型以上的灾害点有1 785处,险情等级在大型以上的灾害点有1 090处,其中大部分灾害点具有规模、险情均在大型以上的特点。这类灾害点由于规模巨大,很难开展或只能局部开展治理工程,只能放任其发展。有些则处于治了又发,发了又治的尴尬局面。而专业监测工作将防治的重心由治转向防,也将预防时间由灾害发生的后期提前到了前期,不仅经济合理,同样起到了预防的效果。甘肃省也于2020年起,开展重大地质灾害隐患点的专业监测工作,目前已建成26处,建设进度为每年10处。面对全省如此数量的重大地质灾害隐患点,专业监测工作不仅需要持续跟进,更需要投入更多精力进行关注。

4. 监测设备的自动化、智能化水平仍需提高

自监测预警工作开展以来,让专业技术人员和地方管理人员最为头疼的问题就是预警信息的误报。据统计,截至2022年11月底,甘肃省平台累计触发预警信息101 898条,根据平台预警信息核实分类统计,误报率达55.28%。导致误报的原因主要有设备自身问题,人为因素影响和预警模型、预警阈值不合理三个方面,分别占误报总数的59.62%、24.43%和6.03%(图1-2)。而设备本身又受到传感器、电路等自身硬件、外部环境和太阳能供电等方面的影响。所以研究更耐用、更智能的监测设备是支撑监测预警工作发挥更大效益的基本条件。

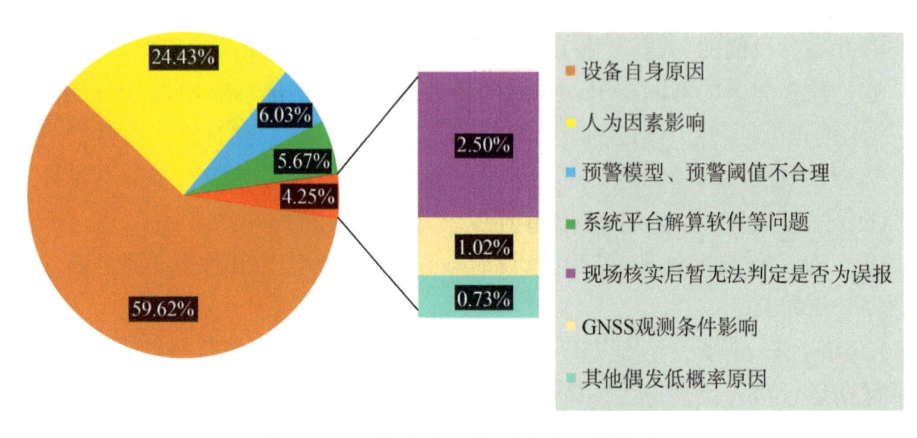

图1-2 预警信息误报原因分析统计图

5. 监测数据的清洗与挖掘是未来工作的主要内容

目前监测预警研究主要集中在预警模型本身，在实际监测预警应用中，时常发生由于监测数据质量问题而导致误报的情况。数据是否有效、是否准确、包含哪些预测信息、又有哪些隐藏信息，这些都直接影响到预警成功与否。目前平台只以在线率判断监测设备的状态，对传输数据的合理性及根据数据判断设备是否健康等功能，尚处于探索阶段。

6. 针对单点的预警模型研究需不断深入

按照固有的工作思路，单点的预警模型就是安装在该点的各类设备的阈值区间研究。主要预警思路均限于单一临界值的判断，没有具体考虑到采取多种参数综合分析预警，从而导致预警模型设定的诱发因素临界值不准确，又会导致预警预报结果的错误。例如，在同一条泥石流沟中，雨量数据不断报警，但是布设于沟道中的泥水位与流量设备未监测到数据，按照单参数预警模型，此时只能判定为预警信息并触发。但若综合泥水位和流量数据，就可以基本判定该条预警为误报。同时可以根据沟道内部的视频设备直接观察现场情况，确定是否预警。对于单点模型可视化程度的提高与多参数综合预警模型的构建，其研究程度有所欠缺。

基于以上问题，甘肃省在开展专业监测项目时特意计划一部分资金进行问题的解决与技术的创新。通过几年的项目开展，也总结出一些值得借鉴和学习的经验。本书从不同角度对甘肃省开展的专业监测项目进行全面介绍，旨在为即将开展或已在开展专业监测工作的同仁提供参考和依据。

第 2 章

甘肃省地质环境背景条件及地质灾害

2.1 区域自然地理特征

2.1.1 地理位置

甘肃省位于中国西北地区,黄河上游,省会兰州,介于北纬 32°11′～42°57′、东经 92°13′～108°46′,东通陕西,南瞰四川、青海,西达新疆,北扼宁夏、内蒙古,西北端与蒙古国接壤,从东南到西北长达 1 655 km,南北宽 530 km。甘肃省土地总面积 42.59 万 km²(其中宁夏回族自治区飞地 53.22 km²),全省常住人口 2 501.98 万人(据第七次全国人口普查数据),下辖 12 个地级市、2 个自治州,共包括 17 个市辖区、5 个县级市、57 个县、7 个自治县(图 2-1)。

甘肃省地处祖国腹地,4 大铁路干线、6 条国道和 4 条数字光缆主干线在这里交汇。据普查调查数据,截至 2020 年末,甘肃省公路里程 15.51 万 km,全省通高速县(市、区)达 60 个。兰州中川国际机场已有 43 家航空公司,累计执行客运航线 250 条(国际及地区航线 24 条)、货运航线 24 条、通航城市达 123 座,总体上交通便利。甘肃省作为"丝绸之路经济带"的重要组成部分,国家已经赋予了甘肃"联结欧亚大陆桥的战略通道和沟通西南、西北的交通枢纽,西北乃至全国的重要生态安全屏障,全国重要的新能源基地、有色冶金新材料基地和特色农产品生产和加工基地,中华民族重要的文化资源宝库,促进各民族共同团结奋斗、共同繁荣发展示范区",以及"构建我国向西开放的重要门户和次区域合作战略基地"的战略定位。

图 2-1 甘肃省行政区划图

2.1.2 地形地貌

2.1.2.1 地形地势

甘肃省地处黄土高原、青藏高原、内蒙古高原三大高原过渡带,分属黄河流域、长江流域及内陆河流域,构造上受鄂尔多斯地台、阿拉善—北山地台、祁连山褶皱系和西秦岭褶皱系等的控制。全省地域狭长,地势呈西南高东北低,阿尔金山的全脉以近似东西向伸入本省西部;巍峨的祁连山以西北—东南向自河西南缘向陇中延伸,西秦岭山地以数条东西向的山脉,盘踞在陇南市;六盘山纵贯本省东部,成为陇东、陇西的分界线。

甘肃省除陇南部分谷地和疏勒河下游谷地地势较低外,大部海拔都在 1 000 m 以上,属山地型高原。根据地势高低及地形形态特征将全省分为六个区,即陇中黄土高原区、陇南中低山区、甘南高原区、河西走廊平原区、祁连山高山区和北山中山区。中东部为陇东、陇西黄土高原;西南部和南部为祁连山和陇南山地;北部的马鬃山、合黎山、龙首山等为中低山或丘陵地;祁连山和北山之间是河西走廊平原,地势南高北低。

1. 陇中黄土高原区

陇中黄土高原区位于甘肃省中部和东部,陇南山地以北,东起甘陕边界,西至乌鞘岭,海拔 1 200~2 200 m,相对高程 500~1 000 m。第四纪以来,堆积了深厚的午城黄土、离石黄土和马兰黄土。接近南北走向的六盘山把黄土高原分为陇东黄土高原和陇西黄土高原。

(1) 陇东黄土高原:位于六盘山(陇山)以东泾河流域,包括庆阳、平凉市六盘山以东各市县。地势大致由东、北、西三面向东南部缓慢倾斜,平均海拔 1 800～1 200 m,地表黄土堆积厚度达 100 m 以上。

由于流水的长期侵蚀、切割,地形以塬为主,塬、梁、峁与坪、川和纵横深切的沟壑等多级阶梯状地貌相间并存。较大的黄土塬有董志塬、屯子塬、平泉塬、早胜塬等 26 个,其中董志塬最为典型,塬面比较完整平坦,介于蒲河与马莲河之间,南北长 80 km,东西宽 40 km,面积 2 200 km²。泾河上游,支流较多,地面切割剧烈,多为破碎的峁状丘陵地形;泾河中游(平凉以东,庆阳以南),地面分割减少,沟谷下切加深,一般深度为 120～180 m,最深处达 200 m,形成较多的梁峁台地。台地普遍有三级,一级高出河床 25 m,二级高出 70～80 m,三级高出 180～200 m,这三级台地尤以平凉附近较为典型。高空鸟瞰地面,沟谷纵横,河网密布,呈树枝状由东南向西北伸入塬地。沟谷一般宽度不大,但坡度陡峭。

(2) 陇西黄土高原:包括兰州市、白银市、定西市、临夏州、天水市及平凉市六盘山以西的静宁、庄浪 2 县。地理范围为陇山以西,北接宁夏;南连陇南山地,以渭河、漳河、太子山一线为界;西以祁连山东缘为线,包括永靖、永登、景泰西部地区。本区域是我国黄土高原最西部分,祁连山余脉延入本区,成为黄土包围的石质山岭,犹如突出于"黄土海"上的"岩石岛",如老虎山、哈思山、兴隆山、华家岭等。境内地形起伏较大,多黄土丘陵,大部分山梁、丘陵及峁、岭、塬、坪、川、谷、盆地,均被黄土层覆盖,厚度几米至数十米不等,局部地区的黄土覆盖厚度超过 200 m。较大山岭也被黄土堆积层分割包围,植被较少;部分山岭顶部阴坡有次生林分布。华家岭以南、渭水以北的地势向东南倾斜,海拔高度由 2 500 m 逐渐下降至 1 200 m,大部分山丘高度在 300～270 m;华家岭以北、祖厉河流域的地势南高北低,海拔高度由 2 500 m 缓慢下降至 1 600 m。各河谷普遍有三级阶地。一级阶地通称川地,二级阶地通称坪或塬,三级阶地通称梁。较大的谷地在临洮、漳县、陇西、天水、甘谷、秦安等地。区内水土流失尤为严重,是我国黄土高原受流水纵横深切,沟壑遍布的典型地区。

黄河以西的永登、皋兰、白银、景泰及黄河西岸的靖远,处在黄土高原与祁连山地的过渡地带,地势由西北向东南的黄河谷地倾斜。地形多为半山区的黄土梁、峁、沟谷,并有许多平川地,如秦王川、景泰川、旱平川、武家川等;还有不少塬地、坪地和台地。黄河干流经过地区有 11 个大小不等的河谷盆地,即积石峡—大河家盆地、寺沟峡—莲花城盆地、刘家峡—大川盆地、盐锅峡—达川盆地、八盘峡—兰州盆地、桑园峡—什川盆地、大峡—水川盆地、乌金峡—靖远盆地、红山峡—老龙湾盆地、米家峡—五佛寺盆地、黑山峡—南长滩盆地,其中以兰州和靖远两地盆地最大,面积在 200 km² 以上,黄土覆盖厚。

2. 陇南中低山区

陇南中低山区位于甘肃省南部,包括陇南市全部及天水、甘南地区一小部分,地理范围为渭河以南,临潭、迭部一线以东的区域。境内山脉为秦岭西延部分,地势西高东低,起伏较大,大小山头相连不断,海拔从东部的 1 500 m 上升到西部的 3 500 m 左右,相对高度为 500～1 500 m,由于新构造运动的强烈隆升和流水的急剧下切,形成了山高谷深,峰锐坡陡,在峡谷峭壁中,瀑布与急流遗址多处可见。

在地域上以徽成盆地为界,将陇南山地分为南北两支。北支为北秦岭山地,山势较为低缓,相对高度一般在 500～1 000 m,少数山峰海拔超过 3 500 m,如露骨山(3 941 m)等。南支为南秦岭山地,山势比较高峻,相对高差较大,甘肃省海拔最低点就分布于此(甘、川交界的白龙江谷地海拔仅 550 m 左右),而介于洮河、白龙江之间的迭山,及甘川交界一带的岷山,平均海拔 4 000 m 左右,最高达 4 920 m。西南部有许多高山峡谷。境内的徽成盆地是一个充填红色岩层的丘陵盆地,也是本区内最大平川及小丘陵地区,包括徽县、成县大部分,两当县和陕西凤县各一部分。盆地内为断续平原和红土丘陵地貌,丘陵海拔多数在 1 000～1 300 m,河川海拔在 860～1 000 m,气候温和,河流众多,雨水充足,耕地广布,矿产丰富,人口稠密,村镇集中。

陇南山地区域基本上属长江流域,主要是嘉陵江水系的白龙江、西汉水流域,是我国一条著名的南北分界线。

3. 甘南高原区

甘南高原区位于甘肃省西南部,陇南山地以西,太子山、白石山以南,是青藏高原东缘的部分。大部分海拔超过 3 000 m,地势西高东低,从东部的 3 500 m 左右向西逐渐上升至 4 000 m。位于本区西南部积石山上的乔木格日,海拔 4 806 m,是本区的最高峰。其他如达里加山、粗龙查家等海拔均超过 4 000 m。

该区域虽整体海拔高,但只有小部分地区切割较深,大部分地区切割较轻,山丘坡度平缓,高差在 300 m 以内,分布有碌曲、夏河盆地等,此外还分布有很多较宽广的草滩,如甘加滩、桑科滩、完尕滩、加尕滩、科才滩、日阿滩、恰龙滩、尕海滩、赛涌滩、波海滩、扎西滩、克生托洛哈滩、卓格玛滩、德务滩、文保滩、勘木日多滩等,水草丰茂,杂灌稠密,沼泽广布。这些草滩分布在低岗岭谷之间,坡度小于 3°,腐殖层厚,土地肥沃,是典型的草甸高原牧场。

长江支流白龙江及黄河支流洮河、大夏河均发源于本区域的西倾山麓,这一带有多处洼地和大面积沼泽地。

4. 河西走廊平原区

河西走廊位于甘肃省黄河以西,因南有祁连山,北有龙首山、合黎山等山,居两山之间,地势平坦而狭长,形似走廊,故得名。其地理范围为祁连山地以北,北山山地以南,东起乌鞘岭,西至甘、新交界地,呈东南—西北走向,长 1 000 km,南北最宽处 100 km,最窄处仅十余千米,总面积约 11.1 万 km²。地势自东向西、由南而北倾斜,由冲积、洪积平原组成,平均海拔在 1 000～1 500 m,也有海拔不足 1 000 m 的盆地。永昌、山丹之间的大黄山,嘉峪关和玉门市之间的黑山、宽滩山,把走廊分为三个自然段:东段为武威、永昌绿洲平原区;中段为张掖、酒泉绿洲平原区;西段为玉门镇、安西、敦煌绿洲平原区。

每一个区域对应一条较大的内陆河,即东段以石羊河流域为主;中段以黑河流域为主;西段以疏勒河流域为主。平坦的地域与三大内陆河结合,形成了成片的绿洲。

境内气候干燥,日照充足,冬季寒冷,夏季炎热。走廊东部和西部的地形有着明显的差异,张掖以东尚有黄土分布,愈往东愈厚;张掖以西,沙漠、戈壁面积逐渐增大;疏勒河下游多沼泽地。在西部,酒泉、玉门、安西、敦煌、肃北境内,皆有大面积沙漠、戈壁。戈壁滩地势平坦,由于风蚀严重,地表布满砾石。沙漠区内散布有固定、半固定和流动沙丘,高度多在 60 m 以内;其中敦煌境内的沙丘最为高大,最高可达 100 m,具有"大漠孤烟直,长河落日圆"的塞外风光。整个走廊地势平坦,地面完整,道路交通条件较好,丰富的高山冰雪资源和地下水资源,为发展农业提供了优越的条件,物产丰富,品类齐全,是甘肃省的主要商品粮基地。在历史上,河西走廊是中原地区通往西域的交通要道,"丝绸之路"贯穿全境;在现代,仍为沟通东西交通的干道。

5. 祁连山高山区

祁连山高山区位于甘肃省西南部、甘青两省的交界处。山脉东起乌鞘岭,西止当金山口,长达1 000多千米。全省的高山、极高山几乎集中于本区,区内山地高程多为3 500～4 500 m。祁连山地由一系列平行山岭和山间盆地组成,大致呈西北—东南走向,如苏干湖盆地介于阿尔金山、党河南山与赛什腾山之间。区内主要山岭有走廊南山、冷龙岭、陶赖山、野马山、大雪山、陶赖南山、疏勒南山、赛什腾山等,主要河流有黑河、陶赖河、疏勒河、党河、大哈勒腾河等。山地北坡高差在2 000 m左右,南坡高差大都不到1 000 m。位于甘、青两省界疏勒南山上的团结峰海拔5 808 m,为甘肃省最高点。海拔4 000 m以上的许多地区终年积雪,发育着现代冰川,同时是河西走廊农耕区的天然"高山水库",也是内陆河的源泉。

6. 北山中山区

北山中山区位于河西走廊平原以北,包括北山(马鬃山)、合黎山、龙首山等,系断续的中山,海拔1 500～2 500 m,相对高程500～1 000 m,山势东西高,中间低。北山已准平原化,洪积与剥蚀平地所占面积超过了干燥剥蚀山地。由于气候干燥,风蚀严重,山地岩石与山麓砾石裸露,形成典型的戈壁景观。位于龙首山西北端的东大山,海拔3 616 m,是本区最高点;黑河谷地是本区的最低点。

2.1.2.2 地貌类型

地貌是在漫长的地质演化过程中,由内外营力相互作用所形成的陆地表面的不同形态。以内营力为根据,甘肃省地貌可分为平原、高原与台地、丘陵和山地四种基本形态。而各种外营力因蚀积程度的不同,将各种较小的形态叠加于这四种基本形态之上,这就使地貌类型具有了多样性。

1. 平原

平原主要分布在沿河谷地和河西的山前地带,有以下五种类型。

(1) 冲积平原:分布在外流河、内陆河流域各主支流的中下游谷地。黄河干流横贯甘肃省中部,沿河峡谷与河谷盆地相间分布,以兰州、靖远盆地中平原面积最大,上游玛曲一带也形成较大的冲积平原。黄河支流泾河、渭河、洮河、大夏河、庄浪河、祖厉河等,沿河均有冲积平原发育。河西走廊南、北盆地受祁连山北麓三大内流水系的冲积,形成许多独立的冲积平原,主要有石羊河水系中下游的武威、民勤平原;黑河水系中下游的张掖、高台平原和鼎新平原;北大河水系中下游的酒泉、金塔平原;疏勒河中下游的玉门、安西平原;党河中游的敦煌平原。

(2) 洪积冲积平原:主要分布在河西走廊合黎山、龙首山以北,张掖、酒泉间和疏勒河下游一带。此外,在祁连山脉的山间谷地中也有分布。

(3) 洪积倾斜平原:分布在祁连山北麓和北山南麓的某些地段,与冲积平原相间分布,组成物质为晚更新世以来的砂砾石,由水流从山地搬运、堆积而成。

(4) 干燥剥蚀平原:在干燥环境下,受各种外营力的剥蚀作用形成的平原。地表覆盖薄层碎石,植被稀少。多分布在弱水两岸和马鬃山南缘一带。

（5）沙丘平原:干旱地区受风力的吹扬和堆积作用,由松散物质形成波状沙地和沙丘甚至沙山。腾格里沙漠以格状沙丘和格状沙丘链为主,边缘为新月形沙丘。巴丹吉林沙漠以低矮沙丘链为主,且不断东移。库木塔格沙漠以羽毛状沙垄、格状沙丘为主,向东延伸到石质山地上,形成巨大沙山,如鸣沙山。

2. 高原与台地

高原与台地主要是流水侵蚀的黄土塬,它是厚层黄土覆盖在古地形上,并受流水切割形成的。目前甘肃省残存面积较大的黄土塬,分布在六盘山与子午岭之间,有董志、早胜、草峰、灵台等 26 个大小不同独立的黄土塬,其中董志塬最大,面积达 2 200 km²。六盘山以西的黄土塬仅出现在祖厉河下游,以会宁城北的白草塬较大,面积 455 km²。

3. 丘陵

丘陵主要分布在陇中黄土地区、陇南的山间盆地和河西的马鬃山一带,可分以下三类。

（1）流水侵蚀的黄土丘陵:分布在六盘山以东的庆阳地区北部以及定西、临夏地区的黄土分布区。境内黄土梁、峁发育,沟壑纵横,流水侵蚀强烈,地面支离破碎,海拔 1 000～2 500 m,兰州附近黄土最厚可达 400 m 左右。黄土丘陵上黄土喀斯特微地貌和滑坡、崩塌都较发育。

（2）流水侵蚀的红岩丘陵:分布在徽成盆地、西礼盆地中部和北秦岭北麓。地面主要由新近系红色岩层构成,上覆有薄层黄土,受流水侵蚀形成丘陵地形,相对高度 200～500 m。

（3）干燥剥蚀丘陵:分布在河西的马鬃山地和合黎山、龙首山部分地区。马鬃山丘陵是准平原化的古老山地,在干燥作用下,形成大片丘陵、孤山和山间盆地。丘陵一般海拔 1 500～2 000 m,而相对高度仅 100～500 m。地面岩石裸露,植被稀少,呈荒漠化丘陵景观。

4. 山地

（1）干燥剥蚀低山:海拔在 2 000 m 以下,年降水量一般在 200 mm 以下,由干燥剥蚀作用形成的低山,如鸣沙山、三危山、截山子、宽台山、黑山、合黎山等,皆呈荒漠山地景观。

（2）干燥剥蚀中山:海拔 2 000～3 500 m,主要分布在河西、定西地区北部,马鬃山地中山最高峰海拔 2 584 m,龙首山西段最高峰东大山海拔 3 616 m,榆木山以西沿祁连山北麓的照壁山、鹰咀山、大红山和乌鞘岭以东的寿鹿山、昌灵山、哈思山等均属之。

（3）流水侵蚀中山:海拔在 3 000 m 左右,山地年降水量 200～400 mm,分布在河西走廊和陇南市。祁连山东段北部前山地带,土层深厚,草木繁茂,外营力以流水侵蚀为主,如榆木山、九条岭、大黄山、天梯山等。陇南市的山地统称西秦岭山地,因新构造运动呈中度至强烈隆起,流水切割剧烈,多峭壁峡谷。陇南南部石灰岩层地区,切割深度在 1 000 m 以上,山高谷深,岩溶地貌有良好发育。

（4）流水侵蚀高山:海拔大于 3 500 m,青藏高原东缘的山地,海拔均在 4 000 m 以上。临夏以西的达里加山,最高峰海拔 4 635 m,悬崖峭壁,巍峨高耸,局部山峰有冰斗和 U 形谷等冰川地貌。积石山东段,最高峰海拔 4 500 m,山体由碎屑岩和岩浆岩构成,雪线在

4 200 m上下,雪线以上山峰有小型冰川。迭山和岷山均属于南秦岭山地南部的高山,主峰海拔4 920 m,山脊呈锯齿形和折线形。

(5)冰川冰缘作用高山:包括祁连山脉和阿尔金山主体部分。祁连山东段的冷龙岭、毛毛山一般海拔3 500 m,高峰4 000~5 000 m,雪线4 200~4 400 m,少数高峰终年积雪,并有少量冰川发育。祁连山中段走廊南山,海拔4 000 m上下,祁连山主峰海拔5 547 m,雪线4 500 m,山脊高峻狭长,冰川发育较多。祁连山西段大雪山、疏勒南山、党河南山与疏勒河、党河的谷地相间排列,山脊海拔在4 000 m以上,最高峰团结峰海拔5 808 m,为甘肃省最高峰,雪线以上终年积雪,现代冰川发育。

2.1.3 水文特征

2.1.3.1 河流水系

甘肃省河流分外流区河流和内流区河流,外流区河流包括黄河流域和长江流域,内流区河流为河西内陆河流域,年径流量大于1亿 m^3 的河流共有71条。

内陆河流域:年径流量在1亿 m^3 以上、独立出山的河流有15条,其中石羊河水系有西大河、东大河、西营河、金塔河、杂木河、黄羊河6条;黑河水系有黑河干流、陶赖河、洪水河(酒泉)、梨园河、黑河、洪水河(民乐)6条;疏勒河水系有党河、昌马河2条;苏干湖水系有大哈尔腾河1条。

黄河流域:年径流量大于1亿 m^3 的河流有30条。主要是黄河干流的湟水河、庄浪河、祖厉河、大夏河及其支流咯河和铁龙沟6条;洮河水系有洮河干流及其支流周科河、多拉沟、贡去乎河、博拉河、车巴沟、卡车沟、大峪沟、迭藏河、冶木河、三岔河、广通河12条;湟水水系有湟水、大通河2条;渭河水系有渭河干流及其支流榜沙河、漳河、牛头河、葫芦河及其支流水洛河6条;泾河水系有泾河干流及其支流汭河、马莲河、蒲河4条。

长江流域:年径流量大于1亿 m^3 的河流共26条,其中包括嘉陵江干流及直接汇入嘉陵江的支流红崖河、永宁河、洛河、长丰河、西汉水及其支流清水江、平洛河、铜钱河、广坪河、安乐河,白龙江及其支流达拉沟、多儿沟、腊子沟、岷江、拱坝河、洋汤河、五库河、让水河、大团鱼河,白水江及其支流中路河、马莲河、白马峪河、丹堡河。

甘肃省集水面积在50 km^2 及以上的河流共有1 590条。其中跨国并跨省河流10条、跨国河流2条、跨省河流326条、跨县河流448条、县界内河流804条。跨省326条河流中,内陆河流域113条,黄河流域174条,长江流域39条。跨县448条河流中,内陆河流域128条,黄河流域272条,长江流域48条。县界内857条河流中,内陆河流域270条,黄河流域445条,长江流域142条。

甘肃省河流分属内陆、黄河、长江三大流域,总面积42.58万 km^2,其中内陆河流域面积24.48万 km^2,黄河流域面积14.27万 km^2,长江流域面积3.83万 km^2。三大流域划分为12个水系,内陆河流域有疏勒河、黑河、石羊河、苏干湖4个水系;黄河流域有黄河干流(包括大夏河、庄浪河、祖厉河及其他流入黄河干流的小支流)、洮河、湟水、渭河、泾河及北洛河6个水系;长江流域有嘉陵江和汉江2个水系。

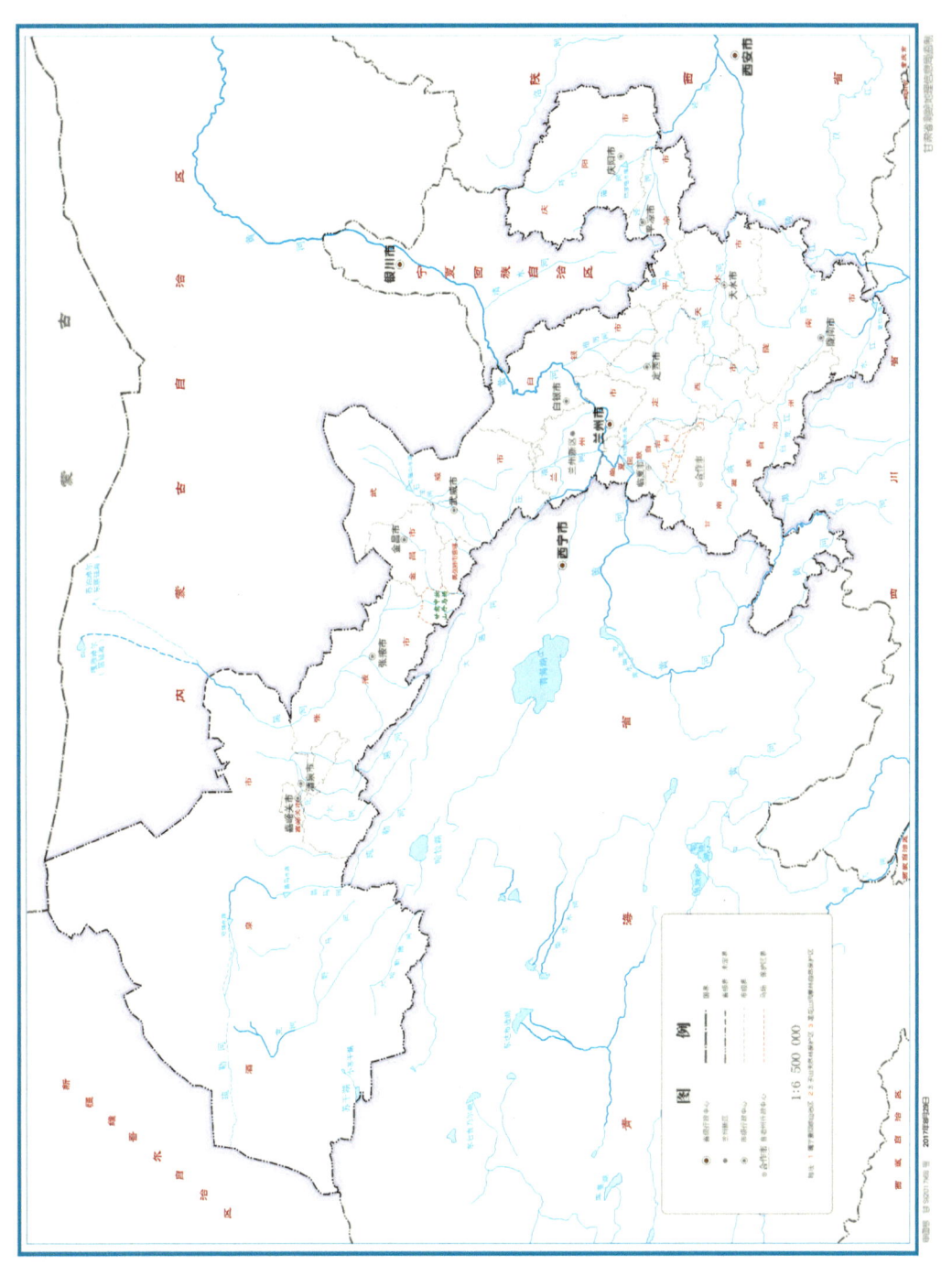

第 2 章　甘肃省地质环境背景条件及地质灾害

图 2-2　甘肃省水系图

1. 内陆河流域

(1) 疏勒河水系

疏勒河在上游玉门境内昌马盆地河段又称昌马河,主要支流有小昌马河、榆林河、党河、石油河以及白杨河。各河流均发源于祁连山区,水量自产并全部消耗于甘肃省境内。疏勒河水系甘肃省内流域面积 130 015 km², 径流总量 16.53 亿 m³, 其中自产地表水资源量 7.41 亿 m³, 入境水资源量 9.12 亿 m³。

(2) 苏干湖水系

苏干湖水系干流为大哈尔腾河,其发源于野牛脊山(最高峰海拔 4 954 m)及夭果吐乌兰山(最高峰海拔 4 724 m),至出山口流域面积 5 967 km², 相应河长 144 km, 出山口径流量 3.40 亿 m³。小哈尔腾河发源于土尔根大坂,至出山口河长 60 km, 流域面积 1 320 km²。大哈尔腾河出山口流经 22 km 后渗入戈壁,最终汇入大、小苏干湖;小哈尔腾河在出山后流经 25 km 后渗入戈壁,至努乎图一带受基地为南北向隐伏断裂的影响呈泉水露出地面,流经 10 km 后又渗入地下,潜流 40 km 后再次露出地面,汇入大、小苏干湖,多年平均径流量 0.75 亿 m³。

(3) 黑河水系

黑河水系以黑河为干流,主要支流自东向西有山丹河、民乐洪水河、大堵麻河、临泽梨园河、酒泉马营河、丰乐河、酒泉洪水河及陶赖河。按目前地表水力联系,黑河水系可分为东、中、西三个相对独立的子水系,其中东部子水系包括黑河干流、临泽梨园河及其他支流;中部子水系包括酒泉马营河至丰乐河间诸小河流;西部子水系包括酒泉洪水河至陶赖河间诸小河流。黑河水系甘肃省内流域面积 576 030 km², 径流总量 38.43 亿 m³, 其中自产地表水资源量 21.09 亿 m³, 入境水资源量 17.34 亿 m³。

(4) 石羊河水系

石羊河水系诸河皆发源于祁连山冷龙岭北麓,自东向西较大河流有大靖、古浪河、黄羊河、杂木河、金塔河、西营河、东大河、西大河等。西大河及东大河部分水量在下游汇成金川河入金川峡水库,其余河流出山后进入武威灌区,水量大部分引灌及渗入地下,后又以泉水形式溢出地表,形成众多的泉水河道,交汇成石羊河,此后进入民勤盆地,经引灌蒸发而消失。石羊河水系流域面积 39 837 km², 径流总量 15.51 亿 m³, 其中自产地表水资源量 10.49 亿 m³, 入境水资源量 5.02 亿 m³。

2. 黄河流域

(1) 黄河干流水系

黄河干流在甘肃省全长 913 km, 占干流河道总长度的 16.7%, 流经甘南、临夏、兰州、白银等 4 个市(州)的 15 个县(区),分为不连续的上、下两段。

上段在青海境内流经 810 km, 由久治县进入甘肃玛曲县,在玛曲县境内绕阿尼玛卿山回转 180°回流至青海省河南蒙古族自治县,河长 433 km; 入境水资源量 113.0 亿 m³, 出境水资源量 150 亿 m³。

下段由甘青交界处青海循化撒拉族自治县流入甘肃省临夏州积石山县(青海境内河长 570 km),入境水资源量 295.0 亿 m³, 流经 49 km 后汇入刘家峡水库,并在库区加入大夏河和洮河(9.54 亿 m³ 和 46.20 亿 m³); 干流出库后进入兰州市境内,经红古区加入湟水(45.10 亿 m³),经西固区加入庄浪河(2.01 亿 m³),其后流经安宁区、七里河区、城关区至榆中县加入宛川河(0.39亿 m³),于乌金峡进入白银市,在靖远县加入祖厉河(1.20亿 m³),最后流经景泰县黑山峡出境,进入宁夏中卫市沙坡头区,河长480 km,入境水资源量210.9亿 m³,出境水资源量209亿 m³。

黄河主要支流有白河、黑河、西科河、银川河、大夏河、庄浪河、宛川河、祖厉河等。黄河干流水系流域面积19 306 km²,水资源总量237.12亿 m³,其中自产地表水资源量28.12亿 m³,入境水资源量209亿 m³。

(2) 洮河水系

洮河发源于甘南西倾山北麓勒尔当,流经碌曲、卓尼、岷县、临洮,至刘家峡汇入黄河。其主要支流有周科河、科才河、博拉河、车巴沟、卡车沟、大峪沟、迭藏河、冶木河、漫坝河、东峪沟、三岔河及广通河。洮河水系甘肃省内流域面积23 960 km²,径流总量46.56亿 m³,其中自产地表水资源量42.66亿 m³,入境水资源量3.90亿 m³。

(3) 湟水水系

湟水发源于青海省境内大通山南麓,流至享堂入甘肃省,并有支流大通河加入,再流经红古至达川入黄河。湟水水系甘肃省内流域面积1 634 km²,径流总量17.15亿 m³,其中自产地表水资源量0.60亿 m³,入境水资源量16.55亿 m³。

(4) 渭河水系

渭河水系以渭河为干流,主要有秦祁河、大咸河、榜沙河、葫芦河、耤河、牛头河、通关河等支流。渭河干流发源于甘肃省渭源县南部鸟鼠山,流经渭源、陇西、武山、甘谷、天水等县(市、区),在天水市胡店流入陕西,在西安市临潼区港口汇入黄河。渭河水系甘肃省内流域面积25 890 km²,径流总量19.17亿 m³,其中自产地表水资源量18.24亿 m³,入境水资源量0.93亿 m³。

(5) 泾河水系

泾河水系以泾河为干流,主要有颉河、汭河、洪河、蒲河、马莲河、黑河等支流。泾河干流发源于宁夏回族自治区泾源县六盘山东麓马尾巴梁东南1 km的老龙潭以上,由西向东在平凉市大阴山下崆峒峡入甘肃省境内,流经平凉市崆峒区、泾川县、宁县、正宁等县(区)进入陕西省长武县,在西安市高陵区张卜街道蒋王村注入渭河。泾河水系甘肃省内流域面积31 210 km²,径流总量14.42亿 m³,其中自产地表水资源量10.94亿 m³,入境水资源量3.48亿 m³。

(6) 北洛河水系

华池县子午岭以东的葫芦河属北洛河水系。葫芦河发源于华池县老爷岭,横穿合水县北部,过太白镇后入陕西。北洛河干流及多数支流均在陕西省境内,甘肃省内流域面积2 274 km²,径流总量0.68亿 m³,全部为自产地表水资源量。

3. 长江流域

(1) 嘉陵江水系

嘉陵江发源于陕西省秦岭南麓,流经凤县至两当县进入甘肃省,后经徽县东部又进入陕西略阳县。其主要支流有红崖河、两当河、永宁河、洛河、青泥河、西汉水、燕子河和白龙江等。嘉陵江水系甘肃省内流域面积38 116 km²,径流总量131.96亿 m³,其中自产地表水资源95.74亿 m³,入境水资源量36.22亿 m³。

(2) 汉江水系

汉江水系甘肃省内主要包括八庙河、冷鱼河，流域面积 169 km², 径流总量 0.45 亿 m³, 全部为自产地表水资源量。

2.1.3.2 水文地质条件

1. 内陆河流域

南部祁连山区植被条件好、降水量多、气温低、蒸发量小，是主要产流区，地下水的唯一补给来源是大气降水。降水通过岩土体孔隙、裂隙进入地下，形成了丰富的地下水。山前冲积扇、洪积扇是地下水的径流区。由于河网发育，切割深，河床是地下水的天然排泄通道，还有一部分地下水通过山前侧向流出排泄到走廊平原，补给平原区地下水。

北部北山山地植被条件差、降水稀少、气温高、蒸发量大，属不产流区，地下水的唯一补给来源是大气降水。有限的降水通过广阔的北山山地土壤孔隙、裂隙进入地下，形成了地下水。山前冲积扇、洪积扇是地下水的径流区。地表产流量较小，没有形成固定的河流，但地表有零星泉水溢出，部分通过蒸发损失掉，部分下渗补给地下水。因此，地下水只能通过山前侧向流出排泄到走廊平原，补给平原区地下水。

河西走廊平原区地下水主要储存在各盆地第四纪松散的地层内。这套地层是中间夹有黏性土的洪积、冲积和湖积相砂砾层和砂层，其厚度、岩相和结构严格受基底构造形态控制，并影响含水层系的富水性。南盆地的中央拗陷带为巨厚的以卵砾石为主的单一结构含水层系，一般厚 200～300 m, 最厚达 800 m。其北半部逐渐变为以砂砾石、含砂砾为主的中间夹有多层亚砂土、亚黏土层的含水层系，一般厚 50～100 m, 最厚达 200 m 以上。南盆地的含水层厚 50～300 m, 渗透系数 30～400 m/d, 单井出水量为 50～300 m³/h。北盆地基底构造形态同南盆地，并具有自南向北岩性由粗变细、层次由少变多、厚度由大变小的规律。如民勤盆地，南部是以冲积相砂砾石为主的含水层系，夹少量亚砂土层，厚 300～500 m; 民勤县城至东湖镇一带，逐渐变为以湖相砂和亚黏土互层为主的含水层系，厚度为 200～300 m, 近北山山前的厚度则不足 100 m, 北盆地的第四系含水层较薄，一般为 30～100 m, 渗透系数为 5～50 m/d, 单井出水量为 20～100 m³/h。

地下水的补给来源为河水渗漏、渠系田间入渗、侧向径流和降水补给。在天然条件下，地下水的主要排泄途径是泉水溢出和蒸发、蒸腾消耗。河西走廊平原区泉水溢出带集中分布在各大河流的洪积扇扇缘及南盆地平原河流沿岸，较大的溢出带有：

(1) 张掖盆地北部黑河、梨园河洪积扇扇缘及张掖至高台间的黑河沿岸。

(2) 酒泉盆地西部北大河洪积扇扇缘及清水河、临水河沿岸。各盆地地下径流的流向与地形坡向基本一致。南盆地地下径流的水力坡降为 3‰～7‰, 单宽径流量为 1 250～50 000 m³/(d·km), 径流强度在接近溢出带的洪积扇扇缘时最大；北盆地地下水的水力坡降由 1‰～3‰ 到 0.7‰～0.8‰, 单宽径流量为 70～6 000 m³/(d·km), 径流强度沿径流方向逐渐减少。河西走廊平原区的地下水除水平运动外，还有通过包气带接受降雨、灌溉水入渗和蒸发损耗方式的垂直运动，其交换强度取决于一系列自然和人为因素。按照地下水水平和垂直径流强度分布特点，河西走廊平原区自南向北可划分出 3 个径流运动带。

①水平运动带。分布于南盆地山前洪积扇裙带，含水层具有很强的水平径流。以河

床、渠系线性入渗并迅速转化为径流过程,是本带地下水运动的基本方式,而在面上的垂直入渗量、蒸发量很小,可忽略不计。

②水平—垂直运动带。分布在河西走廊平原区中部和北部大部分地区,含水层既有较强的水平径流,又有较大面积的垂直入渗和蒸发、蒸腾消耗。

③垂直运动带。只分布在河西走廊平原区的河流终止(或消散)带的灌区,如石羊河下游民勤灌区、党河敦煌灌区的北部、疏勒河下游双塔灌区西部、北大河金塔灌区北部等,这里的含水层水平径流基本停滞,而大面积的垂直径流却非常活跃,蒸发、蒸腾损耗成为地下水的主要排泄途径。

2. 黄河流域

甘肃省境内的黄河流域在构造上属鄂尔多斯地台的一部分,处于祁连山褶皱系与西秦岭褶皱系的交接地段。中、新生代陷落为陇中盆地,沉积了约千米厚的甘肃系(新近系)红层,经喜马拉雅期陇山运动,四周大山褶皱隆起,在第四纪中、晚期,堆积了厚层老黄土及马兰黄土于红层之上。

流域内地层发育较齐全,从震旦系到第四系均有分布。由于所处构造条件不同,各时代地层在空间分布上具有一定规律性。前古生界集中分布在西北部;古生界是主要地层,出露较齐全,在流域内各处均有分布;中生界侏罗系和白垩系为大面积陆相盆地沉积,反映了当时经燕山运动的强烈影响,地壳急剧抬升,形成许多形态不一的大型山间盆地,相应地沉积了陆相地层;新生界均为陆相沉积。新近系分布广泛,第四系黄土常以大面积覆盖状态出现。

甘肃省境内黄河流域处于甘南高原和黄土高原两大次级地貌类型。甘南高原位于陇南山地以西,是洮河和大夏河的发源地,因其地形起伏较缓,曲流发育,多草滩,局部有湖泊、沼泽分布,主要水文地质单元有玛曲河谷、桑科盆地、尕海盆地、甘加盆地、阿木去乎盆地。黄土高原主要有陇东黄土高原、六盘山地和陇西黄土高原三大次级地貌类型。

陇东黄土高原位于六盘山以东,东以子午岭为界与陕西黄土高原衔接,地质构造为长期稳定的鄂尔多斯地台的西南部,董志塬为区内最大的黄土塬,塬面面积 2 200 km²。陇东黄土高原的主要含水层为下白垩统志丹群和第四系中更新统黄土,含水层一般为砂砾岩、中细砂、砂质泥岩、泥岩,厚度 69～600 m,顶板埋深 132～600 m,单井涌水量 100～22 000 m³/d,矿化度一般大于 1 g/L。陇东盆地白垩系含水层共分为六个含水岩组,水量丰富,水质最好的是埋藏浅的罗汉洞组。

六盘山地处于甘肃省平凉、庄浪、静宁一带的六盘山麓,陇山平均宽度 20 km,高差 500 m,含中、下古生界基岩裂隙水和白垩—新近系裂隙孔隙水。南川—神峪盆地承压水水头高出地面 8.73 m,新近系承压水单井涌水量 10～500 m³/d,矿化度小于 1 g/L。

陇西黄土高原位于六盘山以西,是黄土高原的最西部分,主要以黄土沟壑和梁峁丘陵为主。皋兰山、兴隆山、马衔山、屈吴山主要由变质岩、火成岩和沉积岩组成。北西向断裂发育,黄河干流流进本区,形成盆地与峡谷相间排列的串珠式葫芦状河谷盆地,较大的有兰州盆地和靖远—平川盆地。较小的有临洮盆地、大通河谷、湟水河谷、庄浪河谷、榆中—定远盆地、内官—香泉盆地、祖厉河谷、高湾—小水—旱平川盆地、兴仁盆地、兴泉盆地、芦阳—寺滩儿盆地、草窝滩盆地、白墩子盆地、陇西河谷、葫芦河谷、渭河天水河谷、泾河河谷、沏河河谷等。本区地下水类型多、水量贫乏、水质差,在构造隆起区分布基岩裂隙水,凹陷区有中生界—新生界裂隙孔隙水,部分区域分布黄土潜水。黄河、渭河、洮河、庄浪河的河谷中分布的第四系潜水是该区域最主要的地下水类型,它与地表水有直接的水力联系,表现为山间盆地中地表水补给地下水,而流经峡谷时地下水补给河水,在一条河谷中地表水与地下水反复转化。河谷盆地的单井涌水量 1 000~3 000 m^3/d,局部大于 5 000 m^3/d,矿化度 1~2 g/L。该区深层承压水的主要补给来源是河流、降水直接入渗补给,表层潜水向深部循环补给,但以河流和河谷洪水入渗补给为主。

3. 长江流域

本流域属西秦岭地区秦岭分区,该区古生界及中生界的三叠系均为海相地层,属地槽型沉积;前志留系碧口群岩性为海相碎屑岩与火岩;志留系岩性为含碳质与硅质板岩、硅质岩,夹白云岩、灰岩与火山岩;泥盆系岩性为海相灰岩、碎屑岩与火山岩沉积;侏罗系、白恶系、新近系岩性为陆相沉积夹火山岩。

流域内地质构造复杂。历经多次构造运动,造成各地层间的不整合、假整合、褶皱和断裂等,形成各种类型的构造形态。

长江流域山区由于大气降水丰富,通过断层、裂隙及风化裂隙进入地下,形成丰富的地下水资源。山前冲积扇、洪积扇是地下水径流区;由于河网发育,表层土薄,河床切割深,河道坡度大,地下水以河道和沟谷排泄为主,部分以泉的形式排泄,还有一小部分地下水是通过潜水蒸发和山前侧渗的形式排泄,河谷川地一阶台地地下水水位与地表水基本一致。

山区地下水补给来源主要是大气降水,山间盆地和河谷川区除大气降水补给外,还有山前侧向补给。

2.2 区域地质构造概况

2.2.1 区域地质概况

甘肃省各时代地层均较发育,地层序列比较完整,具有不同时代的海相火山岩系,多种类型的沉积建造,复杂的沉积相和丰富的古生物群等。出露的地层自前长城系至第四系共有 16 个系,以古生界最为发育,构成本省地层的主体。在总体上可分为陇东地区、北山地区、敦煌—阿拉善地区、祁连山和河西地区、西秦岭地区及巴颜喀拉山地区。

2.2.1.1 陇东地区

陇东地区包括甘肃东部黄土高原,属华北地台西部,基底由前长城系地层组成,在台缘部分见有寒武系、奥陶系。上古生界由中、上石炭统及其以后的地层组成。地台内部被大面积第四系覆盖,中生界仅见于深切的沟谷中。古生界发育不全,但岩性稳定,为鄂尔多斯地台型沉积。平凉市为鄂尔多斯地台西缘分区,震旦系与寒武系出露齐全,均为浅海相碎屑岩及碳酸盐岩沉积,沉积物主要为碳酸盐岩及砂页岩。奥陶系为白云质灰岩及笔石页岩,厚 980~1 800 m。中、上石炭统为海陆交互相沉积,以碎屑岩为主,含煤及铝土矿,共厚约 500 m。二叠系为陆相沉积,下部含煤、褐铁矿,厚约 15 000 m。三叠系上统延长组厚达 3 000 m,为生油与含油层,夹薄层煤。侏罗系下统为重要含煤层,并夹有含油层及油页岩。白垩系与古近系为山麓河湖相沉积,白垩系由砂砾岩、砂岩及砂质泥岩和泥岩构成,第二旋回由砂岩、泥岩构成。古近系为一套内陆湖相泥质岩堆积,白垩系与古近系总厚约 8 000 m。

该区北部的庆阳市为鄂尔多斯地台分区,地面大部分为第四系的风成黄土覆盖,与黄土堆积同时发育的有河谷冲积层,其中以全新统河谷砾岩层最为发育,地表偶有基岩出露,主要为陆相白垩系与古近系,多沿沟谷分布,钻孔中见地层深处为三叠系与侏罗系。本区有良好的储油构造,是长庆油田的重要油区。

2.2.1.2 北山地区

北山地区由于侵入岩体的穿插以及断裂构造的破坏,地层体略显破碎。除古近系外,其余各系均有分布,古生界最为广泛,自奥陶系至二叠系均见海相火山岩,中、新生界全为陆相沉积。该区震旦系为浅海相碎屑岩、碳酸盐岩沉积,厚达 11 000 m。寒武系为海相沉积,最大厚约 3 400 m,下统含磷、锰等矿。奥陶系(厚 5 000 m)为一套陆源碎屑岩建造、浅海火山岩建造和碳酸盐岩建造。志留系(厚 2 400 m)主要为浅海火山岩、碳酸盐岩建造。上古生界厚 20 000 m。泥盆系(厚 4 200 m)、石炭系(厚 13 000 m)及二叠系(厚 10 000 m)均为海相或海陆交互相沉积。泥盆系以浅海相碎屑岩、火山岩沉积或碎屑岩夹火山岩,早二叠世以碎屑岩为主,碳酸盐岩次之,早期和晚期并有大量的基性火山岩,晚二叠世则以陆相沉积,北带为陆相碎屑岩建造,南带则为陆相酸性火山岩建造。三叠系、侏罗系为陆相沉积,中、下侏罗统含煤。上侏罗统至下白垩统分布较广,为陆相碎屑岩。古近系为河湖相沉积。第四系主要为沉积物及风积物,其次为坡残积物及湖沼堆积物。

2.2.1.3 敦煌—阿拉善地区

敦煌—阿拉善地区主要分布前长城系,缺失下古生界。东部龙首山一带有少量上古生界。中生界广泛分布,属内陆河湖相沉积,侏罗系有陆相火山碎屑岩,缺失古近系古新统及始新统。

该区大部为前震旦系敦煌群变质岩系,地层年代很古老,故一般又称"敦煌古陆"。另外还有一些中、新生界陆相地层。其中,中侏罗统含煤。地表为古近系及第四系分布。

2.2.1.4 祁连山和河西地区

祁连山地层呈带状展布。前寒武系构成古老的基底,缺失下寒武统,早古生代属典型的活动型沉积,志留系为稳定型沉积。北祁连区晚石炭世后全部为陆相地层,受秦岭及巴颜喀拉海槽影响,南祁连区至晚三叠世才结束海相沉积。

祁连山呈狭长带状,近东西向分布。前震旦系变质岩层产沉积变质铁矿。震旦系最大厚 17 000 m。下古生界厚 29 000~38 000 m,属地槽型沉积。寒武系中统以火山岩为主。寒武—奥陶系为海底喷发岩夹碎屑岩及灰岩,厚 10 000 余米,含铜、铁。志留系以海相碎屑岩为主夹火山岩。上古生界属地台型沉积,厚 7 000 余米。泥盆石炭系的岩性、厚度与河西走廊部分相似。二叠系、三叠系除中、南祁连山为海相、海陆交互相外,北祁连山为陆相沉积。中、新生界为河湖相沉积。下、中侏罗统含煤。上侏罗统与下白垩统总厚约 5 500 m,部分地区含油。古近系含石膏。冰川、冰水沉积发育于高山区。第四系风成黄土在本区山麓直到甘肃省中、东部广泛分布。

河西走廊分布的寒武中统为浅变质岩,厚达 4 100 m。奥陶系为海相沉积,最大厚约 3 200 m。志留系为海相碎屑岩,厚达 7 700 m。泥盆系为山麓河湖相沉积,厚达 1 500 m,下统含石膏。石炭纪早、晚期均有沉积。二叠系、三叠系(厚 24 200 m)及中、新生界全为陆相沉积。

2.2.1.5 西秦岭地区

该区地层基本呈东西向带状,中、晚元古界仅发育长城系、震旦系。西秦岭南部相继发现早、晚奥陶世笔石,古生代地层剖面完整,早古生代见有火山岩,但晚石生代少见。西秦岭北部局部地段的中泥盆统可以细分,生物区系明显具有扬子区与北方型的过渡性质。至晚三叠世结束海相沉积。侏罗系与白垩系分布零星,新生界广泛发育。

秦岭有北、中、南和摩天岭四个小区。该区古生界及中生界均为海相地层,属地槽型沉积。前寒武系碧口群为海相碎屑岩与火山岩夹灰岩,分布在摩天岭小区,厚达 20 000 m,含铜、磷等。志留系厚达 10 000 m,主要沿白龙江一带分布,为含炭质与硅质板岩、硅质岩,含磷、铁等。上古生界为海相、海陆交互相沉积,厚达 27 000 m。泥盆系为海相灰岩、碎屑岩沉积并有火山岩,厚达 16 000 m,下统见于迭部以南;中泥盆世早期及晚泥盆世的沉积在南、北秦岭具有同期异相的特点,北秦岭以碎屑岩为主,南秦岭以灰岩为主。海相、海陆交互相的三叠系三统俱全,以中秦岭最发育,厚 20 000 余米。侏罗系(夹煤层)、白垩系与古近系为陆相沉积夹火山岩。

2.2.1.6 巴颜喀拉山地区

巴颜喀拉山地区仅有部分延伸至玛曲以南,以海相、海陆交互相三叠系为主,厚达 20 000 m。石炭系—二叠系仅出露于玛曲以西,其岩性与秦岭分区相似。侏罗系、白垩系、新近系零星分布。

2.2.2 岩土体工程地质特征

甘肃省境内岩体类型有岩浆岩、变质岩、碳酸盐岩及碎屑岩岩组,土体类型包括一般土体和特殊土体。

2.2.2.1 岩体工程地质特征

甘肃省岩体工程地质类型可划分为 4 大建造类型、25 个岩体工程地质类型。

(1)岩浆岩建造

岩浆岩在山区广泛分布,以侵入岩为主,喷出岩次之,分为坚硬块状侵入岩岩组(干抗压强度 $R=1\,800\sim2\,000$ MPa,软化系数 $K=0.78\sim0.86$)和坚硬块状火山熔岩岩组(干抗压强度 $R=1\,200\sim2\,500$ MPa,软化系数 $K=0.84\sim0.91$)。

(2) 碎屑岩建造

碎屑岩广泛分布于各大山区及大、中、小盆地中,分为较坚硬中、厚层状砂砾岩岩组(干抗压强度 $R=470\sim600$ MPa),软弱中、厚层状砂岩岩组(干抗压强度 $R=215\sim300$ MPa),较坚硬至软弱中、厚层状—薄层状砂砾岩夹黏土岩岩组(干抗压强度 $R=110\sim500$ MPa),较坚硬至软弱薄层状砂砾岩夹黏土岩岩组(干抗压强度板岩一般为 $250\sim550$ MPa,砂砾岩可达 700 MPa),较坚硬至软弱中、厚层状黏土岩夹砂砾岩岩组(岩体稳定性和均匀性极差,极易风化,一般新鲜泥岩 $2\sim3$ 年即风化成土状),软弱块状黏土岩岩组(岩石软弱,强度低,干抗压强度 1.1 MPa,遇水极易软化崩解),软弱中、厚层状黏土岩岩组(岩石软弱,强度低,干抗压强度 1.1 MPa)和较坚硬至软弱中、厚层状—薄层状含煤碎屑岩岩组(干抗压强度一般为 $20\sim32$ MPa,软化系数 $K=0.54\sim0.64$),共八个岩组。

(3) 碳酸盐岩建造

甘肃省碳酸盐岩的岩溶发育程度可分为中等和弱两种程度,再根据不同的岩体的结构特征和工程地质特点,将碳酸盐岩建造分为坚硬块状—中、厚层状中等岩溶化碳酸盐岩岩组(干抗压强度 $76\sim120$ MPa,软化系数大于 0.8),坚硬块状—薄层状微弱岩溶化碳酸盐岩岩组(干抗压强度 $80\sim140$ MPa,软化系数大于 0.8),坚硬至软弱中、厚层状碳酸盐岩夹砂岩、泥岩岩组(干抗压强度可达 100 MPa,泥岩、砂岩软弱,干抗压强度 20 MPa),坚硬至软弱中、厚层状—薄层状碳酸盐岩夹砂岩、泥岩岩组(岩体干抗压强度 $20\sim140$ MPa)和坚硬至软弱块状—薄层状碳酸盐岩夹砂岩、泥岩岩组(干抗压强度为 $20\sim140$ MPa),共五个岩组。

(4) 变质岩建造

由于变质深浅程度和结构不同,甘肃省变质岩划分为坚硬块状混合岩、片麻岩、千枚岩岩组(干抗压强度 $80\sim180$ MPa,软化系数大于 0.8),坚硬块状片麻岩、石英砂岩岩组(干抗压强度 $80\sim140$ MPa,软化系数大于 0.65),坚硬中、厚层状片麻岩、石英岩、变火山岩岩组(干抗压强度 $80\sim140$ MPa),坚硬至较坚硬块状—薄层变砂岩、片麻岩岩组(干抗压强度为 $35\sim215$ MPa,软化系数为 $0.65\sim0.83$),坚硬至较坚硬页片状片岩、片麻岩岩组(干抗压强度为 $55\sim200$ MPa,软化系数为 $0.72\sim0.89$),坚硬至较坚硬块状变砂岩、变火山岩、千枚岩岩组(干抗压强度 $47\sim140$ MPa),坚硬至较坚硬中、厚层状砂岩、板岩、千枚岩岩组(干抗压强度 $47\sim140$ MPa),坚硬至较坚硬中、厚层状—薄层状砂岩、板岩夹灰岩岩组(干抗压强度 $47\sim200$ MPa),坚硬至软弱薄层状砂岩、板岩岩组(干抗压强度 120 MPa,板岩为软弱岩石,干抗压强度 10 MPa)和坚硬至软弱页片状页岩、砂岩岩组(干抗压强度为 20 MPa,砂岩干抗压强度为 120 MPa),共十个岩组。

2.2.2.2 土体工程地质特征

土体主要分布在甘肃省中部和东部的陇西地区和陇东地区以及各大河流两岸的大、中、小型河谷盆地、夷平面、冰川前缘及山前地带等,主要分为一般土体和特殊土体。

1. 一般土体

一般土体包括碎石土、砂土、黏性土三类。碎石土主要分布于河西走廊山前洪积扇一带,结构疏松。砂土由风成中、细、粉砂组成,主要分布于沙漠地带。黏性土分布于走廊北盆地细土平原和河流阶地上,岩性为冲洪积—湖积相粉质黏土、黏土。

2. 特殊土体

特殊土体主要有黄土、淤泥质土、盐渍土和冻土四个类型。

（1）黄土：黄土分布区为省内地质灾害集中发育的地区之一。陇东、陇西地区的黄土为强湿陷性黄土，永登、皋兰、靖远以北和临夏一带的黄土为中等湿陷性黄土，弱湿陷性黄土零星分布于古浪、靖远以北的地区。由于自然和人为作用，黄土边坡失稳是该区主要灾害类型。

（2）淤泥质土：集中分布于甘南高原的黄河河曲、尕海盆地和河西走廊的黑河、疏勒河沿岸及武威、张掖城区附近洪积扇扇缘泉水溢出洼地地带，主要由河漫滩相或牛轭湖相沉积物组成。该类土腐殖质含量较高，结构较紧密，可塑，具微细层理及淤泥臭味；湿时呈软塑或流塑状态，干时较硬；一般与下伏非黏性土组成双层或多层结构；天然含水量高于液限，容重偏低，中—高等压缩，承载力低，强度低于一般黏性土，作为建筑地基易发生侧滑动、沉降、基底两侧挤出等不良工程地质现象。

（3）盐渍土：分布在河西走廊各流域下游平坦地区，在酒泉、金塔、高台、张掖等地，所见盐渍土表层有厚2～3 cm的细土和盐混合胶结的盐结皮，结皮层以下为蓬松的盐土层，厚35～45 cm；向下盐分呈白色斑块状聚积。在武威、民勤等地盐渍土层下面，常见石灰结核。盐渍土盐分组成相当复杂，主要盐类有氯化物和硫酸盐，每种盐渍土都有一两种主要盐类组成。盐渍土的物理化学性质受盐分的影响而变化，不适宜进行工程建筑，为不良工程地质层。

（4）冻土：甘肃省冻土分布范围较小，主要分布在祁连山和阿尼玛卿山的高山和极高山区。祁连山冻土分布在海拔3 900 m以上山区，3 900～4 200 m为季节冻土，4 200 m以上为多年冻土。在西祁连山地，冻土分布在4 000 m以上。甘肃省冻土属高海拔多年冻土，主要服从垂直地带规律，厚度由几米到一二百米不等。季节冻土和多年冻土的季节融化层是对建筑物造成危害的主要因素，属于复杂工程地质层。

2.2.3 区域构造概况

2.2.3.1 大地构造格局

甘肃省地处西伯利亚、哈萨克斯坦、塔里木、华北、柴达木—祁连和扬子6个板块的交汇处，进一步划分为12个二级单元和22个三级单元，详见表2-1。

表2-1 甘肃省主要构造单元简表

一级构造单元	二级构造单元	三级构造单元	造山带
I_1西伯利亚板块	II_1西伯利亚板块南缘褶皱带	III_1^1雀儿山地体	北山造山带
I_2哈萨克斯坦板块	II_2明水—石板井褶皱带	III_2^1红石山—黑鹰山地体	北山造山带
		III_2^2明水—公婆泉地体	
	II_3马鬃山中间地块	III_2^3马鬃山地体	
	II_4红柳园—账房山褶皱带	III_2^4花牛山地体	
		III_2^5红柳园—音凹峡地体	
I_3塔里木板块	II_5敦煌地块	III_3^1干泉—黄尖丘地体	
		III_3^2敦煌地体	

续表

一级构造单元	二级构造单元	三级构造单元	造山带
I_4 华北板块	II_6 鄂尔多斯地块	III_4^1 陇东地块	
	II_7 阿拉善地块	III_4^2 阿拉善地块	
	II_8 阿拉善南缘褶皱带	III_4^3 龙首山裂谷带	
		III_4^4 走廊被动陆缘带	
		III_4^5 冷龙岭地体	
I_5 柴达木—祁连板块	II_9 北祁连早古生代褶皱带	III_5^1 玉门—酒泉地体	祁连山造山带
		III_5^2 走廊南山地体	
		III_5^3 托来山地体	
	II_{10} 中祁连中间地块	III_5^4 中祁连地体	
	II_{11} 南祁连早古生代褶皱带	III_5^5 南祁连地体	
		III_5^6 党川地体	
I_6 扬子板块	II_{12} 西秦岭褶皱带	III_6^1 北中秦岭陆表海盆	西秦岭造山带
		III_6^2 南秦岭早古生代被动陆缘褶皱带	
		III_6^3 碧口地体	

(1) 西伯利亚板块（I_1）

其南界为骆驼山—红石山—黑鹰山深大断裂（板块缝合线），在北山只出露其南部边缘碰撞型褶皱带。由于红石山蛇绿岩产于石炭系地层中，并沿板块南部边界大量分布有泥盆纪、石炭纪的岛弧型火山，并普遍被二叠系浅海相陆源碎屑岩不整合覆盖，因此认为是西伯利亚板块在早古生代向南增生的产物，向西可与哈尔里克—大南湖晚古生代沟弧带对比。它是北山北部古洋域及南蒙地区（内蒙古天山）最后封闭的场所。受晚古生代的板块碰撞拼合作用影响，区内发育大面积晚古生代岩浆岩，形成北西西向岩浆岩带。

西伯利亚板块南缘的基底地层除了已经发现的奥陶系—志留系外，最近又在国界附近发现了前长城纪的混合岩—片麻岩—片岩—变粒岩，其中侵入于干河梁片岩—变粒岩中的变辉绿岩脉的全岩 Sm-Nd 法等时线年龄为 (434 ± 11) Ma。但是其与南部基底的区别还有待于研究。

(2) 哈萨克斯坦板块（I_2）

北山地区大部分为哈萨克斯坦古板块的东延部分，包括甘肃境内的北山大部分和内蒙古的西部地区，位于骆驼山—红石山—黑鹰山深大断裂（板块缝合线）以南，柳园—大奇山—账房山断裂以北，主要由造山带中的中间地块、含有古老裂离地块的增生地体组成。

该板块出露的陆核以元古界（不含震旦系）为主，在全区各个构造单元都有分布，但是主体部分横亘于板块中部，呈近东西向沿马鬃山—横峦山一线及沿线南侧分布。古大地构造环境属于中间地块加多岛洋的属性。板块最古老的基底岩层为新太古代变质岩系，分布于盐池东及其以东黄石岭一带，主要由晚太古代盐池东斜长角闪岩、黄石岭大理岩组成。古元古代北山群（敦煌群）片麻岩、片岩和大理岩在地体中普遍分布。在草呼勒哈德斜长角闪岩中获全岩 Sm-Nd 法等时线年龄(1 981±116)Ma；白湖南黑云斜长片麻岩和糜棱岩化眼球状花岗闪长岩的锆石 U-Pb 法同位素谐和年龄分别为(1 756±88)Ma 和(1 786±88)Ma,表明该岩群形成年龄至少接近 20 亿年。其盖层为中元古界滨浅海相陆源碎屑岩相碳酸盐岩建造。该套岩系向西可与新疆境内的中天山结晶岩带相连。

该板块陆核上覆不整合地层有震旦系、寒武系及中下奥陶统的冰流层、碳酸盐岩、含磷硅质泥页岩等。其南北侧有奥陶系、志留系、石炭系、二叠系的活动型沉积,并且产有 4 条不同时代蛇绿岩带,大致平行呈近东西向分布,代表了多岛洋 5 个期次的洋壳消减作用,是划分次级构造单元的依据。该板块可进一步划分成 3 个二级构造单元和 5 个三级构造单元。

(3) 塔里木板块(I_3)

甘肃省内属塔里木板块东端的是位于柴达木—祁连及哈萨克斯坦古板块之间的楔形地块,南北界分别由阿尔金断裂和柳园—大奇山深断裂带构成。板块基底部分由古元古界敦煌群组成,由变质较深、变形强烈的岩石构筑了有层无序的岩群。最下部有斜长片麻岩、花岗片麻岩、眼球状混合岩,偶夹大理岩,岩石糜棱岩化普遍。上部由角闪斜长片岩、石英片岩及中酸性火山岩、石英片岩组成,厚度大于 7 000 m。

(4) 华北板块(I_4)

该板块包括河西走廊东段、合黎山、龙首山、北大山和雅布赖山地区。走廊北缘(榆树沟山—高台南)及野牛山—冷龙岭深断裂为两大板块的缝合线,西北部由阿尔金断裂所截。

该板块在甘肃省出露阿拉善地块基底是中新太古代—古元古代的龙首山群、北大山群中深变质岩系。龙首山群由混合岩、片麻岩、大理岩和变粒岩所组成,厚度大于 4 000 m,其中片麻岩、混合岩的全岩 Rb-Sr 法等时线年龄分别为 1 949 Ma 和 2 065 Ma,龙首山群的 A 岩组(东大山地区)的斜长角闪岩(原岩为玄武岩)Sm-Nd 法等时线年龄为 3 182 Ma。在板块的西南边缘存在一条中晚元古代的古裂谷带。裂谷北界推测在潮水盆地南缘及合黎山一带。

(5) 柴达木—祁连板块(I_5)

该板块在区内呈北西西走向,由柴北缘地块和祁连中间地块组成板块陆核,其北侧及周围有早古生代褶皱带。向北通过走廊北缘及冷龙岭深断裂与华北古板块相接,西北部由阿尔金断裂与塔里木板块隔开。

该板块的古陆核基底在中祁连中西段,由下元古界野马南山群的中深变质岩系、中上元古界党河群、托来南山群、龚岔群浅变质的碎屑岩、火山岩及碳酸盐岩组成。野马南山群由硅线石黑云斜长片麻岩、石榴黑云片麻岩、钾长角闪片麻岩、斜长角闪岩、二云母片麻岩夹透辉石大理岩等组成,厚度大于 2 491 m。与含加尔加诺锥叠层石的党河群呈不整合接触。东段煌源地区的基底与中西段略有差别,由下元古界煌源群,中上元古界煌中群、花石山群组成。湟源群由二云石英片岩、黑云斜长片麻岩、角闪斜长片麻岩、斜长角闪岩夹大理岩和石英岩组成,厚 1 800 m。中东段的兰州—白银地区,下元古界称为马衔山群,属中深变质岩系,中元古界皋兰群分布于会宁以西地区,岩性以各类片岩、石英岩及中酸性火山凝灰岩为主,其形成时代根据 Sm-Nd 法等时线年龄分别为(806±60)Ma 和(886.9±24)Ma,应该在 800 Ma 以前。东段的张家川、天水等地,下元古界为牛头河群,属中深变质岩系,其沉积序列特征是下部陆源碎屑岩与基性火山岩、中部陆源碎屑岩、上部含炭质富镁碳酸盐岩夹碎屑岩,与东段秦岭群的沉积特征类同;中元古界为陇山群,是一套中度变质岩系,局部具混合岩化,其下部以斜长角闪岩为主,中部为石榴黑云斜长片麻岩夹石英岩、变粒岩,上部为石英白云石大理岩、黑云石英片岩、变粒岩,其中斜长角闪岩的 Sm-Nd 法同位素年龄为(983±20)Ma,恭门南罗家沟一带片麻岩的 Sm-Nd 法同位素年龄为(1 460±32)Ma。该套地层向东延续,可与北秦岭宽坪群相接。

在中祁连山地块南北侧,有早古生代的活动型沉积,在北祁连山产有两条重要的蛇绿岩带,代表了北祁连洋壳消亡,是划分次级构造单元的依据。该板块在甘肃省内可进一步划分成 3 个二级构造单元和 6 个三级构造单元。

(6) 扬子板块(I_6)

该板块在甘肃省内为西秦岭部分,其基底部分是碧口古陆。碧口古陆位于扬子板块西北缘的陕甘川三省交界地区。其北以文县—康县—略阳断裂带为界,南以青川—阳平关断裂带为线,构成一个三角形楔形地块。古陆的老结晶基底为太古代鱼洞子群,中上元古界碧口群组成地体主体地层。

鱼洞子群为一套高绿片岩相—低角闪岩相的深变质岩系,岩性有斜长角闪岩、浅粒岩、角闪磁铁石英岩、绢云片岩、绿泥片岩等。原岩属海底火山喷发—正常沉积的海相火山—沉积岩系,以酸性喷发岩为主,基性喷发岩次之。该群斜长角闪岩中锆石 U-Pb 法同位素年龄为 2 657 Ma,与中基性火山岩有关的磁铁石英岩 Sm-Nd 法同位素年龄为 3 000 Ma,其主变质期应在晚太古代。目前已查明该套岩系分布在陕西境内阁老岭—鱼洞子地区、乐素河地区、宁强二里坝—赵家庄地区。在乐素河嘉陵江边可见的碧口群变质火山岩不整合覆于鱼洞子群混合岩化斜长角闪岩之上。

甘肃境内碧口地体的地层时空分布很有规律,地体盖层震旦系和下寒武统分布于碧口群的周边,出露较少。碧口群下亚群的 3 个岩组分别为下部阳坝组、中部白杨沟组、上部秧田坝组,3 个岩组从老至新由南向北排列,反映出一个完整的中、晚元古代的沟弧盆体系。阳坝组属深海洋盆型火山—沉积岩建造,所产火山岩以基性岩为主,并产有超镁铁岩体,火山岩的岩石化学和地球化学特征表明其多属幔源型大洋拉斑玄武岩,沉积岩石具有远洋硅泥质岩石组合特征,认为阳坝组的原岩可能是接近洋中脊的深海洋盆地环境。白杨沟组属碎屑岩建造,其碎屑成分以高岩屑、高长石而贫石英为特点,分选差、粒度粗,岩石的成分成熟度和结构成熟度都很低,其中岩屑成分有中酸性火山岩、花岗质岩石、闪长岩及变质中基性火山岩、基性火山岩、石英岩、碧玉岩等,其物源区很可能包括火山岛弧和隆起的基底,其沉积环境与火山岛弧区相近。秧田坝组分布最广,为一套陆源碎屑复理石。碎屑岩成熟度较低,但逆变层理较发育,总体趋势为下细上粗,属一套不成熟型的浊积岩,地层碎屑成分中含有大量的中酸性—基性火山岩,地层厚度巨大又无火山岩发育,很可能形成于弧前盆地环境。古陆的盖层震旦系和下寒武统为一套变质程度较低的陆缘冰川—浅海—有障壁海岸带沉积,属稳定型地台沉积,其碎屑成分中含有大量碧口群的岩石成分。该套地层构造变形简单,变质程度浅,并与下伏碧口群呈角度不整合接触。

2.2.3.2 新构造运动与地震

甘肃省新构造运动表现为升降运动、褶皱运动和断裂运动。受青藏高原强烈隆起的影响,差异性上升是甘肃省新构造运动的主要表现形式,在上升过程中又有相对沉降区域,如河西走廊诸盆地以及众多的小型山间盆地。上升区的风蚀剥蚀作用为沉降区的堆积提供了丰富的物质来源,在上升区与沉降区的过渡地带,往往产生一系列褶皱和断裂,许多断裂具有继承性,同时伴有地震发生。新构造运动强度自南而北、自西而东呈逐渐减弱的趋势,南部祁连山、西秦岭的上升幅度远大于北山和阿拉善地区。

新近纪以来的活动断裂主要为北西西—近东西向、北北西向和北东东向三组,第四纪以来活动明显,如阿尔金活动断裂系、北祁连山断裂系、西秦岭北缘断裂、临潭—宕昌断裂、白龙江断裂等。祁连山北缘断裂位于河西走廊与祁连山交接处,经古浪、景泰、靖远至宁夏海原一带,全长1 000余千米,断层倾向南西,垂直断距自西向东减小,左旋走滑断距自西向东增大。断层东段自全新世以来共发生过5次8级左右地震,其中最近为1920年海原8.5级地震和1927年古浪8级地震,1954年发生的山丹7.3级地震与此断裂相关。庄浪河西断裂北起永登,南至河口以西,全长90 km,1995年永登县七山乡5.8级地震与此断层有关。

甘肃省67%的地震发生于活动断裂上或与活动断裂直接有关,30%与活动断裂控制的断裂带、复合型活动盆地有关。可见影响区域稳定性的主导因素是活动断裂和地震活动。综合上述因素并考虑地震烈度区域分区,可将全省区域稳定程度分为不稳定区、相对稳定区和基本稳定区。

(1)不稳定区:包括陇南山地、祁连山地、龙首山、六盘山等,地震烈度为Ⅶ~Ⅸ度,挽近期以来上述地区断裂活动强烈,断裂密度大,地质体破碎,岩土体不均,软弱夹层多,地震强度大而频繁,祁连山、龙首山地震烈度在Ⅷ度以上,陇南山区可达Ⅺ度,水热活动和岩浆活动极为明显,区域物理地质作用极为发育,地貌反差强烈。

(2)相对稳定区:指北山和陇东地区,地震烈度小于Ⅳ度,地震强度小于5级,第四纪以来活动断裂稀少,地震微弱,地质体较为完整坚硬,水热活动极不明显,物理地质现象主要为水土流失,地形变化微弱。

(3)基本稳定区:介于稳定区和不稳定区之间,地震烈度一般在Ⅳ~Ⅶ度,包括河西走廊、陇西黄土高原及临夏等地。

2.3 甘肃省地质灾害概况

甘肃省地处中国内陆,位于青藏高原、黄土高原、内蒙古高原交汇地带,境内地质构造复杂,地貌类型多样,生态环境脆弱,地震频发,降雨集中,崩塌、滑坡、泥石流等地质灾害多发、频发,是我国地质灾害最为严重的省份之一。地质灾害具有复杂性、多样性、隐蔽性等特征,地质灾害隐患数量多、分布广、密度大、险情重、治理难。

近年来,受我国降雨带北移、地震频发、人类活动加剧等因素影响,降雨量和短时强降雨增多,周边地震和构造活动强烈,工程建设及切坡建房引发的边坡失稳问题凸显,自然因素和人为因素引发的地质灾害对人民生命财产构成更大威胁,防灾形势严峻。

2.3.1 地质灾害现状

2.3.1.1 类型数量

截至2022年底,甘肃省已查明地质灾害隐患点20 662处,占全国总数272 756处的7.58%,位列全国第四;威胁人口243.27万人,位列全国第二;威胁财产1 162.06亿元,位列全国第一(表2-2)。地质灾害易发区面积25.25万km²,占全省土地面积的59.29%,尤其是中东南部9个市(州)、30个县(市、区)、268个乡(镇)、1万3千多个村(社区)受地质灾害威胁严重。

表2-2 2022年全国主要省份地质灾害隐患数量统计表

省份	隐患点数(处)	全国排名	省份	威胁人口(人)	全国排名	省份	威胁财产(亿元)	全国排名
江西省	32 752	1	云南省	2 450 231	1	甘肃省	1 162.06	1
四川省	23 721	2	甘肃省	2 432 716	2	云南省	903.00	2
云南省	23 605	3	四川省	1 000 793	3	四川省	723.78	3
甘肃省	20 662	4	贵州省	970 176	4	重庆市	604.92	4
湖南省	18 309	5	重庆市	940 459	5	湖北省	524.97	5

按地质灾害类型划分,除地面沉降外,其他类型均有发育,其中,滑坡13 978处,泥石流3 919处,崩塌2 480处,地裂缝201处,地面塌陷84处(图2-3)。类型以滑坡、泥石流、崩塌为主,共计20 377处,占总数的98.62%。

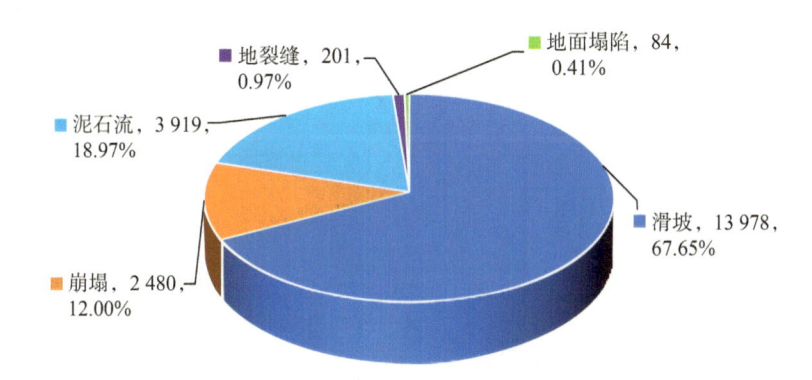

图2-3 2022年甘肃省地质灾害隐患点灾害类型占比图

按规模等级划分,特大型256处,大型1 529处,中型5 433处,小型13 444处,规模以小型和中型为主,共计18 877处,占总数的91.36%。

按险情等级划分,特大型263处,大型827处,中型5 276处,小型14 296处,险情以小型和中型为主,共计195 72处,占总数的94.72%。

2022年甘肃省地质灾害规模及险情等级分布情况详见图2-4。

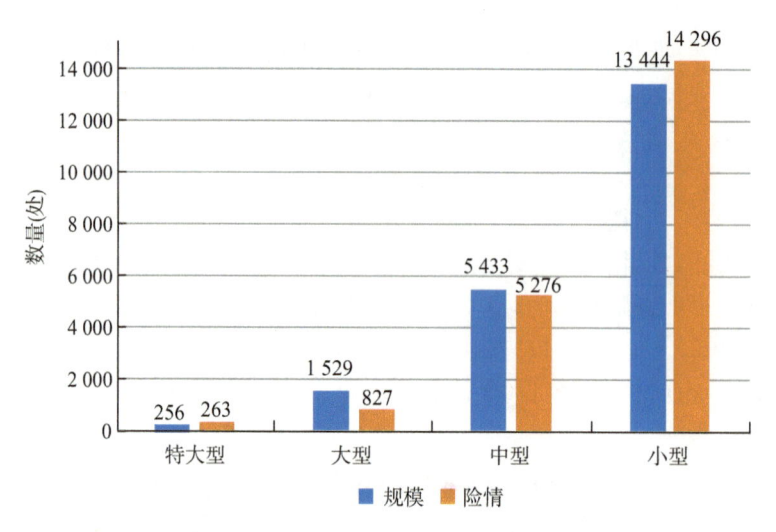

图 2-4 2022 年甘肃省地质灾害隐患点灾害规模及险情等级分布图

2.3.1.2 空间分布

甘肃省地质灾害隐患点主要分布于中东南部的陇南市、临夏州、兰州市、天水市、庆阳市、定西市、甘南州、平凉市、白银市 9 市（州）（图 2-5），地质灾害数量达 20 236 处，占总数的 97.94%，威胁人口 237.55 万人、财产 1 131.03 亿元。区域涉及黄河和长江两大流域，多

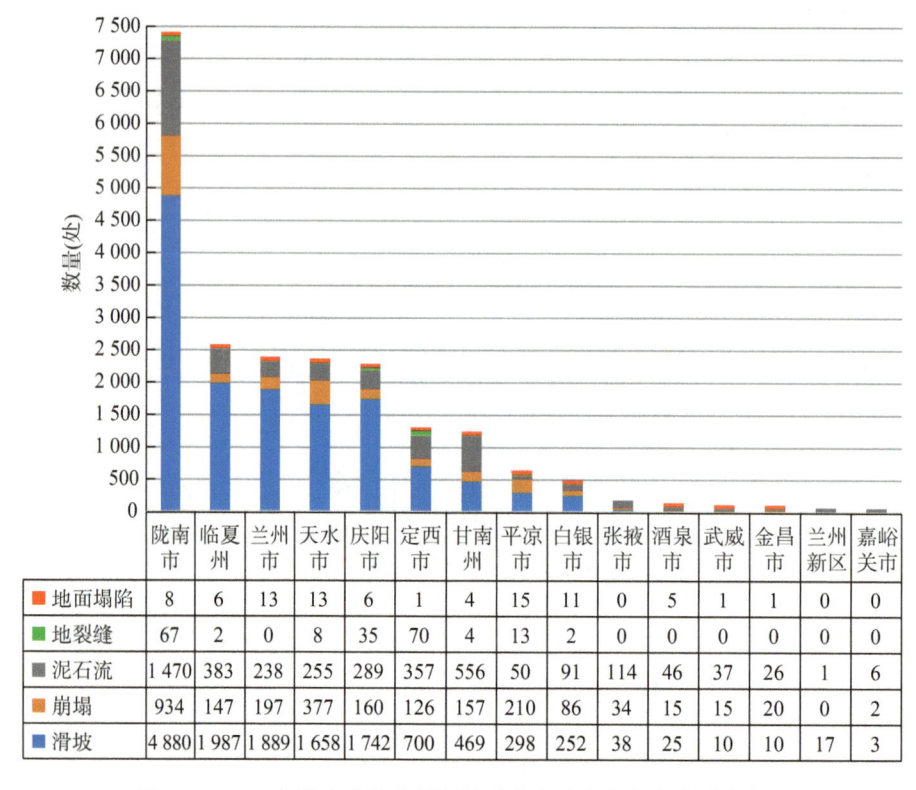

	陇南市	临夏州	兰州市	天水市	庆阳市	定西市	甘南州	平凉市	白银市	张掖市	酒泉市	武威市	金昌市	兰州新区	嘉峪关市
地面塌陷	8	6	13	13	6	1	4	15	11	0	5	1	1	0	0
地裂缝	67	2	0	8	35	70	4	13	2	0	0	0	0	0	0
泥石流	1 470	383	238	255	289	357	556	50	91	114	46	37	26	1	6
崩塌	934	147	197	377	160	126	157	210	86	34	15	15	20	0	2
滑坡	4 880	1 987	1 889	1 658	1 742	700	469	298	252	38	25	10	10	17	3

图 2-5 2022 年甘肃省各市（州）地质灾害隐患点灾害类型分布图

为水源涵养区、生态脆弱区和少数民族聚集地，既是该省经济发达、人口密度高地区，也是全省区域经济发展和乡村振兴重点区域。区内地质灾害多发、频发，分布密度和发生频率由北向南呈递增趋势，严重威胁人民生命财产安全。

地质灾害隐患点数量最多的是陇南市，达7 359处，占全省总数的35.62%，威胁人口69.16万人（表2-3）。威胁财产以兰州市最多，达335亿元。河西五市和兰州新区威胁相对较小，发育地质灾害426处，占全省总数的2.06%，威胁人口5.72万人、财产31.03亿元。

表2-3　2022年甘肃省各市（州）地质灾害隐患点灾害险情等级数量统计表

市（州）	特大型（处）	大型（处）	中型（处）	小型（处）	合计（处）	威胁人数（万人）	威胁财产（亿元）
陇南市	44	244	1 877	5 194	7 359	69.158	316.46
兰州市	54	149	723	1 411	2 337	46.800 6	334.52
天水市	50	210	856	1 195	2 311	42.837 9	122.9
临夏州	23	51	690	1 761	2 525	22.134 8	106.41
庆阳市	12	31	98	2 091	2 232	17.303 2	44.31
定西市	29	32	360	833	1 254	15.422	94.36
甘南州	19	34	299	838	1 190	11.547 5	61.67
平凉市	8	19	151	408	586	6.217	27.98
白银市	17	21	80	324	442	6.134 6	22.42
张掖市	1	13	55	117	186	2.219 4	8.77
酒泉市	4	9	32	46	91	1.735 4	9.66
金昌市	2	7	14	34	57	0.847 2	7.64
武威市	0	0	29	34	63	0.759 8	4.11
兰州新区	0	7	9	2	18	0.125 2	0.78
嘉峪关市	0	0	3	8	11	0.029	0.074
合计	263	827	5 276	14 296	20 662	243.271 6	1 162.064

地质灾害高易发区主要分布于白龙江流域河谷两侧、北秦岭中山区、嘉陵江干流西秦岭断陷盆地、陇中黄土高原黄河河谷区、渭河河谷两岸、陇东黄土高原泾河和马莲河河谷两侧等区域；地质灾害中易发区分布于黄土丘陵区、黄河支流大夏河和洮河上游、南秦岭中高山山地、白龙江干流以东山地、渭河两侧秦岭山地、陇中和陇西黄土高原中低山区、陇东黄土高原残塬梁峁区、祁连山山前地段等区域；地质灾害低易发区分布于合作以东安洛高原、西秦岭高中山过渡地段、南摩天岭、迭山、西槽盆地、子午岭、老梁山、阿尔金山—祁连山中山山地、合黎山—龙首山一带走廊中山区等区域；地质灾害非易发区主要分布于河西走廊平原区、北山山地、阿尼玛卿山等区域。

2.3.2 地质灾害灾情

2022年,全省共发生地质灾害65起,其中滑坡53起、崩塌9起、泥石流3起,分别占灾害发生总数的81%、14%、5%,未发生地面塌陷和地裂缝(图2-6)。按灾情等级划分,特大型1起,中型11起,小型53起,无大型灾害发生。地质灾害造成直接经济损失9 102.8万元,未造成人员伤亡。与前五年均值相比,地质灾害发生数量减少86.7%,死亡人数减少100%,直接经济损失减少82.85%。

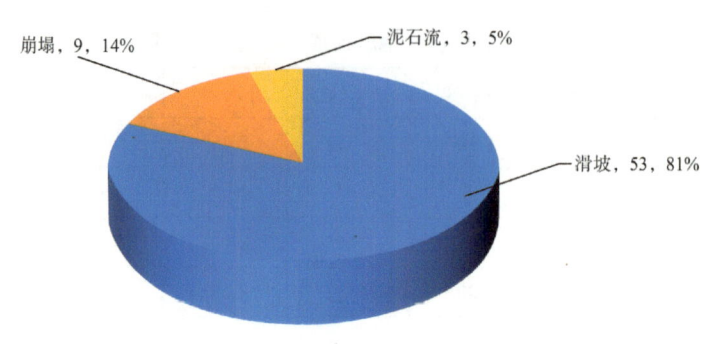

图2-6 2022年甘肃省发生地质灾害类型占比图

2.3.2.1 时间分布

2022年,除4月、9月、10月未发生地质灾害外,其他月份均有发生。其中:1—3月份共发生4起,占全年发生总数的6.1%;5—9月份共发生59起,占全年发生总数的90.8%,尤以7月最为集中,达52起,占全年发生总数的80%;11—12月共发生2起,占全年发生总数的3.1%(图2-7、图2-8)。

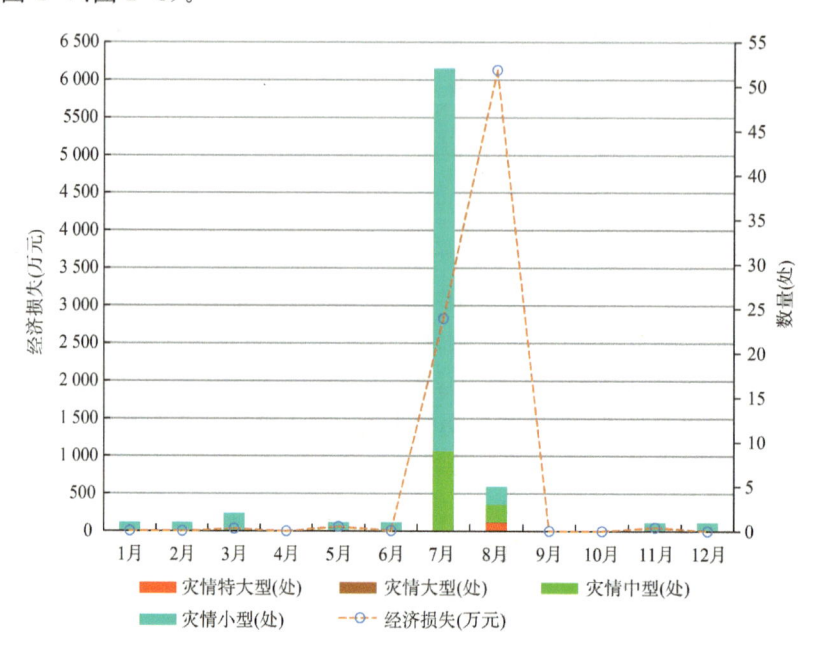

图2-7 2022年甘肃省地质灾害灾情等级数量及经济损失分析图

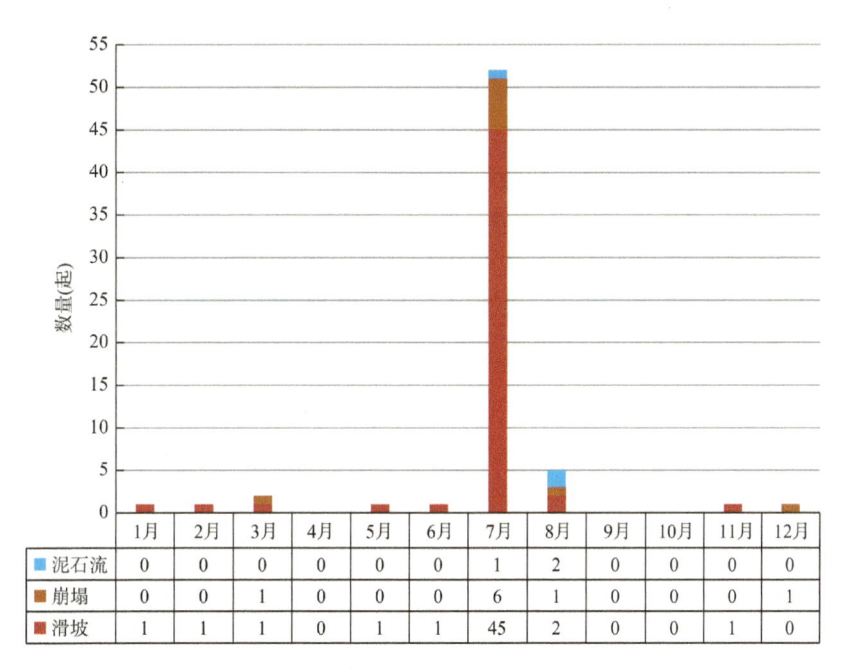

第 2 章　甘肃省地质环境背景条件及地质灾害

	1月	2月	3月	4月	5月	6月	7月	8月	9月	10月	11月	12月
泥石流	0	0	0	0	0	0	1	2	0	0	0	0
崩塌	0	0	1	0	0	0	6	1	0	0	0	1
滑坡	1	1	1	0	1	1	45	2	0	0	1	0

图 2-8　2022 年甘肃省发生地质灾害类型和时间分布图

2.3.2.2　区域分布

2022 年,地质灾害主要发生在中东南部 7 市(州)的农村地区,其中庆阳市 35 起,占 53.8%;陇南市 16 起,兰州市 4 起,白银市 4 起,定西市 2 起,天水市、平凉市各 1 起;河西五市中张掖市发生 2 起(图 2-9)。从易发区看,59 起处于中高易发区,占总数的 90.77%;6 起位于低易发区,占总数的 9.23%。从是否为在册(库)隐患分析,43 起为不在册(库)隐患点,占比 66.15%;22 处为在册(库)隐患点,占比 33.85%。

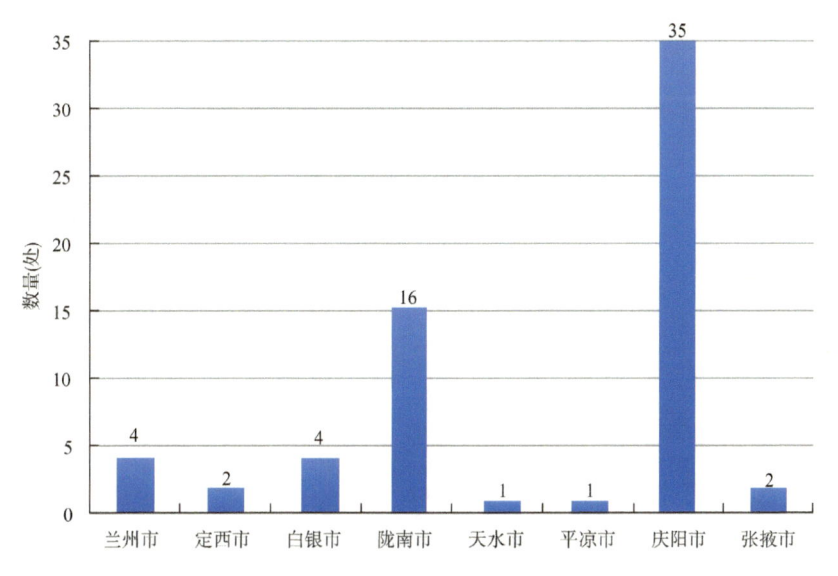

图 2-9　2022 年市(州)发生地质灾害数量分布图

2.3.2.3 灾害成因

2022年，1—3月份甘肃省发生4起滑坡、崩塌地质灾害，位于定西市安定区及白银市白银区和靖远县，主要为地震影响及边坡开挖工程活动诱发。5—8月份发生59起滑坡、崩塌、泥石流地质灾害，主要为汛期强降雨引发，表明甘肃省地质灾害发生时间仍以汛期集中暴发为主；而多年降雨偏少的张掖市高台县发生特大型泥石流，证明河西地区也有发生较大灾害的可能，值得警惕。11—12月发生的2起滑坡、崩塌地质灾害，分别位于兰州市榆中县和白银市景泰县，主要为切坡建房的工程活动造成。

第 3 章

甘肃省地质灾害专业监测点建设

近年来,各类重大地质灾害相继暴发,对人民群众生命财产造成严重威胁,对当地社会发展造成严重阻碍。2009 年 5 月 16 日的兰州市九州石峡口特大型滑坡灾害,直接摧毁居民住宅楼,虽预警撤离及时,避免了上百人的重大伤亡,但仍造成 7 人死亡和上亿元的经济损失。2010 年"8·8"舟曲三眼峪泥石流灾害,直接造成 1 481 人死亡、284 人失踪;文县碧口"8·7"暴洪泥石流灾害(2013 年)、文县"8·7"暴洪泥石流灾害(2017 年)、陇南"7·23"—"8·10"泥石流灾害(2018 年),给甘肃省及陇南、甘南地方政府的经济发展带来较大打击;2018 年 7 月 12 日,甘肃省舟曲县南峪乡江顶崖发生山体滑坡(图 3-1),滑坡前缘挤占白龙江河道,致使原本 36 m 宽的江面仅剩 5 m,白龙江上游水位上升 7~8 m,南峪乡的南一村、南二村部分房屋被淹,水电站被淹,公路、桥梁被冲毁;2019 年 7 月 19 日,舟曲县东山镇毛家村滑坡(牙豁口老滑坡)发生滑动,滑坡呈"流塑"状自上而下缓慢滑动,沿途摧毁 S414 县道 3 km、农村合作社 1 处,直至滑入岷江后逐渐停滞,致使原本宽约 20 m 的岷江河道最窄处仅为 4 m,岷江水位不断上升,呈半堵江状态,造成直接经济损失 1.02 亿元。

为响应中央号召,切实做好地质灾害防灾减灾工作,甘肃省委省政府决定,要进一步加强甘肃省重点区域、典型地段的重大地质灾害防治工作,降低和有效防止类似舟曲特大泥石流、江顶崖滑坡等特大灾害或重大灾害链的发生,有效保障受重大地质灾害威胁区内人员安全。自 2018 年以来,省自然资源厅先后下达了"白龙江流域重大地质灾害调查""兰州市主城区地质灾害'空天地'一体化监测"项目,在项目开展过程中发现,目前大部分地质灾害隐患点已开展了工程治理及监测工作,而部分未布设防治工程的重大地质灾害隐患点,存在规模大、危险性高、隐蔽性强等特点。而对这类灾害点布设治理工程则会耗资巨大,经济效益差,治理难度大,造成该类灾害点的防治工作部分滞后。

针对这类发育特征明显、防治迫切性极高的灾害点,设置单点专业监测系统,对灾害点进行实时监测是十分必要的。本次开展的典型地质灾害隐患点专业监测工作,不仅能够推进专业监测机制,提升防治能力,也为单点专业监测工作的开展提供示范及依据,最大限度地减少因地质灾害造成的损失，保护人民生命财产安全，为主管部门决策提供依据，为国民经济发展和社会和谐稳定作出贡献。

图 3-1　江顶崖滑坡全貌

3.1　工作意义

充分研究分析已有工作成果，选定危险性大、治理困难、活动性高的重大地质灾害隐患点，在掌握其发育规律的基础上建立单点地质灾害专业监测系统，有效落实重大地质灾害隐患点监测预警工作，避免地质灾害给人民群众生命财产造成损失。通过长期观测及数据挖掘等手段，有针对性地优化重大地质灾害隐患点特征参数及预警模型，提高"技防"技术水平，同时通过合作研究工作，在模拟、分析及计算方面提升专业监测预警水平，支撑和服务地质灾害防灾减灾工作，推动地方防灾减灾能力建设，也对后期开展此类项目提供有效的引导和示范。

3.2　工作内容

针对甘肃省地质灾害频发、多发、易发的特点，在重大灾害点分布密集、危害严重的区域选取重大地质灾害隐患点，充分利用基础地质调查、地质灾害调查和监测预警示范区建设成果，采取地面调查、测绘、勘探、测试化验等手段，在掌握灾害点发育情况、形成机理、成灾模式等特征的基础上，科学合理进行监测内容和监测设备的选择，建立单点地质灾害专业监测系统，构建监测点三维模型，分析研究监测数据，不断加深对灾害机制机理的认识，逐步完善地质灾害预警预报判据，并将各点并入国家级监测预警网络，服务于当地的防灾减灾建设。

3.2.1 技术路线

专业监测工作技术路线如图 3-2 所示。

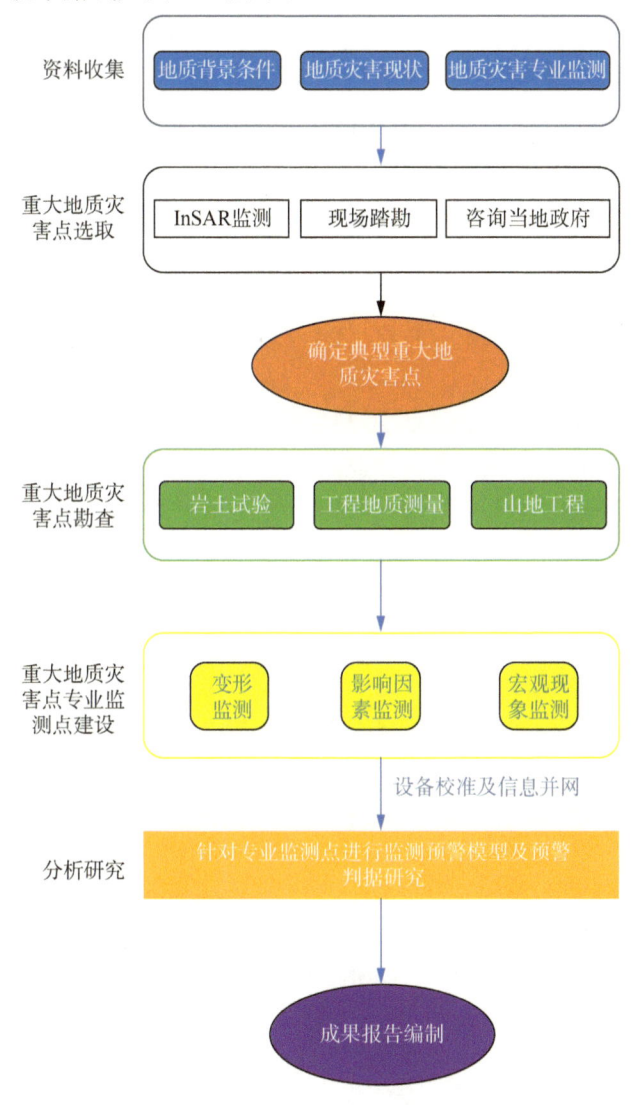

图 3-2 专业监测工作技术路线图

1. 资料收集

收集区域内地质背景条件资料、地质灾害资料及国家级监测预警示范区相关资料,掌握区内地质条件、地质灾害分布及防治体系建设等情况。

2. 重大地质灾害隐患点选取

根据已有调查资料,结合当地政府需求,选取规模大、威胁高的重大地质灾害隐患点进行专业监测设备的布设。

3. 重大地质灾害隐患点勘查

对选定的重大地质灾害隐患点进行地面调查、测绘及岩土试验,了解灾害点特征及形成机理。对每个监测点充分分析研究,掌握灾害点发育情况、形成机理、成灾模式等特征。

4. 重大地质灾害隐患点专业监测点建设

根据勘查结果,结合监测设备布设原则,科学合理选择监测内容和监测设备,进行仪器布设,开展专业监测点建设,建立4处重大灾害点专业监测体系。

5. 设备校准及信息并网

对安装的设备进行调试校准,使单点内各类仪器能够相互协调配合,形成科学有效的单点监测体系。将监测设备收集的信息并入国家级监测预警示范区网络之中,实施统一监管、运行。

6. 分析研究

对每个监测点进行三维模型建设,全面分析研究获取的监测数据,掌握灾害点动态变化情况和规律,根据地质灾害的发育特点,选取经验和实际调查法确定的预警判据。

7. 成果报告编制

全面分析总结项目实施的全过程,编制项目成果报告,并对所选取的各重大地质灾害隐患点编制相应的勘查报告,绘制各专业监测点建设图件。

3.2.2 资料收集

(1) 收集拟研究区域气象、水文、地形地貌、地层岩性、地质构造、地震、岩土体工程地质性质、水文地质、环境地质和人类工程经济活动以及遥感、InSAR(图3-3)等资料。

(2) 收集拟研究区域各县(市、区)1:50 000地质灾害详查资料、主要城镇环境工程地质勘查及风险区划资料、典型地质灾害体勘查资料;"5·12"汶川地震后及甘肃省地质灾害防治体系建设中地质灾害治理工程勘查设计资料。

(3) 收集拟研究区域监测预警项目资料及近年内开展的地质灾害隐患点专业监测、网络建设监测等相关资料。

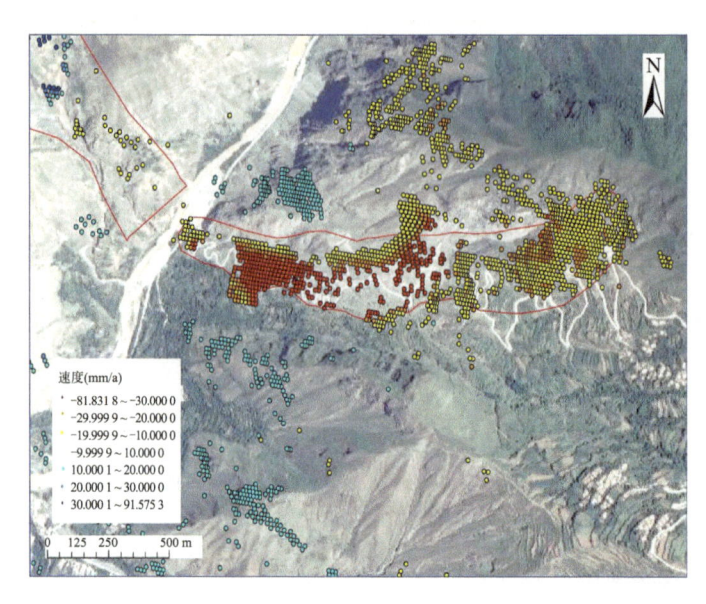

图3-3 InSAR解译出处于变形的滑坡体(陇南市文县刘家湾滑坡)

(4)收集地方自然资源局关于近年已发生变形破坏、已有变形迹象但未破坏,或推荐开展专业监测灾害点的相关资料。

通过资料整理分析,掌握基础地质条件及地质灾害灾情和防治现状,确定已有重大地质灾害隐患点分布情况,确定易于发生重大地质灾害的典型点,筛选出本次工作对象。

3.2.3 专业监测点选取

3.2.3.1 专业监测点选取原则

(1)必须是在册(库)的重大地质灾害隐患点,监测点等级须为Ⅰ、Ⅱ级监测点。
(2)稳定性差、成灾概率高、活动性强的重大地质灾害隐患点。
(3)不适宜实施地质灾害治理或搬迁避让工程的隐患点。
(4)通过 InSAR 监测,群测群防员发现的已有变形迹象的隐患点。
(5)对已实施防治工程的灾害点,视具体情况进行专业监测。
(6)对已安装监测仪器的隐患点,根据其现状稳定性(易发性)综合分析,视情况补充安装监测仪器,达到专业监测效果。
(7)属于有代表性的典型灾害点,对该点的研究(包括形成机理、发展预测等)可以起到总结示范其他同类型灾害点的作用。

3.2.3.2 重大地质灾害隐患点定义

重大地质灾害是指引起大量人员伤亡、严重经济损失或区域社会恐慌的岩土体移动事件。我国从伤亡或威胁人数、损失或威胁资产两个方面,对重大地质灾害基本给予了明确的界定,按照自然资源部地质灾害灾情险情分级(表3-1),以及一些学者对重大地质灾害的防治研究,重大地质灾害包括了大型和特大型2类:大型地质灾害的灾情参数是一次死亡10人及以上或直接经济损失大于100万元;险情参数是威胁人员500人以上或直接威胁财产超过1 000万元。特大型地质灾害的灾情参数是一次死亡30人及以上或直接经济损失大于1 000万元;险情参数是威胁人员1 000人以上或直接威胁财产超过1亿元。

在实际工作当中,一些地方根据具体情况,也将"影响人数100人以上,直接或间接经济损失高于500万元的地质灾害隐患点"列为重大地质灾害。

根据工作区城镇及人口分布疏密不均,基础设施等发展相对缓慢等实际情况,依据国家对重大地质灾害划定标准,确定本次工作所指的重大地质灾害隐患点为威胁人口大于500人,或威胁财产大于5 000万元的地质灾害隐患点,即险情等级为大型、特大型的地质灾害隐患点。

表3-1 地质灾害灾情险情分级表

类型	死亡人数(人)	受威胁人数(人)	直接经济损失(万元)	潜在经济损失(万元)
小型	<3	<10	<100	<500
中型	3~10	10~500	100~500	500~5 000

续表

类型	死亡人数(人)	受威胁人数(人)	直接经济损失(万元)	潜在经济损失(万元)
大型	10~30	500~1 000	500~1 000	5 000~10 000
特大型	≥30	≥1 000	≥1 000	≥10 000

注：①灾情分级——灾情采用"死亡人数"和"直接经济损失"栏指标评价；
②险情分级——险情采用"受威胁人数"和"潜在经济损失"栏指标评价。

3.2.3.3 监测点等级

根据《崩塌、滑坡、泥石流监测规范》(DZ/T 0221—2006)将监测点进行等级分级，专业监测点选取必须为Ⅰ、Ⅱ级监测点，具体见表3-2。

表3-2 监测站(点)分级表

监测站(点)分级	所处位置的重要性	失稳或活动的危害性	出现滑坡、崩塌变形破坏或泥石流活动时受灾害威胁的人数(人)	滑坡、崩塌出现变形破坏或泥石流活动时潜在可能造成的经济损失(万元)
Ⅰ级	特别重要(县级和县级以上城镇等)	特大	>1 000	>10 000
Ⅱ级	重要(重要集镇、重要工矿企业和重要交通设施等)	大	1 000~500	10 000~5 000
Ⅲ级	较重要(集中居民点、一般工矿企业等)	中	500~100	5 000~100
Ⅳ级	较重要(居民点、一般工矿企业等)	小	<100	<100

3.2.4 专业监测点勘查

3.2.4.1 InSAR 早期识别

通过购买和下载最新 InSAR 数据，开展研究区长时间序列毫米级的地表变形监测，基于斜坡地表变形速率，圈定具有较大变形速率的不稳定斜坡(图3-4)，配合计算机空间模拟分析、采用 PS-InSAR 和 SBAS-InSAR 技术相结合等方法和手段开展研究区活动变形边坡的识别工作。

3.2.4.2 无人机航测

1. 地质灾害体航测

对典型勘查点进行无人机航拍，取得高分辨率现场环境影像，通过技术处理形成数字高程模型及正射影像图。通过航拍对灾害点的分布范围、形态特征、发育背景、变形破坏特征等进行宏观了解，对错坎、裂缝等微地貌进行有针对性的细致调查，给地形条件特殊、人力调查难以进行的区域的调查提供帮助。

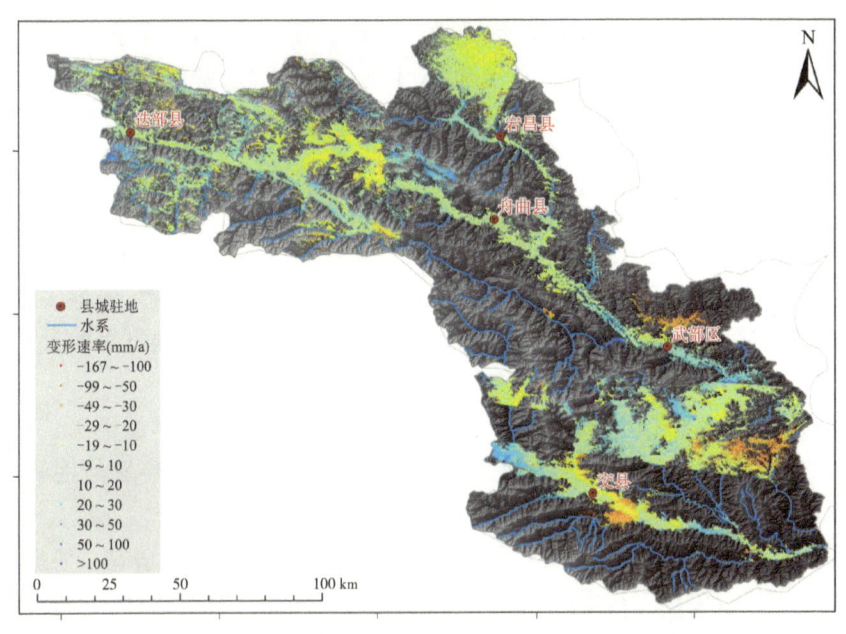

图 3-4 甘肃省白龙江流域 InSAR 识别斜坡变形速率图

2. 承灾体航测

对灾害点威胁及影像范围进行航测,以真实形象地反映现场情况,利用该影像对现场周围的被威胁目标(城镇、乡村、医院、学校、集市等人员集中地,重要铁路、公路等交通干线和重要工程建设活动区域)进行直观评估(图3-5)。

图 3-5 陇南市武都区灰崖子滑坡正射影像图

通过无人机航测对灾害点威胁范围内承灾体进行逐一解译,解译承灾体的类型、数量等特征,通过调查了解,将承灾体分为建筑物、土地、线型工程、基础设施、水利设施等几大类,并对各种类型承灾体进行价格评估,估算承灾体价值。

3.2.4.3 1∶2 000专项地质灾害测量

对所选重大滑坡进行1∶2 000专项地质灾害调查(图3-6),内容包括:

(1) 调查滑坡区地质环境基本特征:滑坡所处的地貌部位,斜坡形态,地表水的汇聚及植被情况,易滑地层、褶皱、断裂、裂隙特征,斜坡的破裂运动特征,地下水的补给、径流、排泄条件。

(2) 调查滑坡体特征:滑体形态及规模,滑坡体边界特征,滑坡体的平面、剖面形状,后缘滑坡壁的位置,产状、高度及其壁面上擦痕方向,滑坡两侧界线的位置与性状,前缘出露位置、形态、临空面特征及剪出情况,以及露头上滑坡床的性状特征等。

(3) 研究滑坡体内部特征:物质成分、物理力学性质及含水、隔水情况。根据边界、表部特征与活动情况以及山地工程揭露,取得有无贯通的滑动面及其层数、位置、埋深以及与其他结构面的关系。

(4) 调查滑坡变形活动特征和诱发动力环境因素,了解滑坡危害或成灾情况;调查了解滑坡灾害的勘查、监测、工程治理措施等防治工作及其效果;对今后滑坡灾害可能成灾范围及危害性进行预测分析,提出防治建议。

(5) 滑坡防治情况调查:对滑坡灾害已开展的治理工程、监测预警工程进行调查评价,明确各类工程位置、结构尺寸、运行状况、破损情况,并对工程的防治效益进行客观评价。在现状调查的基础上总结工程经验,为工程的设计提供经验依据。

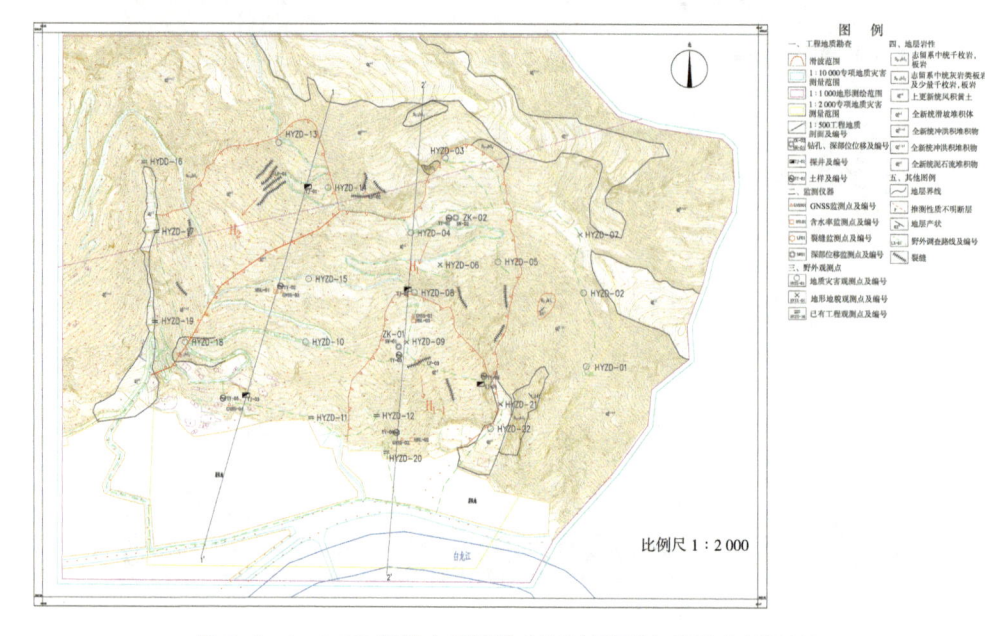

图3-6 1∶2 000滑坡专项测量实际材料图(灰崖子东侧滑坡)

3.2.4.4　1∶10 000 专项地质灾害测量

对所选重大泥石流灾害点进行 1∶10 000 专项地质灾害调查(图 3-7),具体内容包括如下。

图 3-7　1∶10 000 泥石流专项测量实际材料图

1. 地质条件调查

(1) 调查范围:形成区、流通区、堆积区(表3-3)。

表3-3 泥石流地质条件调查内容

调查区	调查内容
形成区	调查地势高低,流域最高处的高程,山坡稳定性,沟谷发育程度,冲沟切割深度、宽度、形状和密度,流域内植被覆盖程度,植物类别及分布状况,水土流失情况等
流通区	调查流通区的长度、宽度、坡度,沟床切割情况、形态、平剖面变化,沟谷冲、淤均衡坡度,阻塞地段石块堆积,以及跌水、急弯、卡口情况等
堆积区	调查堆积区形态和面积大小,堆积过程、速度、厚度、长度、层次、结构,以及颗粒级别、坚实程度、磨圆程度,堆积扇的纵横坡度、扇顶、扇腰及扇线位置,堆积扇发展趋势等

(2) 地形地貌调查。确定流域内最大地形高差,上、中、下游各沟段沟谷与山脊的平均高差,山坡最大、最小及平均坡度,各种坡度级别所占的面积比率,分析地形地貌与泥石流活动之间的内在联系,确定地貌发育演变历史及泥石流活动的发育阶段。

(3) 岩(土)体调查。重点对泥石流形成提供松散固体物质来源的易风化软弱层、构造破碎带,第四系的分布状况和岩性特征进行调查,并分析其主要来源区。

(4) 地质构造调查。确定沟域在地质构造图上的位置,重点调查研究新构造运动对地形地貌、松散固体物质形成和分布的控制作用,阐明与泥石流活动的关系。

(5) 地震分析。收集历史资料和未来地震活动趋势资料,分析研究可能对泥石流的触发作用。

(6) 相关的气象水文条件。调查气温及蒸发的年际变化、年内变化以及沿垂直带的变化,降水的年内变化及随高度的变化,最大暴雨强度及年降水量等。调查历次泥石流发生时间、次数、规模大小次序,泥石流泥水位标高。

(7) 植被调查。调查沟域土地类型、植物组成和分布规律,了解主要树、草种及作物的生物学特性,确定各地段植被覆盖程度,圈定出植被严重破坏区。

(8) 人类活动调查。主要调查各类工程建设所产生的固体废弃物(矿山尾矿、工程弃渣、弃土、垃圾)的分布、数量、堆放形式、特性,了解可能因暴雨、山洪引发泥石流的地段和参与泥石流的数量及一次性补给的可能数量。

2. 泥石流特征调查

(1) 根据水动力条件,确定泥石流的类型。

(2) 调查泥石流形成区的水源类型、汇水条件、山坡坡度、岩层性质及风化程度,断裂、滑坡、崩塌、岩堆等不良地质现象的发育情况及可能形成泥石流固体物质的分布范围、储量。

(3) 调查流通区的沟床纵横坡度、跌水、急湾等特征,沟床两侧山坡坡度、稳定程度,沟床的冲淤变化和泥石流的痕迹。

(4) 调查堆积区的堆积扇分布范围、表面形态、纵坡、植被、沟道变迁和冲淤情况,堆积物的性质、层次、厚度、一般和最大粒径及分布规律。判定堆积区的形成历史、堆积速度,估算一次最大堆积量。

(5) 调查泥石流沟谷的历史。历次泥石流的发生时间、频数、规模、形成过程、暴发前的降水情况和暴发后产生的灾害情况。

3. 泥石流诱发因素调查

(1) 收集调查水的动力类型,包括暴雨型、冰雪融水型、水体溃决(水库、冰湖)型等。

(2) 收集调查当地暴雨强度、前期降雨量、一次最大降雨量等。

(3) 收集调查冰雪可融化的体积、融化的时间和可产生的最大流量等。

(4) 收集调查因水库、冰湖溃决而外泄的最大流量及地下水活动情况。

4. 泥石流危害性调查

(1) 调查了解历次泥石流残留在沟道中的各种痕迹和堆积物特征,推断其活动历史、期次、规模,目前所处发育阶段。

(2) 调查了解泥石流危害的对象、危害形式(淤埋和漫流、冲刷和磨蚀、撞击和爬高、堵塞或挤压河道);初步圈定泥石流可能危害的地区,分析预测今后一定时期内泥石流的发展趋势和可能造成的危害。

5. 泥石流防治情况调查

对泥石流灾害已开展的治理工程、监测预警工程进行调查评价,明确各类工程位置、结构尺寸、运行状况、破损情况,并对工程的防治效益进行客观评价。在现状调查的基础上总结工程经验,为工程的设计提供经验依据。

3.2.4.5　1∶500地质剖面测量

在滑坡勘查剖面(图3-8)及泥石流形成区、流通区、堆积区的典型地段,布设地质剖面测量工作,了解剖面地形变化、各地层岩性特征及厚度、各地层接触关系、采取各种样品进行室内分析,还可以配合完成钻探及山地工程。

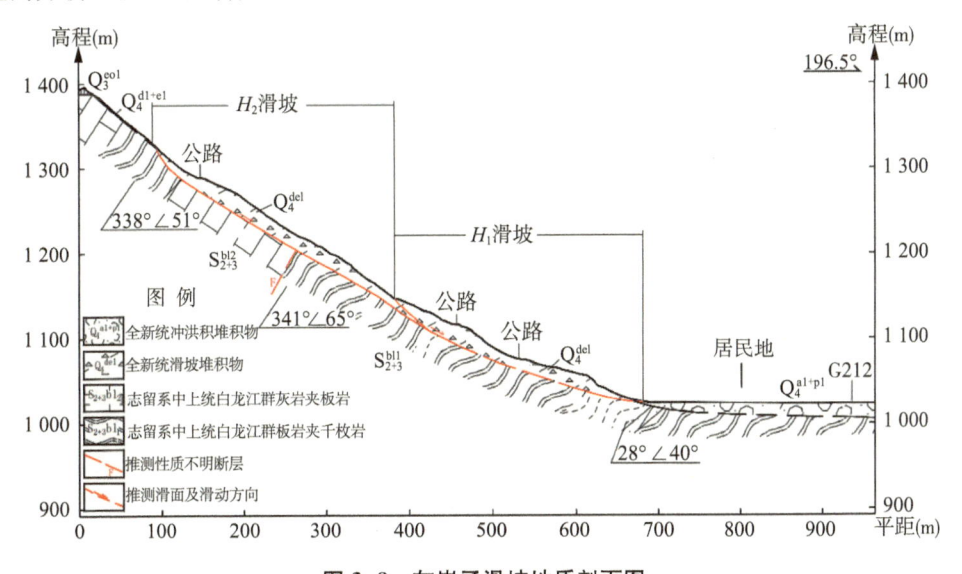

图3-8　灰崖子滑坡地质剖面图

3.2.4.6　钻探

1. 拟在重大地质灾害隐患点处布置一定的钻探工作。其目的是查明滑动层面位置及要素,观测滑坡的稳定程度及深部滑动动态,为评价滑坡的稳定性提供有关参数。

2. 钻探工作将在地面调查的基础上进行,根据滑坡类型、规模、性质合理安排工作量,充分利用已有的钻探资料,尽可能减少钻探工作量。每个钻孔将做到目的明确、一孔多用,如采样、测井、试验等。

3. 在滑坡勘探线、孔的布置方面,以能较准确地查明组成滑坡体的岩土种类、性质和成因,滑动面分布、位置和层数,滑动带的物质组成和厚度、滑动方向,滑带的起伏以及地下水的情况为原则,沿主滑方向布置一条勘探线,探点不得少于3个,同时在其两侧及滑体外有一定数量的钻孔控制。

4. 钻探工作的实施应为后期监测设备的布设提供良好的基础条件。要保证钻孔的完成与深度,满足钻孔要求的斜度偏差,在滑面处进行标示,必要时跟进套管对孔壁进行保护。

5. 钻孔深度及要求:

(1) 一般性钻孔深度穿过最下一层滑动面3~5 m,少量控制性钻孔深入稳定地层以下5~10 m。

(2) 采取原状岩土样的钻孔口径130 mm。

(3) 滑坡钻进采用无水钻进,每回次钻进不超过0.3~0.5 m,钻孔斜度偏差控制在2%以内。

(4) 钻孔取芯、采样、编录、岩芯保留与处理、简易水文地质观测、水文地质试验、封孔和钻孔坐标的测定等按《工程地质钻探规程》(DZ/T 0017—1991)(修订版 DZ/T 0017—2023 已于 2023 年 8 月 1 日起实施)要求执行。

6. 钻孔竣工后,及时提交各种资料,包括钻孔岩芯记录表(岩芯的照片或录像)、钻孔地质柱状图、采样成果等。

3.2.4.7　坑探

本次主要针对重大地质灾害开展补充性的少量坑探工程(浅井)。同时对仪器布设处进行坑探工程,采取土样并进行试验测试,为仪器布设基础的工程条件及抗腐蚀性提供有利数据。

补充调查期间,如果需要揭露局部第四覆盖层厚度或采取样品需要,也可布置槽井探施工作为钻探工作的补充。

探井的深度不宜超过地下水位。

施工过程中必须根据有关规定采取全防护措施。工程完成后,由项目技术人员进行成果资料的验收。

3.2.4.8　室内试验

室内试验主要是测试物理力学性质,测试指标应包括密度、天然重度、干重度、孔隙率、孔隙比、吸水率、饱和吸水率、抗剪强度、弹性模量、泊松比、单轴抗压等。室内土的物理力学性质测试指标一般包括密度、天然重度、干重度、天然含水量、孔隙比、饱和度、颗粒成分、压缩系数、凝聚力、内摩擦角。黏性土应增测塑性指标(塑限、液限,计算塑性指数、液性指数和含水比)、无侧限抗压强度等。沙土应增测最大干密度、最小干密度、颗粒不均匀系数、相对密度、渗透系数等。对于滑带土或可能滑动的土应侧重重塑剪切试验。除此之外,还应包括对区域内水土腐蚀性的实验。

3.2.5 专业监测点建设

3.2.5.1 监测内容

1. 滑坡、崩塌监测内容

滑坡和崩塌的监测内容主要为变形监测、相关因素监测、宏观前兆监测。

1) 变形监测

变形监测一般包括位移监测和倾斜监测,以及与变形有关的物理量监测。

(1) 位移监测

位移监测分为地表的和地下(钻孔、平硐内等)的绝对位移监测和相对位移监测。

①绝对位移监测。监测滑坡、崩塌的三维(X,Y,Z)位移量、位移方向与位移速率。

②相对位移监测。监测滑坡、崩塌重点变形部位裂缝、崩滑面(带)等两侧点与点之间的相对位移量,包括张开、闭合、错动、抬升、下沉等。

(2) 倾斜监测

倾斜监测分为地面倾斜监测和地下(平硐、竖井、钻孔等)倾斜监测,监测滑坡、崩塌的角变位与倾倒、倾摆变形及切层蠕滑。

(3) 物理量监测

物理量监测包括地应力、推力监测和地声、地温监测等。

2) 相关因素监测

(1) 地表水动态

地表水动态监测包括与滑坡、崩塌形成和活动有关的地表水的水位、流量、含沙量等动态变化,以及地表水冲蚀情况和冲蚀作用对滑坡、崩塌的影响,分析地表水动态变化与滑坡、崩塌内地下水补给、径流、排泄的关系,进行地表水与滑坡、崩塌形成和稳定性的相关分析。

(2) 地下水动态

地下水动态监测包括滑坡、崩塌范围内钻孔、井、洞、坑、盲沟等地下水的水位、水压、水量、水温、水质等动态变化,泉水的流量、水温、水质等动态变化,土体含水量等的动态变化。分析地下水补给、径流、排泄及其与地表水、大气降水的关系,进行地下水与滑坡、崩塌形成和稳定性的相关分析。

(3) 气象变化

气象变化监测包括降雨量、降雪量、融雪量、气温等,进行降水等与滑坡、崩塌形成和稳定性的相关分析。

(4) 地震活动

监测或收集附近及外围地震活动情况,分析地震对滑坡、崩塌形成与稳定性的影响。

(5) 人类活动情况

人类活动主要是指与滑坡、崩塌的形成及活动有关的人类工程,包括洞掘、削坡、加载、爆破、振动,以及高山湖、水库或渠道渗漏、溃决等,并据此分析其对滑坡、崩塌形成和稳定性的影响。

3) 宏观前兆监测

(1) 宏观形变

宏观形变包括滑坡、崩塌变形破坏前常常出现的地表裂缝和前缘岩土体局部坍塌、鼓胀、剪出,以及建筑物或地面的破坏等,测量其产出部位、变形量及其变形速率。

(2) 宏观地声

监听在滑坡、崩塌变形破坏前常常发出的宏观地声及其发声地段。

(3) 动物异常观察

观察滑坡、崩塌变形破坏前其上动物(鸡、狗、牛、羊等)常常出现的异常活动现象。

(4) 地表水和地下水宏观异常

监测滑坡、崩塌地段地表水、地下水水位突变(上升或下降)或水量突变(增大或减小)、泉水突然消失、增大、浑浊,突然出现新泉等情况。

2. 泥石流监测内容

泥石流监测内容分为形成条件(固体物质来源、气象水文条件等)监测、运动特征(流动动态要素、动力要素和输移冲淤等)监测、流体特征(物质组成及其物理化学性质等)监测。

1) 形成条件监测

(1) 固体物质来源监测

泥石流固体物质来源是泥石流形成的物质基础,应在研究其地质环境和固体物质、性质、类型、规模的基础上,进行稳定状态监测。若固体物质来源于滑坡、崩塌,其监测内容依照滑坡、崩塌要求的监测内容;若固体物质来源于松散物质(含松散体岩土层和人工弃石、弃渣等堆积物),应监测其在暴雨、洪流冲蚀等作用下的稳定状态。

(2) 气象水文条件监测

主要监测降雨量和降雨历时等。若水源来自冰雪和冻土消融,监测其消融水量和消融历时等。当上游有高山湖、水库、渠道时,应评估其渗漏的危险性。在固体物质集中分布地段,应进行降雨入渗和地下水动态监测。

2) 运动特征监测

(1) 泥石流动态要素监测

主要监测泥石流暴发时间、历时、过程、类型、流态和流速、泥水位、流面宽度、爬高、阵流次数、沟床纵横坡度变化、冲淤变化和堆积情况等,并取样分析,测定输沙率、输沙量或泥石流流量、总径流量、固体总径流量等。

(2) 泥石流动力要素监测

包括泥石流流体动压力、龙头冲击力、石块冲击力和泥石流地声频谱、振幅等。

3) 流体特征监测

包括固体物质组成(岩性或矿物成分)、块度、颗粒组成和流体稠度、重度(重力密度)、可溶盐等物理化学特性,研究其结构、构造和物理化学特性的内在联系与流变模式等。

3.2.5.2 方法及频率

1. 监测方法

滑坡与泥石流的监测方法,在监测内容的基础上,根据其重要性和危害性、监测环境优劣情况和难易程度、技术可行性和经济合理性等,本着先进、直观、方便、快速、连续等原则确定,形成合理的监测方法的组合。对多种方法监测所取得的数据、资料进行校核和验证,并做出综合分析,取得可靠的结论。

1) 滑坡监测方法

(1) 变形监测

①地表位移监测

应用全球导航卫星系统(GNSS),对灾害体上的监测点进行持续测量,实时监测三维(X,Y,Z)位移量、位移方向与位移速率。在选择方法时,应综合考虑灾害体所处位置、施测条件和观测环境等要素。

②深部位移监测

将位移传感器、光纤光栅应变传感器布设于钻孔、地下洞室、探井等,监测灾害体内变形,特别是(潜在)滑动面等关键部位的活动状态,评价灾害体的稳定性。

深部位移观测一般采用活动式和固定式,活动式是沿钻孔测管导槽定期放收监测探头(传感器),连续观测灾害体内部各点位移;固定式为沿钻孔测管固定深度设置单个、多个或全孔段位移计、倾角计、光纤光栅应变传感器,定点观测各传感器所在灾害体深部位置变形情况,分析灾害体变形活动状态。

③裂缝监测

对灾害体上的裂缝进行监测,包括裂缝宽度、长度、深度、走向等参数。可以采用多种方法进行监测,如激光测距仪、红外线摄像仪、超声波测距仪等。通过定期监测裂缝的变化情况,可以评估灾害体的稳定性,及时发现潜在的危险。

④倾角监测

基于电容式 3D-MEMS 技术,在滑坡体关键部位设置倾角传感器,实时测量三维(X,Y,Z)倾斜角度,来监测滑坡是否发生倾斜。

⑤加速度监测

在滑坡体关键部位设置加速度传感器,实时监测加速度变化情况。通过分析加速度的变化情况,可以判断滑坡体的运动状态和可能的危险。同时,与倾角监测结果结合分析,可以更准确地评估滑坡体的稳定性和危险程度。

(2) 相关因素监测

①降雨监测

滑坡降水监测是地质灾害监测中的重要环节。在滑坡体上设置雨量计监测点,可以实时监测滑坡体的降雨量、降雨强度等信息。这些数据对于预测滑坡的发生、评估滑坡的危害程度以及制定相应的防治措施具有重要意义。

②孔隙水压力监测

孔隙水压力是作用于土壤或岩石中微粒、孔隙之间的毛细水和重力水所产生的压力,通常分为静孔隙水压力和超静孔隙水压力,其变化是岩土体运动的前兆。目前常采用孔隙水压力计开展相关监测。

孔隙水压力计埋设可单孔(点)单埋或多埋,应根据监测点环境条件、水力作用等,合理选择适宜传感器和测试量程,量程上限一般取静水压力与超孔隙水压力之和的1.2倍。平面上沿应力变化最大方向并结合监测对象布置,垂向上应根据应力分布和地层结构布设。采用钻探成孔方式布设的,原则上不得采用泥浆护壁工艺。

③地震监测

地震计是最基本的地震监测设备,通过记录地震波的振动来观测地震活动。地震计通常被放置在地下深处,以避免干扰并减少误差。

④应力应变监测

通过对滑坡体进行应力应变监测,可以实时掌握滑坡体的变形情况;对滑坡应力应变数据进行分析,可以了解滑坡体的变形特征、应力分布和演化规律,从而对滑坡灾害进行预警和防治。当滑坡体的应力应变数据出现异常变化时,可以及时发出预警信号,提醒相关部门采取措施进行处置,避免或减少灾害的发生。

(3) 宏观现象监测

①视频监测

针对典型部位、关键区域等开展实时视频监测,通过网络将现场视频图像实时传输到监控中心,直观了解灾害体变形活动状况,利用智能识别和移动侦测技术,在指定区域内自动识别图像变化,监测运动物体并自动报警,提高监控效率和监控精度。

②地声监测

在滑坡、崩塌变形破坏之前,可能发出一些更为明显的宏观地声。这些声音可能是由于地壳的变形,岩土的摩擦或地下水位、气体压力的变化等原因产生的。发现异常情况,应该立即采取措施,如撤离危险区域、通知相关部门等,以确保人员和财产的安全。

2) 泥石流监测方法

(1) 形成条件监测

①固体物质来源监测

泥石流的固体物质大多来源于滑坡、崩塌,监测方法参照滑坡、崩塌监测方法。

②水文气象监测

对泥石流形成条件的监测主要为降雨监测,根据目的可分为区域气象监测和局地气象监测。区域气象监测一般利用气象卫星、雷达与分布在整个区域范围内的地面气象站、水文站等开展地质灾害气象预警预报;局地气象监测通常在区域气象监测的基础上,利用布设在灾害体附近的常规气象监测站(点),开展以降雨量为主的监测,包括降雨量、降雨强度、温度、湿度等要素。

(2) 运动特征监测

①泥水位监测

利用物位传感器、数据采集传输设备以及太阳能供电系统,对泥石流沟道内的泥水位进行监测,掌握其动态变化。

物位传感器安装于沟道上部,通过向被测体发送超声波脉冲,监测超声波发送到返回的时间来测量传感器与反射面的距离,从而得到泥水位的变化情况。通过监测泥石流流通沟道泥水位变化情况,可预测泥石流发生概率,故应对实时泥水位进行监测,获得泥石流泥水位参数。

②流量监测

利用雷达明渠流量计对泥石流沟道中的泥石流流量进行监测。流量监测可实现非接触式流量测量,不受泥沙、漂浮物的影响,适用于一般河道、渠道流量测量,尤其适用于高洪、急流、高含沙量、高污染的流速测量。配合计算机、数据无线传输等设备组成流量自动测量系统,可实现远程在线监测。利用修建的标准断面,可计算泥石流流速,获得泥石流流量及流速参数。通过监测泥石流流通沟道的流体流量,可判断泥石流的发生情况及规模。

(3) 宏观现象监测

①视频监测

针对地质灾害典型部位、关键区域等开展实时视频监测,通过网络将现场视频图像实时传输到监控中心,直观了解灾害体变形活动状况,利用智能识别和移动侦测技术,在指定区域内自动识别图像变化,监测运动物体并自动报警,提高监控效率和监控精度。

②地声监测

灾害体在运动过程中,因石块之间相互作用、泥石流撞击沟床和岸壁等,岩土体内产生相对运动与能量释放(地震动波、应力波),产生声发射、震动、电位等效应,改变原始声场、震动频率和电场等。利用地声发射仪、地音探测仪监测灾害体变形过程中局部破裂产生的声响;应用地震仪等监测灾害体及周边原始地震动频率、强度及其变化;运用地电仪监测灾害体及周边因变形摩擦造成的自然原始电场变化等。监测地质灾害变形先兆信息,为准确预警分析提供支撑。

③断线监测

泥石流灾害体顺沟道向下运移,具有较大的冲击力和破坏力,断线仪针对泥石流的这种特征,在沟道横断面上布设一条或多条拉线,与传感器相连,一旦泥石流通过,扯断拉线,即可通过传感器发布预警信息。断线仪在沟道内仅布设拉线,仪器主机箱、太阳能板、蓄电池等均布设在主沟道沟坡上,具有施工方便、可反复使用的特点。

3) 预警预报

在地质灾害威胁区域内通常安装声光报警器,由参与采集数据的监测设备(如泥水位计、GNSS、雨量计等)控制,当数据达到阈值时会触发报警,通知灾害危险区居民做好防范措施。按照地质灾害发生的发展阶段、紧急程度、不稳定发展趋势和可能造成的危害程度,地质灾害预警级别(与设备阈值相关)分为一级、二级、三级、四级,分别对应地质灾害风险极高、风险高、风险较高和风险一般,依次用红色、橙色、黄色、蓝色标识。一级为最高级别。

(1) 红色预警(警报级)

地质灾害发生的可能性很大,各种短临前兆特征显著,在数小时内大规模发生的概率很大。

(2) 橙色预警(警戒级)

地质灾害发生的可能性大,有一定的宏观前兆特征,在几天内大规模发生的概率大。

(3) 黄色预警(警示级)

地质灾害发生的可能性较大,有明显的变形特征,在数周内大规模发生的概率较大。

(4)蓝色预警(注意级)

地质灾害发生的可能性小,系统监测数据表现出一定变化。

2. 监测频率

滑坡与泥石流的监测频率根据具体情况而定。一般来说,对于处于活跃期的滑坡和泥石流,采取高频率的监测,如每天或每小时一次。而对于处于稳定期的滑坡和泥石流,可以适当降低监测频率,如每周或每月一次。

此外,对于不同类型的滑坡和泥石流,也采取不同的监测频率。例如,对于小型滑坡和泥石流,由于其活动频繁,应采取较高的监测频率。而对于大型滑坡和泥石流,由于其活动周期长,可以适当降低监测频率。

3.2.5.3 监测点网布设

1. 滑坡监测点网布设

1) 滑坡变形监测网布设

根据滑坡的地质特征及其范围大小、形状、地形地貌特征、视通条件和施测要求布设。监测网是由监测线、监测点组成的三维立体监测体系,监测网的布设须达到系统监测滑坡的变形量、变形方向,掌握其时空动态和发展趋势,满足预测预报精度等要求。

2) 滑坡变形监测线布设

测线应穿过滑坡的不同变形地段,并尽可能照顾滑坡的群体性和次生复活特征,还需兼顾外围小型滑坡、崩塌和次生复活的滑坡。监测线布设的原则:纵向测线与主要滑坡变形方向一致;有两个或两个以上变形方向时,布设相应的纵向测线;在以上原则下,测线应充分利用勘探剖面和稳定性计算剖面,充分利用钻孔、平硐、竖井等勘探工程。

3) 滑坡变形监测点布设

根据测线建立的变形地段、块体及其组合特征进行布设,在测线上或测线两侧 5 m 范围内布设。以绝对位移监测点为主,在沿测线的裂缝、滑带、软弱带上布设相对位移监测点,并利用钻孔、平硐、竖井等勘探工程布设深部位移监测点。每个测点,均应有自己独立的监测、预报功能。

4) 滑坡变形监测网类型

(1) 十字型。纵向、横向测线构成十字型,测点布设在测线上。测线两端放在稳定的岩土体上并分别布设为测站点(放测量仪器)和照准点。在测站点上用大地测量法监测备测点的位移情况。这种网型适用于范围不大、平面狭窄、主要活动方向明显的滑坡。

当设一条纵向测线和若干横向测线,或设若干条纵向测线和一条横向测线时,网型变成"丰"字形、"艹"字形或"卅"字形等,均根据需要确定。

(2) 方格型。在滑坡范围内,多条纵向、横向测线近直交,组成方格网,测点设在测线的交点上(也可加密布设在交点之间的测线上)。测站点、照准点布设同十字型。这种网型测点分布的规律性强,且分布较均匀,监测精度高,适用于滑坡地质结构复杂或群体性滑坡。

(3) 三角(或放射)型。在滑坡外围稳定地段设测站点,自测站点按三角形或放射状布设若干条测线,在各测线终点设照准点,在测线交点或测线上设测点,在测站点用大地测量法等监测测点的位移情况。对测点进行三角交会法监测时,可不设照准点。这种网型测点分布的规律性差,不均匀,距测站近的测点的监测精度较高。

(4) 任意型。在滑坡范围内布设若干测点,在外围稳定地段布设测站点,采用三角交会法、GPS法等监测测点的位移情况。这种网型适用于自然条件、地形条件复杂的滑坡的变形监测。

(5) 对标型。在裂缝、滑带(软弱带)等两侧,布设对标或安设专门仪器,监测对标的位移情况,标与标之间可不相互联系,后缘缝的对标中的一个尽可能布设在稳定的岩土体上。在其他网型布设困难时,可用此网型监测滑坡重点部位的绝对位移和相对位移。

(6) 多层型。除在地表布设测线、测点外,利用钻孔、平硐、竖井等地下工程布设测点,监测不同高程、不同层位滑坡的变形情况。

无论采用哪种网型,测站点、测线、测点的数量均应根据需要确定或调整。可同时采用两种网型,布设成综合型网。

2. 泥石流监测点网布设

泥石流监测点网布设是一项重要的地质工程任务,旨在通过对泥石流的监测和控制,保障人民生命财产安全。在布设监测点网时,需要考虑多种因素,包括地质条件、气候条件、地形地貌等。

地质条件是影响泥石流形成和发展的关键因素。在布设监测点网时,需要对区域内的地质构造、地层岩性、地质灾害等进行深入调查和分析,确定泥石流易发区域和重点监测区域。

气候条件也是影响泥石流的重要因素。在布设监测点网时,需要了解当地的气候特点,特别是降雨量和降雨频率。这些信息可以帮助预测泥石流发生的可能性,从而更好地进行监测和控制。

地形地貌也是影响泥石流的重要因素。在布设监测点网时,需要选择具有代表性的地形地貌,如山谷、沟壑等。同时,还需要考虑地形地貌的变化情况,如山体滑坡、地面塌陷等,这些变化可能会影响监测点的位置和数量。

布设监测点网还需要考虑经济和社会因素。在保证监测效果的前提下,需要尽可能地减少监测点的数量和成本,同时还需要考虑监测点网的维护和管理。此外,还需要与当地政府和居民进行沟通和协调,确保监测点网的建设和管理得到充分支持和配合。

在泥石流补给区、流动区和堆积区,都布设一定数量的监测点网,达到控制泥石流流域的效果。根据泥石流灾害的特点和实际情况,选择合适的监测方法和设备,以及选取具有代表性的区域作为监测点,确保监测数据的准确性和可靠性。同时,也需要考虑监测点的布局和密度,以便能够全面覆盖泥石流易发区域,及时发现和预警泥石流灾害。

在泥石流补给区、流动区和堆积区,都应布设一定数量的监测点网。具体布设原则如下。

(1) 泥石流固体物质来源于滑坡、崩塌的,其变形破坏监测点网的布设按滑坡监测点网布设规定。固体物质来源于松散物质的,其稳定性监测点网的布设,应在侵蚀程度分区的基础上进行,测点密度按表3-4确定。

表 3-4　松散物质稳定性测点布设数量表

侵蚀程度	测点密度(个/km^2)
严重侵蚀区	20～30
中等侵蚀区	15～20
轻微侵蚀区	可少布或不布测点

测点重点布设在严重侵蚀区内,并根据侵蚀强度的发展趋势和变化来调整。

(2) 以监测降雨为主的泥石流气象站,应布设在泥石流沟或流域内有代表性的地段或试验场。降雨按下列原则布设监测点:

①泥石流形成区及其暴雨带内。

②泥石流沟或流域内滑坡、崩塌和松散物质储量最大的范围内及沟的上方。

③测点选在四周空旷、平坦且风力影响小的地段。一般情况下,四周障碍物与仪器的距离不得小于障碍物顶高与仪器口高差的 2 倍。

④测点布设数量视泥石流沟或流域面积和测点代表性好坏而定。测点宜以网格状方式布设,泥石流沟或流域面积小时也可采用三角形方式布设。

(3) 泥石流运动情况和流体特征监测断面布设数量、距离,视沟道地形、地质条件而定,一般在流通区纵坡、横断面形态变化处和地质条件变化处,以及弯道处等,都应布设。同时,必须充分考虑下游保护区(居民点、重要设施)撤离等防灾救灾所需提前警报的时间和泥石流运动速度,可按下式估算:

$$L \geqslant tV$$

式中:L 为断面到防护点的距离(m);t 为需提前报警的时间(h);V 为泥石流运动速度(m/h),多按下游居民避难的最短时间考虑。

泥水位监测点布设在防护点上游的基岩跌水或卡口处(到防护点的距离$\geqslant L$)部位,且在其区间河段内无其他径流补给或补给量可忽略不计。监测并确定警报泥水位及雨量。

第 4 章

专业监测数据分析

专业监测项目中一项重要内容是对数据的分析工作,其不仅能够有效了解灾害体特征,同时也对预警工作提供数据参考,对优化预警模型、提出有针对性的预警方法有很大帮助。甘肃省自建设专业监测点以来,通过不同验证方法,确定设备数据的合理性,也通过分析,掌握了各参数之间的相互关系。目前能从数据角度确定的主要诱发因素即为降雨,所以本次工作对降雨与位移、泥水位、流量及土壤含水率之间的关系进行了分析,基本确定了其相互间的影响关系。

本章节针对已有数据进行分析,以介绍数据分析方法为主,根据数据特征,推断、分析一些灾害特征。由于各个灾害地质背景条件、灾害特征各不相同,每组数据反映的特征各不相同。读者在数据分析时不能一概而论,应结合现场情况,有针对性地进行调查研究。

4.1 雨量数据统计

4.1.1 兰州市城关区雨量数据统计值

根据兰州市城关区布设的两台雨量设备,确定 2022 年年降水量分别为 243.7 mm、219.8 mm,日最大降雨量分别为 35.0 mm(8 月 4 日)、30.0 mm(8 月 22 日),雨量集中于 7—9 月,1—4 月、11—12 月基本无降雨(图 4-1)。而据官方统计,兰州市城关区 2022 年年降水量为 256.0 mm,与设备监测数值相差不大。

4.1.2 甘南州舟曲县雨量数据统计值

根据甘南州舟曲县布设的两台雨量设备,确定 2022 年年降水量分别为 320.0 mm、384.0 mm,日最大降雨量分别为 17.0 mm(4 月 27 日)、29.0 mm(10 月 8 日),降雨从 2 月开始,11 月截止,1 月、12 月基本无降雨,降雨周期较长,区域差异较大(图 4-2)。而据官方统计,甘南州舟曲县 2022 年年降水量为 329.2 mm,与设备监测数值较接近。

4.1.3 陇南市武都区雨量数据统计值

根据陇南市武都区布设的多台雨量设备,确定 2022 年年降水量分别为 482.3 mm、489.8 mm,日最大降雨量分别为 33.8 mm(6 月 22 日)、52.6 mm(8 月 28 日),降雨从 2 月开始,11 月截止,1 月、12 月基本无降雨,降雨周期较长,区域差异较大(图 4-3)。而据官方统计,陇南市武都区 2022 年年降水量为 636.7 mm,与设备监测数值存在较大差距,主要原因为武都区面积较大,而监测点主要安置于武都城区范围,覆盖面不广。

03大洪沟YL-YL01(雨量) ■单日雨量值(mm) —累计雨量值(mm)

01公务大修段H0031_YL-YL01(雨量) ■单日雨量值(mm) —累计雨量值(mm)

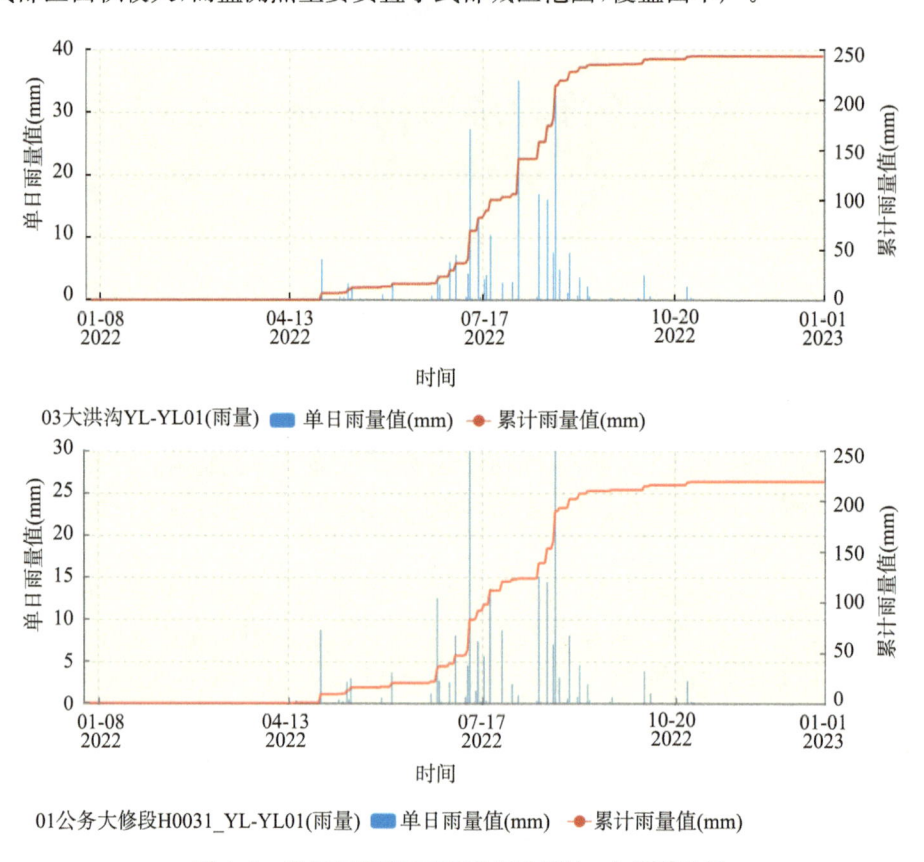

图 4-1 兰州市城关区雨量设备监测的一年雨量数据

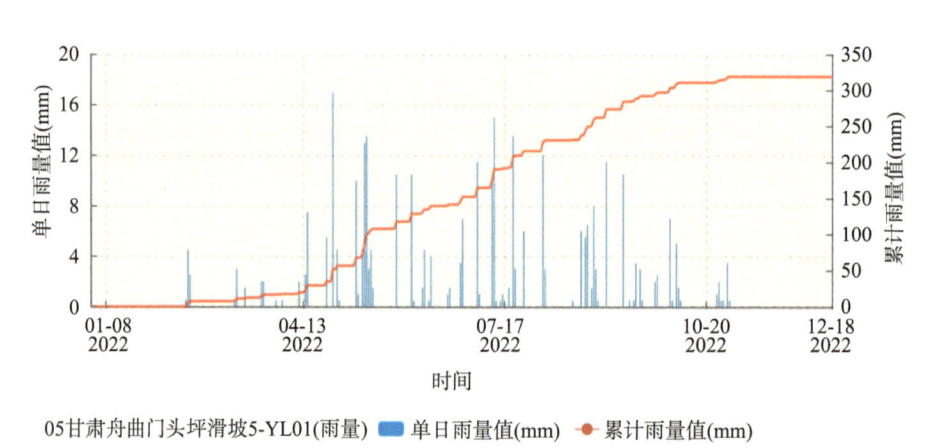

05甘肃舟曲门头坪滑坡5-YL01(雨量) ■单日雨量值(mm) —累计雨量值(mm)

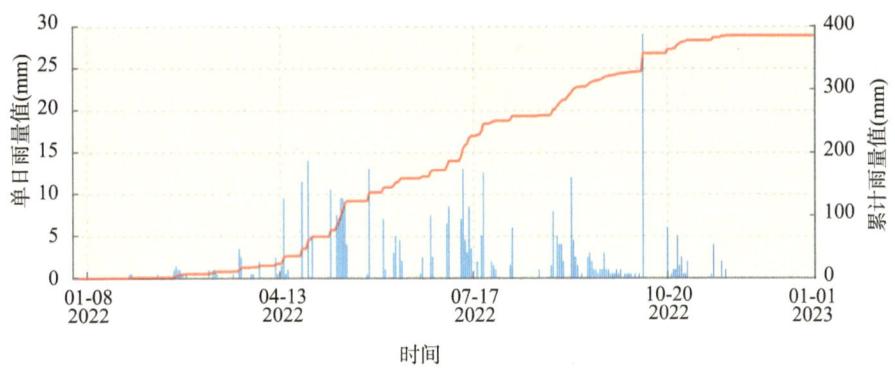

第 4 章　专业监测数据分析

共享雨量站(距离：0.91 km)-YL01(雨量)　单日雨量值(mm)　累计雨量值(mm)

图 4-2　甘南州舟曲县雨量设备监测的一年雨量数据

07石门沟泥石流雨量计YL-01-YL01(雨量)　单日雨量值(mm)　累计雨量值(mm)

03甘家沟泥石流雨量计YL-03-YL01(雨量)　单日雨量值(mm)　累计雨量值(mm)
06甘家沟泥石流雨量计YL-01-YL01(雨量)　单日雨量值(mm)　累计雨量值(mm)
07甘家沟泥石流雨量计YL-03-YL01(雨量)　单日雨量值(mm)　累计雨量值(mm)

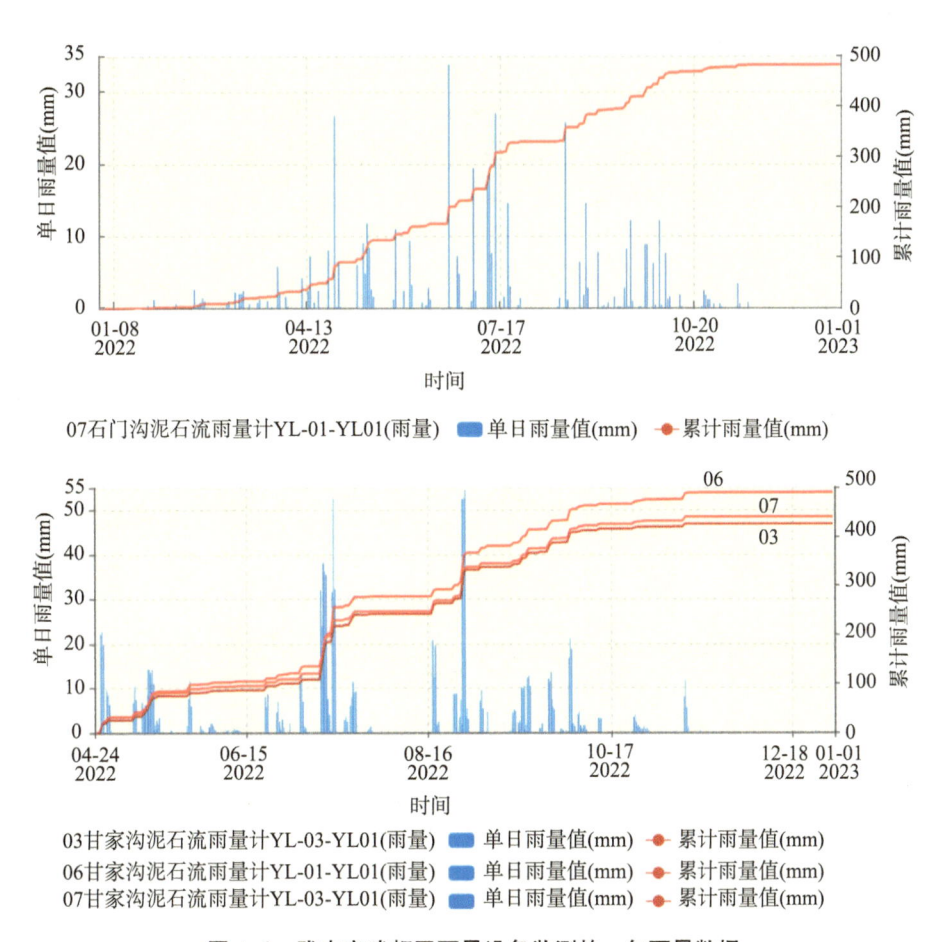

图 4-3　陇南市武都区雨量设备监测的一年雨量数据

由此可见，舟曲、武都降雨量明显高于兰州市，降雨持续时间明显长于兰州市，但降雨强度兰州市略高，根据数据分析可知，降雨量是诱发灾害的主要原因，不论是边坡的位移还是泥石流的流速、泥水位，都与降雨有密切关系。

4.2 雨量与位移的关系

4.2.1 雨量与地表位移的关系

4.2.1.1 雨量与 GNSS 数据关系分析

根据以往经验,认为雨量是影响地表位移最重要的因素,位移的大小和雨量多少、雨强大小及降雨持续时间有直接关系。但是通过设备观测数据可以发现,不论滑坡变形速率如何,雨量多少与地表位移量关系不大,地表位移速率总体呈现一种平稳的态势。从图 4-4 中可以看出,位移量随着时间的推移不断累积增加,全年累计地表水平变形量为 51 mm,垂直变形量为 32 mm。曲线总体呈现斜率较小的直线型上升状态,虽然存在上升、下降波动,但没有陡升、陡降现象。2023 年 4 月 25 日为全年日降雨量最大的一天,降雨量达 41 mm,而该日水平位移量仅为 4 mm,垂直位移量仅为 2 mm。即使在 4 月 25—28 日 4 天持续降雨量达 69 mm 时,该滑坡单日水平变形量也只有 3 mm,垂直变形量 3 mm。可见,降雨对地表位移的影响不大。

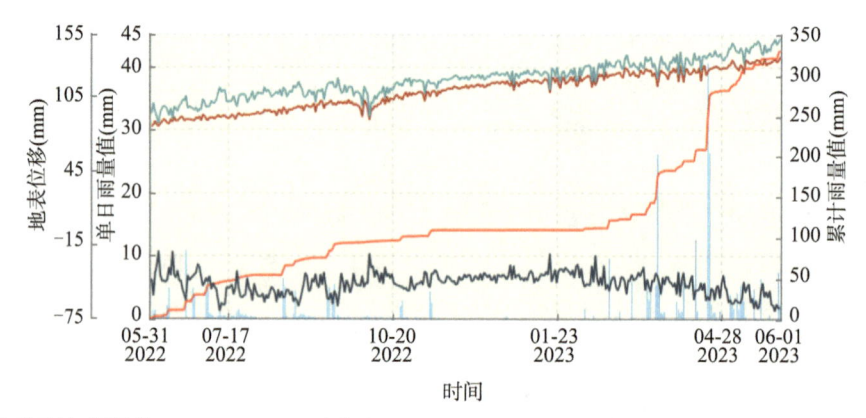

图 4-4 变形较小滑坡地表位移与降雨量关系曲线图

区域内另一处滑坡(图 4-5),变形速率较大,全年累计水平位移量达 328 mm,垂直位移量达 114 mm,累计曲线呈斜率较大的近直线型。由于单日地表位移量较大,且基本保持同一速率变形,位移累计曲线较圆滑,未出现陡增陡降现象,平均水平变形量为 0.91 mm/d,垂直变形量为 0.32 mm/d。同样,从该图中可以看出,滑坡的地表变形量未随降雨的增加而加大,2022 年 10 月 8 日,单日降雨量达 29 mm,为全年最大日降雨量,而单日滑坡水平变形量为 2 mm,垂直变形量为 1.2 mm,基本与平均变形速率相同。9 月 11 日—10 月 4 日,持续 24 天累计降雨量为 43.2 mm,也同样未对变形速率造成影响,说明降雨对地表变形影响不大。

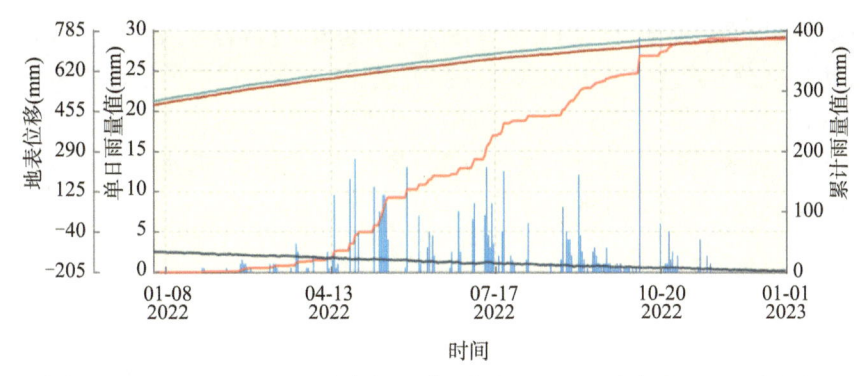

图 4-5　变形较大滑坡地表位移与降雨量关系曲线图

4.2.1.2　雨量与裂缝数据分析

裂缝的变形数据与雨量的关系和 GNSS 数据与雨量的关系出现明显的不同形势，从图 4-6 可以看出，裂缝数据与雨量数据呈现极高的相关性，尤其与累计降雨量曲线，基本为拟合状态。1 月 1 日—2 月 14 日，区域内基本无降雨，裂缝数据也显示处于未变形状态，在 2 月 16 日、17 日两天，出现降雨，累计降雨量达 6.5 mm，裂缝即发生变化，变形量由 210.7 mm 升至 212.3 mm；在 5 月 13 日、6 月 3 日、7 月 21 日等出现较大降雨，裂缝变形也随之出现阶梯形变化；在 7 月 21 日—8 月 17 日未出现降雨期间，裂缝数据也未发生变化。可见，裂缝变形对降雨的敏感性较高，不论是强降雨还是持续降雨都对裂缝的变形产生较大影响。

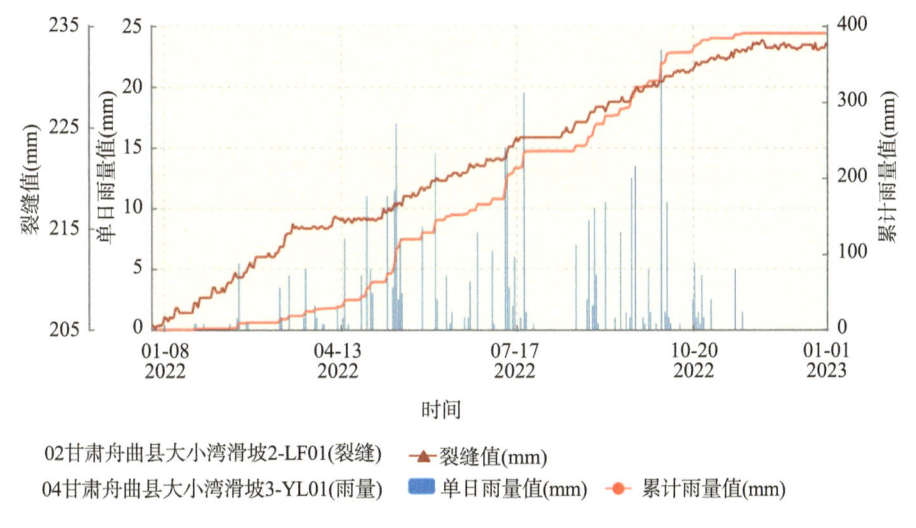

图 4-6　裂缝数据与降雨量关系综合分析图

从本次监测结果可以看出：①雨量对正常地表位移（裂缝除外）的影响不大，相关性不高。雨量对位移影响的即时性与滞后性均不高。变形速率的高低与滑坡所处的变形阶段有很大关系,根据变形速率可以判断滑坡目前处于蠕滑阶段,若进入临滑阶段,变形速率会陡增。②由于裂缝已产生形变并形成岩土体开裂张口,降雨形成的汇流多沿开口处灌入,湿润裂缝深部岩土体,提高其含水率,降低物理力学性质。同时水体沿滑动面不断涌入,降低滑面摩擦力,使滑动更容易产生,致使裂缝不断扩大,拉距增加,水体更易灌入,形成形变增加—渗入量变大—形变增加的恶性循环。

4.2.2 雨量与深部位移的关系

根据专业监测项目布设的深部位移计数据可以看出,深部位移与雨量关系不大,和GNSS数据与雨量关系相类似,滑动的大小、快慢受雨量影响较小,主要取决于滑坡滑动所处阶段。如图4-7所示,深部位移在一年内位移量不足3 mm,若地表位移有明显变化,说明滑坡只是处于浅表层滑动。若地表位移无变化,则说明滑坡处于基本稳定状态。

在项目实施过程中,深部位移计属于布设困难的一类设备,仪器的选址需要精心考虑。首先深部位移计不能布设于地表位移较大区域,项目组曾两次将深部位移计布设于变形较大区域,试图结合地表位移确定滑坡的变形特征,但都遭遇失败。第一次在钻孔完成后立刻下放测斜管,待测斜管安装到位,放入深部位移传感器时,由于测斜管严重变形导致传感器在滑面位置被阻挡而无法下放,无奈只能选取变形相对缓慢的地方安装测斜管。第二次测斜管和监测设备安装完成,在后期监测过程中滑坡发生大幅度变形,导致数据传输中断,现场检查发现传感器在滑面处被破坏,下部传感器传输线路也随着传感器的破坏而被剪断,仪器失效。若将深部位移计布设于变形缓慢区域,则在很长时间内设备数据不会发生大的变化,监测效果不能得以体现。故深部位移计的布设位置需认真考虑,综合了解后再进行确定。

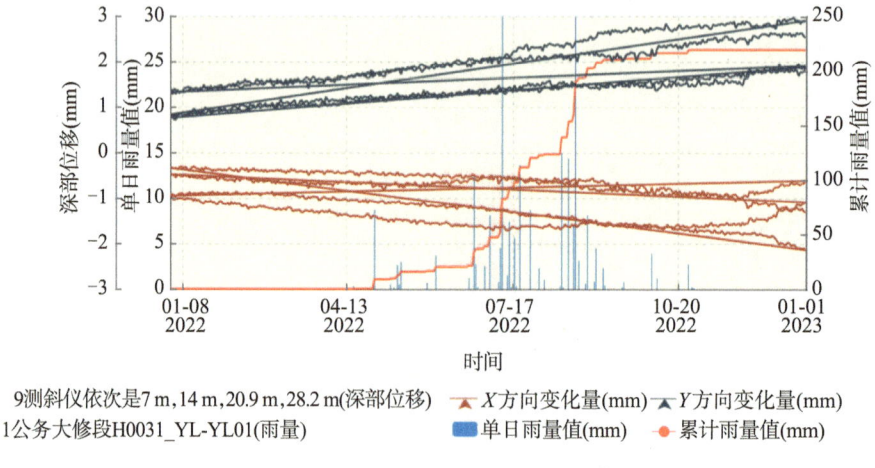

9测斜仪依次是7 m,14 m,20.9 m,28.2 m(深部位移) — X方向变化量(mm) — Y方向变化量(mm)
1公务大修段H0031_YL-YL01(雨量) ■ 单日雨量值(mm) — 累计雨量值(mm)

图4-7 深部位移与雨量关系曲线图

4.3 雨量与泥水位、流速的关系

雨量是泥石流形成的决定条件,雨量的大小与泥水位、流速有着直接关系,也是决定泥石流规模的基础条件,所以对雨量的监测是泥石流监测的重要内容,而探究雨量、泥水位、流速的关系也是了解泥石流的重要手段。如图 4-8 所示,该断面位于泥石流上游形成区内,从曲线可以看出雨量与泥水位、流速存在很好的对应关系:①泥水位曲线总体上呈现上升趋势,即该处堆积物不断增多,属于淤积区域。曲线在不同降雨过程中呈现忽高忽低的锯齿状形态,说明该处只要有泥石流经过,都会对泥水位产生影响,出现冲刷与淤积交替进行的现象,但对泥水位影响不大。而在持续的较大降雨过程中,泥水位会出现较大变化,例如 2022 年 7 月 11—15 日,共出现 4 次降雨过程,累计降雨量达 76.4 mm,泥水位从 0.9 m 升至 1.4 m。之前泥水位从 0 m 增至 0.9 m 也是受几次持续强降雨过程的影响。②从流速曲线可以看出,该沟为常流水沟道,在 1 月 30 日—4 月 25 日出现了短暂的断流现象。该断面位于泥石流沟上游,流速对雨量的反应很敏感,但需持续降雨,只要持续两天且每日降雨量大于 0.4 mm 即可触发产流。流速的最大值为 4 m/s,从流速曲线可以发现,7 月之前流速变化幅度较大,之后基本处于围绕一个数值上下波动的状态。通过现场调查,在 7 月左右暴发过一次泥石流灾害,堆积物将断面中部位置雍高,将流体阻隔为左右两支,主流沿沟道左侧运动,右侧分流的水量较小,而右侧正好经过设备下方,所以每次泥石流基本沿左侧主流排泄,右侧监测范围流量基本无大幅度变化。③沟道内的汇流以洪水及泥石流两种形式出现。这两种形式可以从泥水位、流速(流量)数据中看出,洪水的主要体现是出现流体,但是不出现堆积,或监测断面处堆积厚度下降,即有突然增加的流速、流量数据,泥水位数据却在原有基础上有所下降,表明现场发生了沟道冲蚀现象。泥石流的主要体现是既有流速(流量)数据,又有明显的泥水位增高数据。

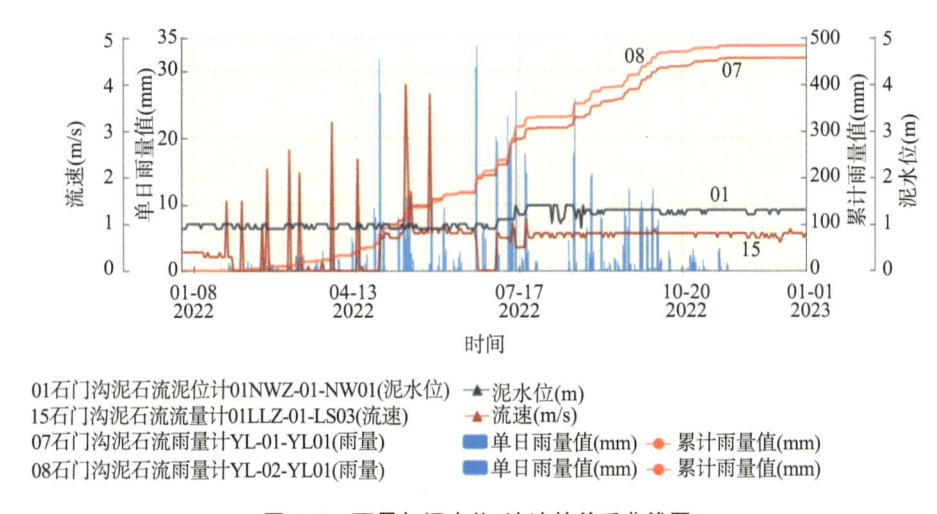

图 4-8 雨量与泥水位、流速的关系曲线图

4.4 雨量与土壤含水率的关系

雨量在通过植物截留、地表截流、地面汇流后,有少量水体滞留在土体表面而出现下渗现象,水体的下渗对岩土体力学性质产生较大影响,且不同深度的土壤含水率有较大区别。对土壤含水率开展研究,有助于说明水体对斜坡变形的影响。如图 4-9 所示,2022 年 10 月

8日,出现全年最大日降雨量29 mm,而三个不同深度的土壤含水率变化均不超过0.2%,凡是降雨量较大的当天,土壤含水率基本没有出现相应的陡增现象。据统计,持续降雨两天以上,累计降雨量超过11.5 mm时,30 cm土壤含水率才会出现增长变化;60 cm土壤含水率在趋势上基本与30 cm土壤含水率保持一致,只是变化幅度小于30 cm土壤含水率,其影响因素与30 cm土壤含水率相同,即持续降雨天数和累计降雨量,持续3天的累计降雨量大于21.5 mm时会出现变化波动;90 mm土壤含水率则对降雨要求更高,需累计降雨3天、累计降雨量达24.5 mm时才会出现波动。在没有降雨的时间段,30 cm土壤含水率保持在2.3%左右,60 cm、90 cm的土壤含水率基本为0%,30 cm土壤含水率一直未出现零值。

根据调查实际,雨强越大,其下渗水体越少,高强度密集的降雨对形成地表径流极其有利,而持续的绵绵细雨在被截流后,滞留于地表并在重力作用下不断下渗。降雨对土壤含水率影响较明显,但土壤含水率与雨强关系不大,其主要与持续降雨天数、累计降雨量有关。对土壤含水率的研究不仅对降水影响边坡稳定性的特征有所帮助,也为泥石流的径流研究提供数据支撑。通过分析一次降雨过程中土壤含水率的变化,可以计算出降雨总量中有多少水量入渗了土体,多少水量产生了径流。径流量的大小也正是影响泥石流规模的主要因素。同时,监测土壤含水率也可以辅助地表位移、深部位移的监测,研究多大土壤含水率时边坡会发生地表位移,多少或多深土壤含水率会影响到深部位移变化,支撑岩土体变形特征的研究。所以在地质灾害监测中,土壤含水率监测也是重要的辅助监测手段。

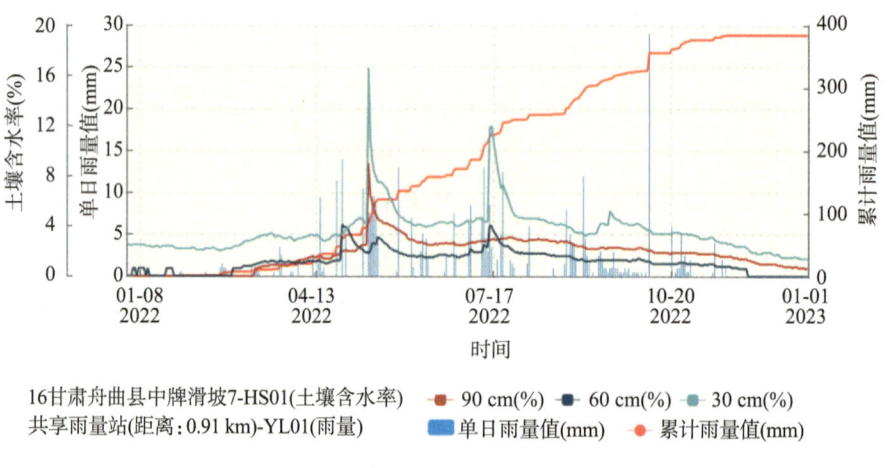

16甘肃舟曲县中牌滑坡7-HS01(土壤含水率) ━ 90 cm(%) ━ 60 cm(%) ━ 30 cm(%)
共享雨量站(距离:0.91 km)-YL01(雨量) ━ 单日雨量值(mm) ━ 累计雨量值(mm)

图 4-9 雨量与土壤含水率关系曲线图

第 5 章

预警模型模拟与研究

5.1 滑坡灾害预警模型模拟与研究

5.1.1 基于位移监测数据的预警阈值研究

滑坡是最常见的自然灾害之一,是土体或山体在重力控制下发生移动的自然现象,有时候在降雨、地震、火山爆发等外部自然因素以及人类工程扰动下被引发。滑坡对人类的活动产生重大影响,每年造成大量人员伤亡和巨大经济损失。近十几年来,各种边坡稳定监测方法不断发展,其中边坡地表变形监测方法在世界范围内得到了广泛的应用。

位移是边坡岩土体在时空演化过程中反馈出来的重要信息之一,最能体现边坡运动所处的状态。通过分析不同类型边坡的监测位移的特性,可以了解不同地质条件、不同影响因素下边坡的变形历史和演化规律。已有的研究大多集中在利用临滑前加速变形阶段的位移监测资料进行短期预报,通过位移监测数据建立物理力学或数学模型,及时掌握边坡的变形规律,确定边坡所处的状态以及未来的变形发展方向,进而判断岩土体变形破坏的时间。在过去的几十年间,不少研究人员从事边坡滑坡时间预测的相关研究,目前已经产生了许多经验推导的方法和方程,通常是基于应变或位移与时间的关系在滑坡前进行反复观测,最终与岩体的某些固有性质相联系。Mufundirwa 等开发了一种基于位移斜率的滑坡时间预测的新方法(即 SLOM)来预测滑坡时间。同时边坡蠕变理论也是研究滑坡时间预测最常用的方法,Saito 等研究学者在考虑相关因素和不同的视角下对该理论进行了大量研究。

Petley 等研究发现速度倒数与时间的关系在实际滑坡中大多数是线性的,主要由滑坡中新生成的剪切面和裂纹扩展所主导。Rose 和 Hungr 也认识到速度的倒数与时间关系往往接近线性,尤其是在发生滑坡前的阶段,并同时强调在变形监测更新过程中线性趋势的必要性,在此基础上,Dick 等建议速度倒数与时间的线性拟合应该是边坡滑坡变形前的开始加速点（Onset of Acceleration，OOA）后的数据，同时指出，如果识别到一个趋势更新加速趋势显著变化的点，应该重新进行线性拟合。Carlá 等应用速度短期移动平均线与速度长期移动平均线的交叉点，提出一种简单而创新的识别开始加速点的方法。

目前速度倒数法（Inverse Velocity method，INV）因其简单实用的特点已经成为一种广泛应用于滑坡时间预测的方法，但滑坡是一种非常复杂的自然现象，涉及不同的诱发因素和诱发量，且岩石是复杂的非均质材料。因此速度倒数法也有一定的限制，只能用于根据加速蠕变理论失稳的边坡，且在临滑前处于一直加速状态。Zhou 等对传统的速度倒数进行了改进，使其可以适应于临滑阶段变形速度处于减缓状态的滑坡时间预测，并且应用边坡雷达监测变形数据进行了验证。此外，Bozzano 等研究发现，速度倒数法中速度倒数与时间的关系在 OOA 点之后的数据具有初始凹凸性即线性相关性较弱的特点，因此提出了速度倒数法在计算滑坡时间点时应在 OOA 点之后重新选取数据开始点（Starting Point，SP）的问题。

5.1.1.1 研究方法

1. 滑坡变形特征

滑坡灾害会经历从边坡变形的产生到最终失稳破坏的过程，其累计位移-时间曲线一般都会经历初始变形阶段、等速变形阶段和加速变形阶段，即所谓的边坡变形三阶段演化规律，如图 5-1 所示。目前，常用滑坡监测方法多以边坡表面位移监测为基础，通过相应的临滑判据来预测边坡的临滑时间。对矿山或自然土质和岩质边坡而言，大多数滑坡预报都是基于边坡变形三阶段蠕变理论，并根据临滑前加速变形阶段即 OOA 点之后的位移进行滑坡时间预测研究。目前已有的研究大多集中在利用加速变形阶段的位移监测资料进行临滑前短期预报，其中速度倒数法应用的是在 OOA 点之后的加速变形阶段的速度监测数据，当滑坡临近失稳时，滑坡的速率趋近于无穷大，其速率倒数趋近于 0，故速率倒数接近 0 的时间点可视为滑坡时间。

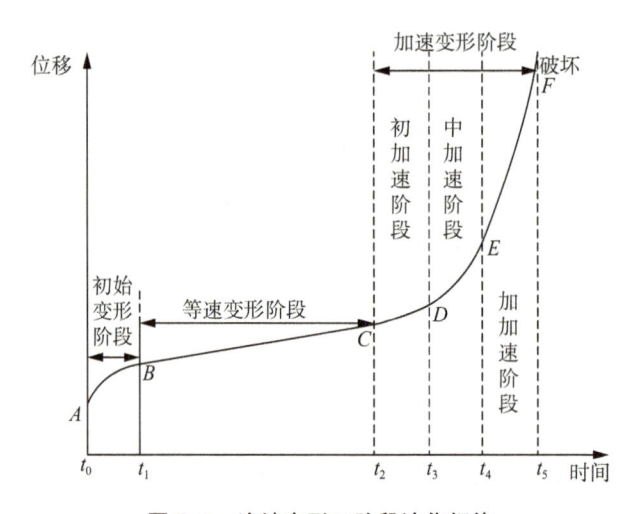

图 5-1　边坡变形三阶段演化规律

2. 监测数据的处理

累计位移-时间曲线一般是根据每次监测到的位移进行累加,由此得到的滑坡变形总位移-时间曲线。累计位移随着时间是逐渐增大的,而累计位移-时间曲线越陡,说明单位时间内的变形速率越大,通过该曲线能反映出滑坡的地表变形演化特征,而基于累计位移可进一步获得滑坡的变形速率和速率增量等基本信息。

计算监测数据可以得到滑坡实际变形速率(du/dt),为了对监测数据进行有效的平滑,防止累计位移数据上下波动产生的误差影响,采用移动平均法对监测数据进行预处理。移动平均法获得的平均值是已有的多期累计位移数据的平均值:

$$S = (S_t + S_{t-1} + \cdots + S_{t-N})/(N+1)$$

式中:S 为采用移动平均法平滑处理后的累计位移值;S_t 为最新时刻的累计位移监测数据;S_{t-N} 为由最新监测数据往前的第 N 个累计位移;N 为进行平均处理的监测数据总数。

在数据平滑处理中,N 值的确定需要考虑监测设备获取的累计位移误差波动幅度和滑坡实际的匀速变形速率,平滑处理可以选取合适的 N 值使平滑后的波动幅度接近实际变形速率,而 GNSS 监测设备每半小时监测一次,一天记录 47×3 组累计位移数据。由此,以天作为时间步长计算位移速率(du/dt),取位移速率的倒数,得到速率倒数-时间曲线。通过建立速率倒数与时间的关系曲线,并拟合曲线,实现滑坡发生时间的短期预报。

3. 基于地表变形的速率阈值综合预警方法

以立节北山滑坡为例,现有数据表明前期变形缓慢而持续时间较长,加速变形阶段则变形速率迅速增大,表现出很强的突发性,当滑坡进入加速变形阶段后边坡很快失稳并遭到破坏,因此,需要准确识别滑坡变形速率的变化及变形的发展趋势,发出相应的预警信息。针对这类突发型滑坡的特征,通过设置多级变形速率阈值判断滑坡是否产生较大的变形,再基于速率增量实时跟踪变形发展趋势,两者结合实现突发型滑坡的全过程预警。

在实际变形过程中,由于等速变形阶段滑坡变形速率仍然会产生一定程度的波动,为了进一步区分不同的外界影响因素或者偶然变形速率加快对变形的响应,可以采用多级速率阈值 $V1$、$V2$、$V3$ 判断滑坡的变形速率,通过多级变形速率阈值判断滑坡的变形情况并采取不同的措施,建立速率阈值预警模型(图 5-2)。

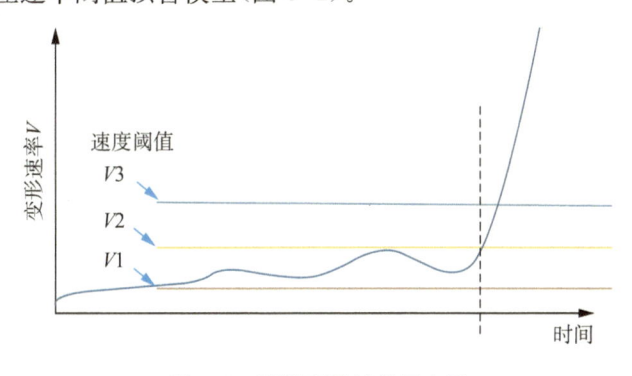

图 5-2 预警阈值计算示意图

V1 主要识别滑坡开始出现异常变形时的状态，V2 判断滑坡异常变形是否进入较快的程度，V3 判断变形是否超过了一般新增裂缝等导致的滑坡短时快速变形。

一般情况下，滑坡变形的加速度反映了坡体的变形速率发展趋势，加速度与单位时间的位移速率变化量所反映的内容是一致的。加速度大于 0 时，变形速率变快，单位时间的变形速率增量为正值；加速度小于 0 时，变形速率减缓，单位时间的变形速率增量为负值。速率增量仅需要比较前后两组变形速率的差值即可确定，相对于加速度计算更为简便，因此，可以采用速率增量判断滑坡变形趋势。

变形速率增量 ΔV 的计算公式如下：

$$\Delta V = V2 - V1$$

当变形速率增量 ΔV 大于 0 时，说明滑坡变形速率呈继续增大的状态，ΔV 越大，相等时间内变形速率增量也越大，滑坡也朝着失稳的状态发展；而当 ΔV 小于 0 时，说明变形速率减缓，滑坡变形趋于稳定。因此，结合变形速率增量和滑坡预警的速率阈值 V_t，可以将不同滑坡变形速率曲线特征分为以下 4 类。

（1）$V > V_t$，$\Delta V > 0$。在此状态下，滑坡的变形速率大于变形速率阈值，同时，速率增量大于 0，说明滑坡的位移速率呈逐渐加快的变形特征，具有明显的加速变形阶段特征，此状态下滑坡朝着失稳的方向发展，需要及时发出临滑预警。

（2）$V > V_t$，$\Delta V \leqslant 0$。在此状态下，滑坡的变形速率大于变形速率阈值，但滑坡的变形速率呈逐渐减小的趋势，对应坡体位移逐渐减缓。滑坡有逐渐减速、朝稳定状态发展的趋势，此时需要根据实际变形量判断是否发出相应的预警。

（3）$V < V_t$，$\Delta V > 0$。在此状态下，滑坡的变形速率小于变形速率阈值，坡体在较小的变形速率下产生位移，但变形速率随时间逐渐加快，坡体的变形趋于加速发展，此时可以通过监测变形速率值判断滑坡的变形情况。

（4）$V < V_t$，$\Delta V \leqslant 0$。在此状态下，滑坡的变形速率小于变形速率阈值，同时滑坡的变形速率增量不大于 0，此时坡体处于相对稳定状态，滑坡基本稳定。

由此建立滑坡的阈值预警方法（表 5-1）：

正常监测：$V < V1$，此时滑坡在正常范围内缓慢变形，变形速率稳定，滑坡相对稳定，只需要持续定期监测即可。

注意级：$V \geqslant V1$，滑坡变形速率超过第一级阈值 V1，说明滑坡具有一定的异常变形，但变形速率相对较慢，需要注意后续的变形发展情况，定为蓝色预警。

警示级：$V \geqslant V2$，滑坡变形速率超过第二级阈值 V2，此时滑坡变形速率明显超过等速变形阶段，有一定的变形加速迹象，需要重视，监测进一步的变形发展特征，定为黄色预警。

警戒级：$V \geqslant V3$，$\Delta V \leqslant 0$，滑坡变形速率超过第三级阈值 V3 且变形速率增量 $\Delta V \leqslant 0$，此时滑坡变形速率非常快，但变形速率暂未继续增大，需要随时监控变形的发展，对应采取必要的防范措施，定为橙色预警。

警报级：$V \geqslant V3$，$\Delta V > 0$，滑坡变形速率超过第三级阈值 V3 且变形速率增量 $\Delta V > 0$，此时滑坡具有明显的高速变形速率，且变形速率仍然在不断增大，变形不收敛，符合进入临滑状态的变形特征,需要立即采取避让措施防范滑坡灾害,因此定为红色预警。

表 5-1 变形速率阈值预警等级表

变形速率	$V<V1$	$V \geqslant V1$	$V \geqslant V2$	$V \geqslant V3, \Delta V>0$	$V \geqslant V3, \Delta V \leqslant 0$
预警等级	正常监测	注意级	警示级	警报级	警戒级

5.1.1.2 立节北山滑坡预警研究

立节北山滑坡由多个滑坡组成,包括已发生滑动变形的古滑坡体、老滑坡体、现状变形破坏的新滑坡体及变形迹象明显但滑动面还未贯通的潜在滑坡体范围。滑坡区北部至古滑坡体后壁,南部至本次发生坡面溜滑变形的滑坡堆积区底部,西侧以立节沟为界,东侧以村委会下部两处滑坡后壁为边界,南北长 1 388 m,东西宽 610 m,总面积约 0.85 km²。

1. 灾害特征

滑坡区包含古、老、新滑坡 10 处。以滑坡中部地形转折处(乡村道路及框架梁位置)为界,将滑坡分为上下两级,该处也为古、老滑坡剪出口位置。同时依据滑坡性质、变形破坏特征、地层分布、地形条件及滑动方向将滑坡分为 7 个块体。上一级滑坡主要为老滑坡覆盖区域 H_1,包含老滑坡范围及本次变形迹象明显但未发生整体滑动的 H_{1-1}、H_{1-2} 滑坡;下一级滑坡主要为本次变形破坏明显、变形面积较大的 $H_2 \sim H_7$ 滑坡。各滑坡特征不同、相互关系复杂。据统计,滑坡区内堆积体总土方量为 327.054 万 m³。

滑坡区位于立节北山山体中上部,后部高程 2 547 m,前缘高程 1 742 m,相对高差 805 m。前缘距下部立节镇相对高差约 220 m。滑坡区平面形态呈圈椅状,剖面呈上缓下陡的折线形坡体,上部坡体平均坡度 28°,下部坡体平均坡度 42°。上部缓坡形成平台地形,该地形广泛分布于滑坡区及滑坡区以外的相邻坡体。平台地形区域也是黄土地层分布范围。滑坡区地层层序上下不一,上级古滑坡、老滑坡区域地层,由上至下分别是粉土、角砾石、含黏土碎石、碎石、灰岩(板岩)。下级斜坡陡峭地段地层由上至下分别为碎石、板岩(含砂岩、千枚岩互层)强风化层及板岩、砂岩、千枚岩。根据现场调查,上级老滑坡 H_1 与老滑坡范围内发育的次一级滑坡(H_{1-1}、H_{1-2})滑面相同,位于含黏土碎石层内。下级滑坡滑面基本一致,主要位于残坡积碎石层内。滑坡区内地质构造强烈,古、老滑坡的形成与地质构造运动关系密切,根据本次物探结果,滑坡区域共推测断层 7 条,其中近东西向断裂 4 条,近南北向断裂 3 条。其中除 F4 为主要断裂外,其余均为规模较小的次级或层间断裂。F4 断层不仅造成区域上陡下缓的地形形态,也将下部地层岩性分割为断层以北泥盆系灰岩,以南志留系板岩、砂岩互层的地层结构。区内冲沟、裂缝发育,不同冲沟将滑坡切割为多个块体,各块体坡面发育大小不同裂缝,变形迹象明显,根据现场调查及监测数据反映,滑坡变形量由大到小分别为:$H_4>H_5>H_3>H_2>H_7>H_6>H_1$,变形趋势仍在继续。目前滑坡区内无人员居住,大部分滑坡堆积体被改造为梯田进行农业耕种。

为了研究更加深入,选取监测时长更长的应急监测数据进行研究,将本项目安装的监测设备数据作为研究结果的验证。图 5-3 为立节北山滑坡平面分布图,图 5-4 为立节北山滑坡监测设备布置图。

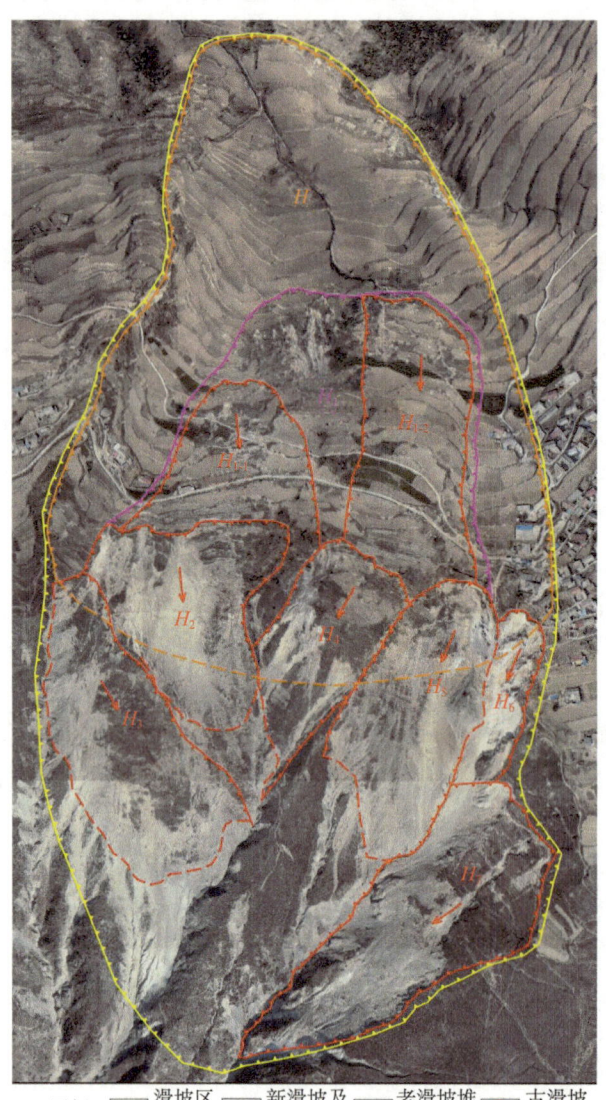

图 5-3 立节北山滑坡平面分布图

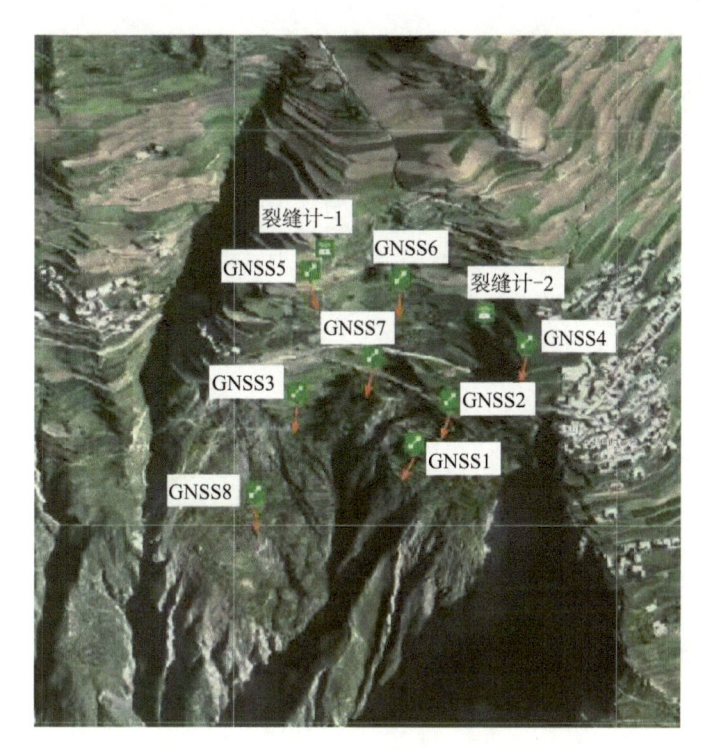

图 5-4　立节北山滑坡监测设备布置图

2. 数据分析及结果

(1) H_1 滑坡

H_1 滑坡内共布设 GNSS 监测设备 4 套,分别为 GNSS4(H_1 滑坡东侧山梁下部,H_{1-2} 滑坡范围内)、GNSS5(H_1 滑坡西侧山梁变形处,H_{1-1} 滑坡范围内)、GNSS6(H_1 滑坡后部平台处,H_{1-2} 滑坡范围内)、GNSS7(H_1 滑坡前缘中部)。根据对监测数据的整理分析,确定各点 2021 年 3 月 10 日至 10 月 30 日位移量。

图 5-5 为 H_1 滑坡的累计位移-时间曲线,从该图中可以看出,从 2021 年 3 月 10 日到 10 月 30 日,滑坡处于等速变形阶段,滑坡在等速变形阶段呈较长时间的缓慢变形。滑坡体内布设的 GNSS 监测设备监测数据显示:H_1 滑坡整体变形量较小,部分局部变形趋势也不明显。235 天的累计变形量最大为 36 cm 左右,除去异常数据点后,位移速率每天不超过 4 mm,各监测点的变形方向均为该点的地形变化的最优方向,且整体与滑坡滑动方向吻合。对比发现 GNSS6、GNSS7 两套设备变形相对较大。

取位移速率的倒数,得到速度倒数-时间曲线。H_1 滑坡的速度倒数-时间图像没有出现 OOA 点,考虑到数据样本的有限性,无法根据图像预测滑坡时间。滑坡灾害的发生会经历从边坡变形的产生到最终失稳破坏的过程,其累计位移-时间曲线一般都会经历初始变形阶段、等速变形阶段和加速变形阶段,即所谓的边坡变形三阶段演化规律。初始变形阶段,边坡变形以减速变形为主,即位移加速度在不断减小,变形曲线的斜率逐渐减小,图 5-5 中,累计位移与时间呈正相关关系;图 5-6 中,位移速率随着时间的增长呈现波动性,可见 H_1 滑坡处于初始变形阶段。

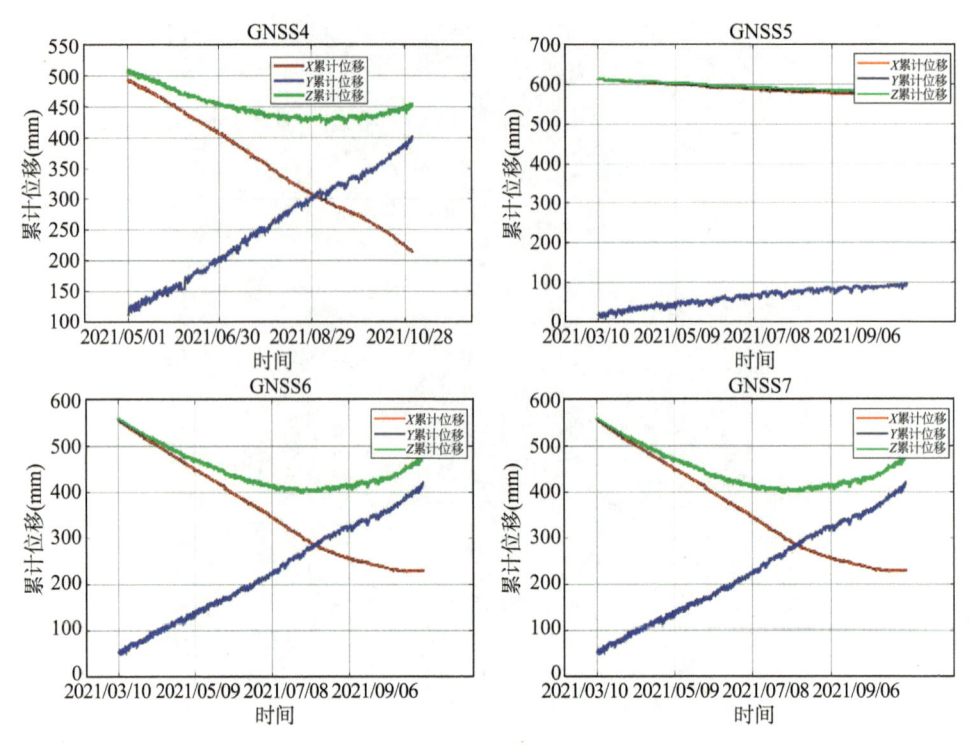

图 5-5　GNSS4、GNSS5、GNSS6、GNSS7 3 月 10 日—10 月 30 日位移变化趋势

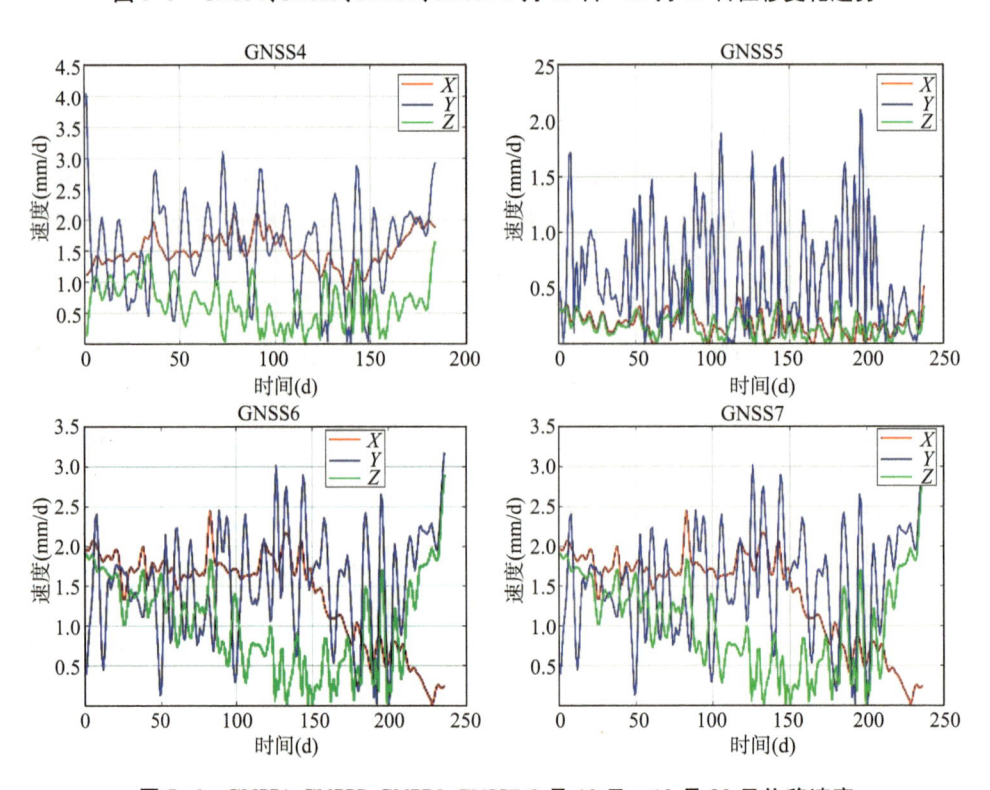

图 5-6　GNSS4、GNSS5、GNSS6、GNSS7 3 月 10 日—10 月 30 日位移速率

第 5 章　预警模型模拟与研究

(2) H_2 滑坡

H_2 滑坡位于滑坡区下级西侧,与 H_3、H_4 滑坡相邻,滑坡区域包括 3 处崩塌、6 组裂缝,目前滑坡大部分区域已发生滑动,并不断向后缘及两侧扩展。滑坡两侧被冲沟所夹,后缘位于框架梁下方,整体范围为本次新发生的变形范围。根据变形迹象将滑坡分为东西两侧,西侧区域主要以 B6、B7 崩塌为主,东侧区域为滑坡滑动区域,堆积体下滑后部分堆积于 H_3 滑坡上,大部分倾泻至东侧冲沟中。

该滑坡属浅层堆积体滑坡,破坏方式以溜滑为主,规模中型,时常发生局部溜滑,处于不稳定状态。H_2 滑坡后缘布设地表位移监测设备 GNSS3。

图 5-7 为 H_2 滑坡的累计位移-时间曲线,该设备自 3 月 10 日至 10 月 30 日,235 日累计水平位移量 30 cm,累计剖面位移量 10 cm,变形速率相对 H_1 滑坡较小。

图 5-8 为 H_2 滑坡的位移速率曲线,GNSS3 数据显示出该滑坡的位移速率在小范围内波动,水平位移速率最大为 2 mm/d(X 方向),剖面位移速率最大为 3 mm/d。由勘察报告可知:滑坡已经发生滑动。

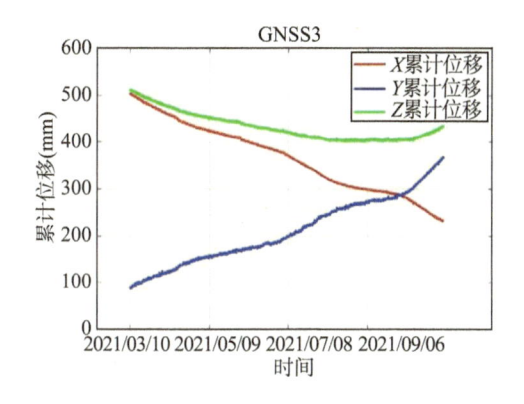

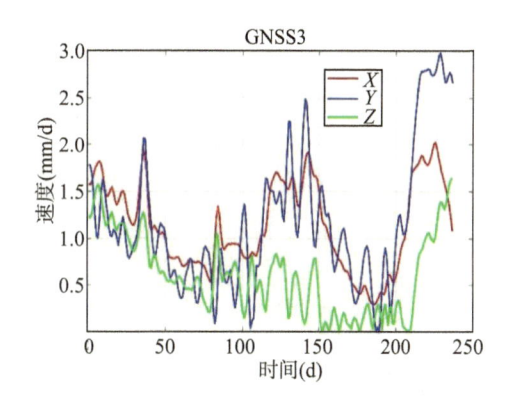

图 5-7　GNSS3 3 月 10 日—10 月 30 日位移变化趋势　　**图 5-8　GNSS3 3 月 10 日—10 月 30 日位移速率**

(3) H_3 滑坡

H_3 滑坡位于 H_2 滑坡下部,被东西两道冲沟所夹,滑坡未发生整体滑动,变形区域主要集中于前缘沟坡处,推测剪出口位于碎石层内,变形方式主要为沟道冲刷导致前缘溜滑,后部 H_2 堆积物加载,前后共同作用造成滑坡不稳定。H_3 滑坡属于牵引式堆积层滑坡,规模中型,目前处于不稳定状态。H_3 滑坡布设地表位移监测设备 GNSS8。

图 5-9 为 H_3 滑坡的累计位移-时间曲线,滑坡体内布设的 GNSS8 监测设备监测数据显示:235 天的累计最大水平位移为 40 cm,平均水平位移速率 2.5 mm/d,累计剖面位移量 20 cm,平均竖向位移速率 1.5 mm/d。H_3 滑坡的位移速率曲线如图 5-10 所示。

(4) H_4 滑坡

GNSS1 地表位移监测设备位于 H_4 滑坡前缘,该设备监测的地表位移为所有设备中最大的一个。183 天累计水平位移量 910 cm,累计垂向位移量 1 126 cm,由此可以看出,H_4 滑坡变形是所有滑坡中最大的。H_4 滑块的位移变化趋势如图 5-11 所示,位移速率曲线如图 5-12 所示。

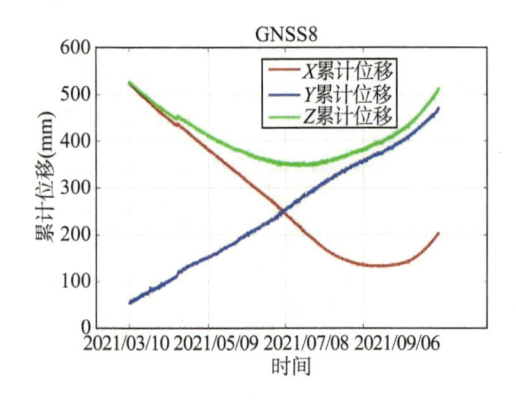

图 5-9　GNSS8 3月10日—10月30日位移变化趋势　　图 5-10　GNSS8 3月10日—10月30日位移速率

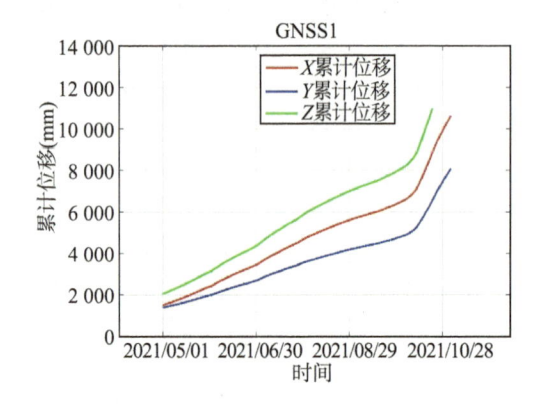

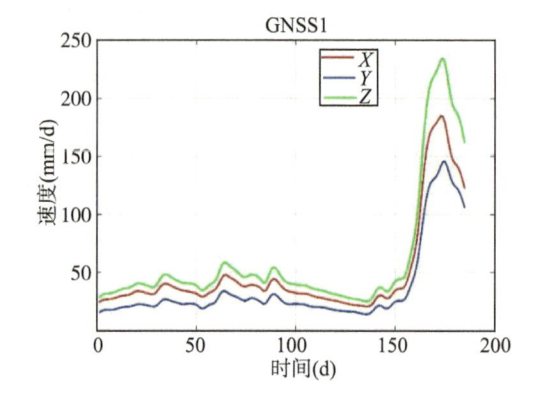

图 5-11　GNSS1 5月1日—10月30日位移变化趋势　　图 5-12　GNSS1 5月1日—10月30日位移速率

取位移速率的倒数,得到速度倒数-时间曲线,如图 5-13 所示。边坡在下滑时刻,其变形速率为无穷大,即速度倒数值与时间的线性趋势线在时间轴上相交点为滑坡时间。H_4 滑坡的速度倒数-时间曲线有明显的 OOA 点,经过 OOA 点后曲线开始直线下降,延长直线可以得到与时间轴的交点,即该点为滑坡时间。速度倒数法预警模型可以用于这类具有很强突发性的滑坡变形时间预报中,针对滑坡进入加速变形阶段后可以进行短期时间预报。

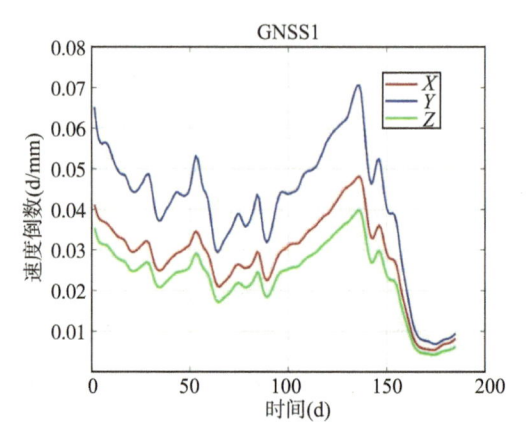

图 5-13　GNSS1 5月1日—10月30日速度倒数-时间曲线

3. 滑坡预警等级与生命周期预测

通过处理原始位移数据,得到滑坡的位移速率曲线,基于 GNSS1 位移速率曲线图(图 5-12)得到立节北山滑坡的速率阈值。立节北山滑坡前期变形缓慢,在坡体即将破坏前进入加速变形阶段,因此,可以设置多级速率阈值 V1、V2 和 V3(图 5-14)来判断滑坡所处的变形阶段,根据监测数据计算得到的滑坡实际变形速率发布不同的速率阈值预警。其中,V1 是识别滑坡开始出现异常变形时的状态,取等速变形阶段 Y 方向位移速率的均值,此阶段 Y 方向位移速率在三个方向中最小,可以作为判断滑坡是否发生异常变形的最小值。V2 取滑坡等速变形阶段的位移速率最大方向的峰值,该值包含一般偶然因素造成的滑坡位移速率增加。V3 则为判断滑坡是否发生加速滑动的最大值,包含了匀速变形过程中新增裂缝等各类导致变形速率突增但不会导致滑坡失稳的状况,参考已有的 GNSS1 位移速率,取 Y 方向变形速率最大值的 70% 作为 V3,由此可以预报三个方向的变形速率都在安全范围内。

参考已有的监测数据,将速率阈值 V1、V2 和 V3 分别设置为 V1=20 mm/d,V2=60 mm/d,V3=100 mm/d,而当变形速率超过 100 mm/d 时,认为滑坡变形速率已经非常快,可能会朝失稳发展。

H_4 滑坡变形曲线如图 5-15 所示,2021 年 5 月 1 日—10 月 30 日累计水平位移量 910 cm,最大位移速率 170 mm/d,累计垂向位移量 1 126 cm,最大位移速率 240 mm/d。此时滑坡的变形速率对应速率阈值预警等级的警报级。自 10 月 10 日开始,坡体的变形速率再次缓慢增加,且变形速率不再收敛,呈一直增大的趋势,此时滑坡的变形速率超过速率阈值 100 mm/d,预警系统发出红色预警信息。

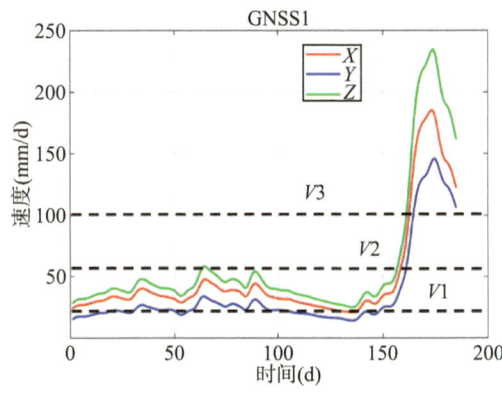

图 5-14 基于 H_4 滑坡位移速率得到的速率阈值

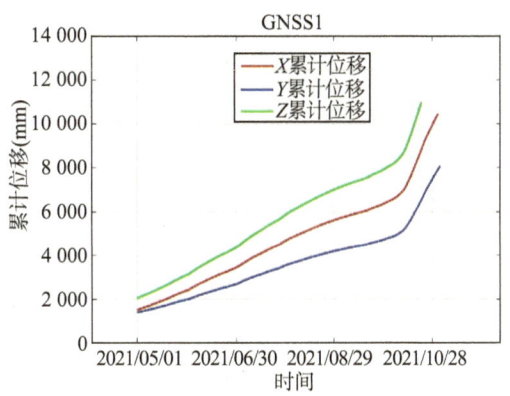

图 5-15 H_4 滑坡位移变化趋势

基于 H_1 滑坡位移速率图(图 5-6)得到 H_1 滑坡的速率阈值,如图 5-16 所示。目前 H_1 滑坡的最大位移速率为 4 mm/d,滑坡变形速率缓慢,将 V1 取值为 4 mm/d,由于数据的有限性,采用类比法定义:V2 等于 3 倍的 V1,V3 等于 2 倍的 V2。参考已有的监测数据,将速率阈值 V1、V2 和 V3 分别设置为 V1=4 mm/d,V2=12 mm/d,V3=24 mm/d,目前 H_1 滑坡位移速率小于速率阈值 V1,对应速率阈值预警等级的正常监测级。

基于 H_2 滑坡位移速率图(图 5-8)得到 H_2 滑坡的速率阈值,如图 5-17 所示。目前

H_2 滑坡的最大位移速率为 3 mm/d，滑坡变形速率缓慢，将 V1 取值为 3 mm/d，由于数据的有限性，采用类比法定义：V2 等于 3 倍的 V1，V3 等于 2 倍的 V2。参考已有的监测数据，将速率阈值 V1、V2 和 V3 分别设置为 V1＝3 mm/d，V2＝9 mm/d，V3＝18 mm/d，目前 H_2 滑坡位移速率小于速率阈值 V1，对应速率阈值预警等级的正常监测级。

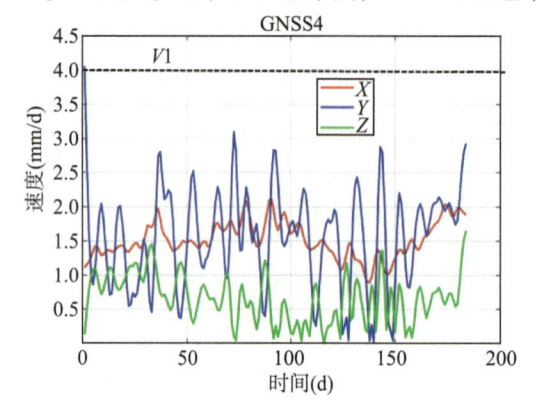

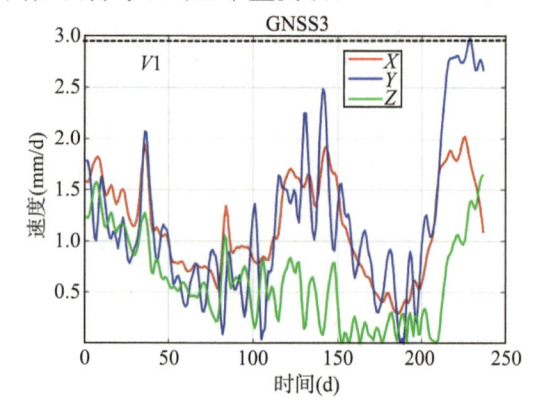

图 5-16　基于 H_1 滑坡位移速率得到的速率阈值　　图 5-17　基于 H_2 滑坡位移速率得到的速率阈值

基于 H_3 滑坡位移速率图（图 5-10）得到 H_3 滑坡的速率阈值，如图 5-18 所示。目前 H_3 滑坡的最大位移速率为 12.6 mm/d，滑坡变形速率缓慢，我们将 V1 取值为 12.6 mm/d，由于数据的有限性，采用类比法定义：V2 等于 3 倍的 V1，V3 等于 2 倍的 V2。参考已有的监测数据，将速率阈值 V1、V2 和 V3 分别设置为 V1＝12.6 mm/d，V2＝37.8 mm/d，V3＝75.6 mm/d，目前 H_3 滑坡位移速率小于速率阈值 V1，对应速率阈值预警等级的正常监测级。

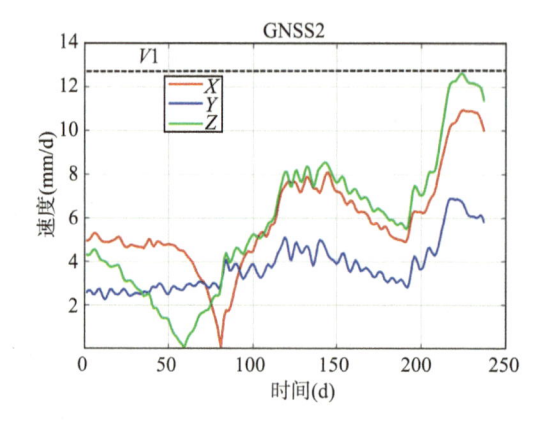

图 5-18　基于 H_3 滑坡位移速率得到的速率阈值

5.1.1.3　兰州红山根四村滑坡预警研究

红山根四村滑坡群位于兰州市城关区红山根后部，滑坡为一大型黄土—泥岩推移式切层滑坡。据勘查及该区域以往研究资料分析，3 处滑坡体为同期形成，后缘陡壁基本连成一体，滑坡壁高达 100～332 m，最陡处坡度可达 42°。H_1 和 H_2 滑坡后缘以山梁为界，坡脚以冲沟为界，H_2 和 H_3 滑坡以山梁为界。根据实地勘查，将每个滑坡又划分为 2 个次级滑坡。

1. 灾害特征

滑坡群平面形态呈长舌状，剖面形态呈阶梯状。将该滑坡群精确划分为三处滑坡 H_1、H_2、H_3，如图 5-19 所示。该滑坡三维模型图见图 5-20。

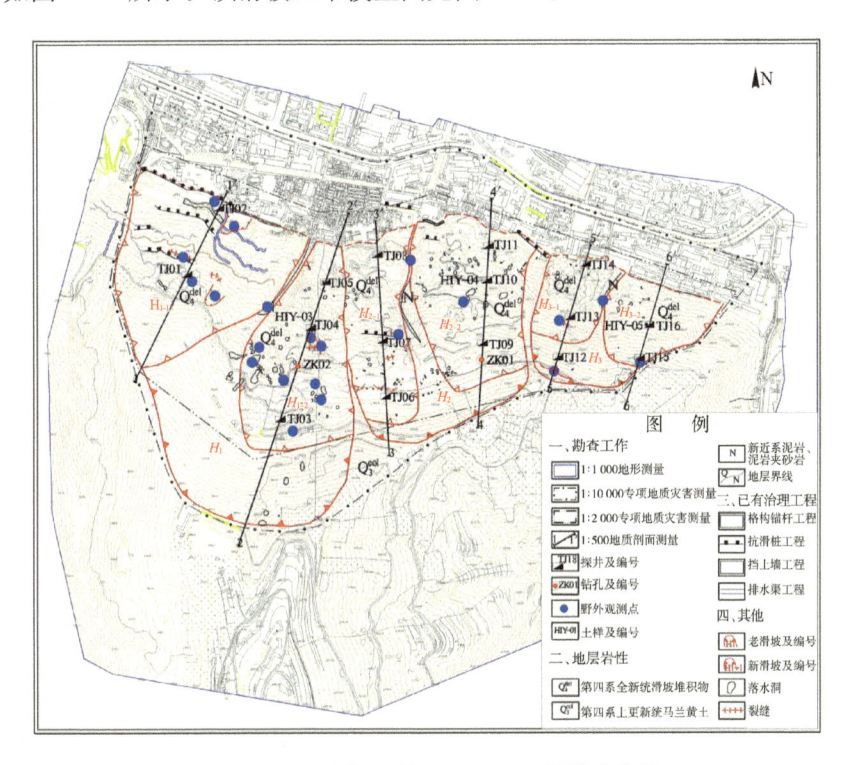

图 5-19　红山根四村 H_1、H_2、H_3 滑坡分布图

图 5-20　红山根四村滑坡三维模型图

H_1滑坡长度为840 m,平均宽度为422 m,面积为35.6万 m²,滑体厚度约为24 m,总体积为854.8万 m³,滑坡体主滑方向为NE16°。滑体前缘高程为1 558 m,后缘高程为2 013 m,相对高差为455 m,滑坡坡度为25°～30°。

H_2滑体由泥岩团块和黄土组成,且表层披覆次生坡积黄土,结构混杂。本次探井、钻孔揭露和以往资料显示,该滑坡岩性变化规律是滑坡后部多为粉土堆积,土体呈灰黄色—土黄色,干燥—稍湿,孔隙发育,土质较均匀;滑坡中部为泥岩团块与黄土混杂物,多呈土状,暗红色,干燥—稍湿,结构松散,以泥岩团块为主,局部夹杂条带状黄土,碎屑直径1～2 m;滑坡体靠近前缘部位为泥岩与黄土混杂物,呈暗棕红色,干燥—稍湿,结构松散,多呈土状,以泥岩团块为主,局部夹杂土层和砂岩角砾。根据颗粒分析结果,粒径<0.075 mm的土体占2.3%,0.075～0.25 mm的占20.8%,0.25～0.50 mm的占19.9%,0.50～1.0 mm的占37.5%,1.0～2.0 mm的占18.3%,级配良好。滑面与滑床界面较清晰,滑带土成分为粉质黏土,据钻孔揭示,滑带土上部岩性为粉质黏土,呈褐黄色,潮湿,软塑,断面可见擦痕,为饱和状态;中下部为黄土状土与泥岩混杂体,含砂砾石,泥岩挤压破碎明显,可见擦痕及泥岩角砾,滑带厚0.2～1.5 m。滑床由新近系泥岩、泥质砂岩组成,呈棕红色,坚硬,遇水软化、崩解,裂隙较发育,岩层产状230°∠15°,有利于坡体整体的稳定性。H_1滑坡剖面图详见图5-21。

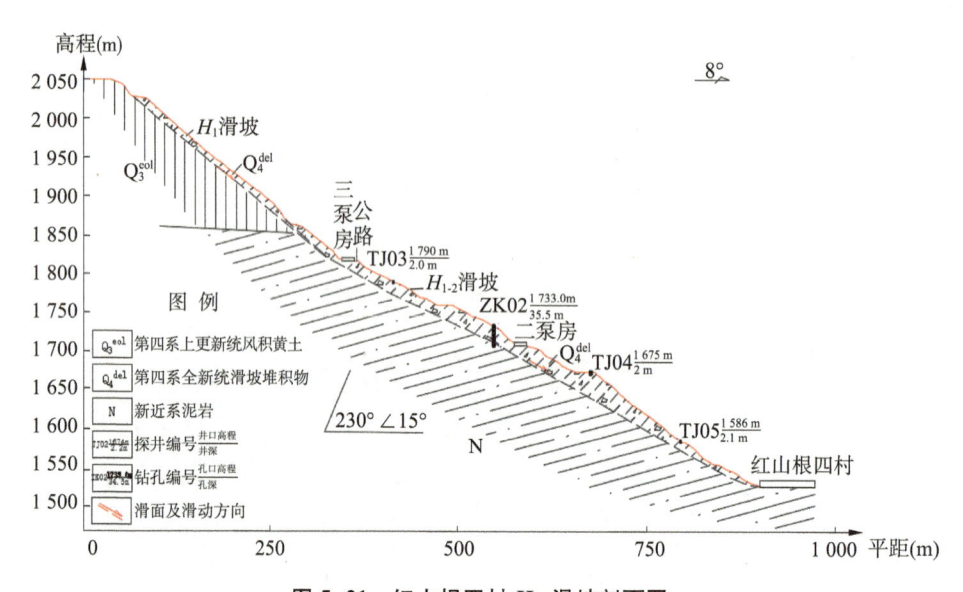

图5-21 红山根四村H_1滑坡剖面图

H_1滑坡坡面共发育落水洞19个,多分布于滑坡体坡面中部的冲沟两岸,由于该滑坡体滑体成分较为松散,落水洞的形成是受地表水冲刷冲蚀所致的,上述落水洞多为单一个体,仅各别落水洞呈串珠状分布。

H_2滑坡长度为618 m,平均宽度为398 m,面积为24.59万 m²,本滑体平均厚度约为18 m,总体积为442.73万 m³,滑坡体主滑方向为NE8°,相对高差为338 m,滑坡平均坡度为32°。

H_2滑坡上部以粉土为主,土质较均匀,稍湿,碎块易搓成粉末状;中下部堆积体以黄土混杂体、泥岩为主,局部夹杂砂岩碎块,呈暗红色,结构较松散,干强度较大。滑面与滑床界面较清晰,滑带土成分为粉质黏土,据钻孔揭示,滑带土上部岩性为粉质黏土,呈褐黄色,潮湿,软塑,断面可见擦痕,为饱和状态;中下部为黄土状土与泥岩混杂体,含砂砾石,泥岩挤压破碎明显,可见擦痕及泥岩角砾,滑带厚 0.2～1.5 m。滑床由新近系泥岩组成,岩体呈强—中风化,橘红色,层状结构,坚硬,干强度较大,遇水易软化、崩解,岩芯呈短柱状,裂隙较发育。在滑坡体中部发育的冲沟内沟底及沟道两岸岸坡局部出露,岩性为泥岩,风化强烈,节理裂隙发育,产状为 230°∠15°。H_2 滑坡剖面图详见图 5-22。

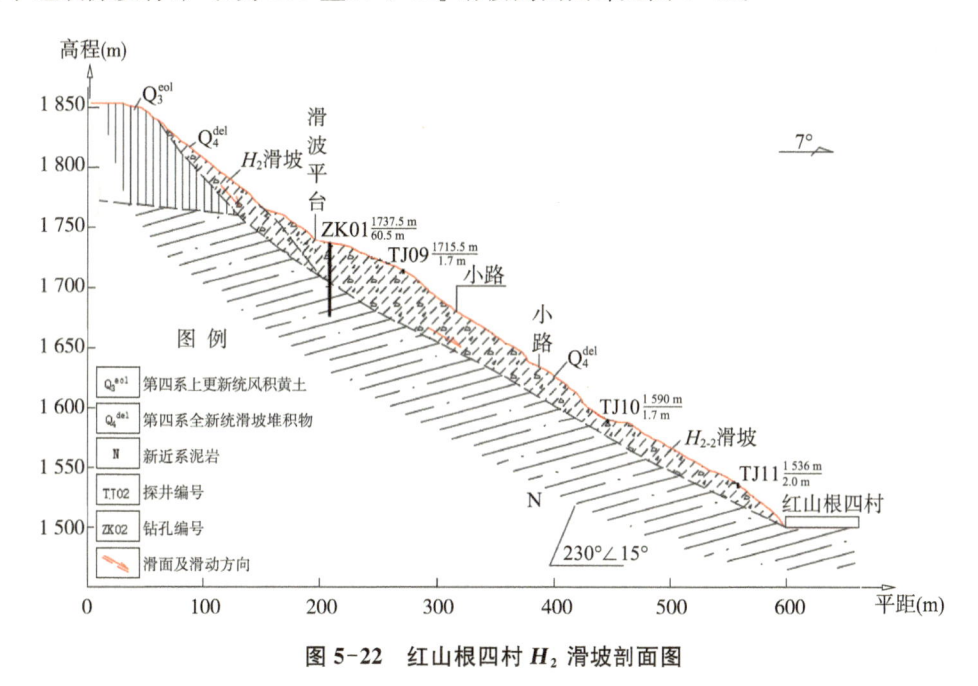

图 5-22　红山根四村 H_2 滑坡剖面图

H_2 滑坡体临空条件良好,轮廓清晰,受水流长期侵蚀作用,滑体上部自东向西共发育 5 条"V"字形冲沟,切割深度分别为 23 m、33 m、16 m、24 m 和 36 m,切割密度达 2.5 km/km²。滑体被切割成 6 个块体,致使滑坡体地形破碎。冲沟走向和滑坡体主滑方向基本一致,两侧沟壁均较为陡峭,平均坡度为 35°～40°,局部地段近于直立,坡度为 70°～80°,沿冲沟两岸的落水洞较为发育,小型坍塌现象零星发育,个别地段落水洞现已贯通,两侧沟壁及沟底出露地层均为滑坡堆积物,岩性为泥岩团块及黄土混杂体。

H_3 滑坡长度为 376 m,平均宽度为 354 m,面积为 13.31 万 m²,滑体平均厚度约为 29 m,总体积为 386 万 m³,滑坡体主滑方向为 NE32°,相对高差为 226 m,滑坡平均坡度为 28°。H_3 滑坡剖面图详见图 5-23。

H_3 滑坡上部以粉土为主,土质较均匀,稍湿,碎块易搓成粉末状;中下部堆积体以黄土混杂体、泥岩为主,局部夹杂砂岩碎块,呈暗红色,结构较松散,干强度较大。滑床由新近系泥岩组成,岩体呈强—中风化,橘红色,层状结构,坚硬,干强度较大,遇水易软化、崩解,岩芯呈短柱状,裂隙较发育。在滑坡体中部发育的冲沟内沟底及沟道两岸岸坡局部出露,岩性为泥岩,风化强烈。

H_3 滑坡整体变形迹象不太明显,老滑坡滑体大部分已滑落,前缘被消除成为建设场地。坡面上部发育 1 条自然冲沟，流向近南北向，呈"V"字形，深度为 3～5 m。滑坡前缘坡脚临空，有崩塌的可能性，雨季由于地表水的冲刷在冲沟内形成小型的洪流，流入场地。

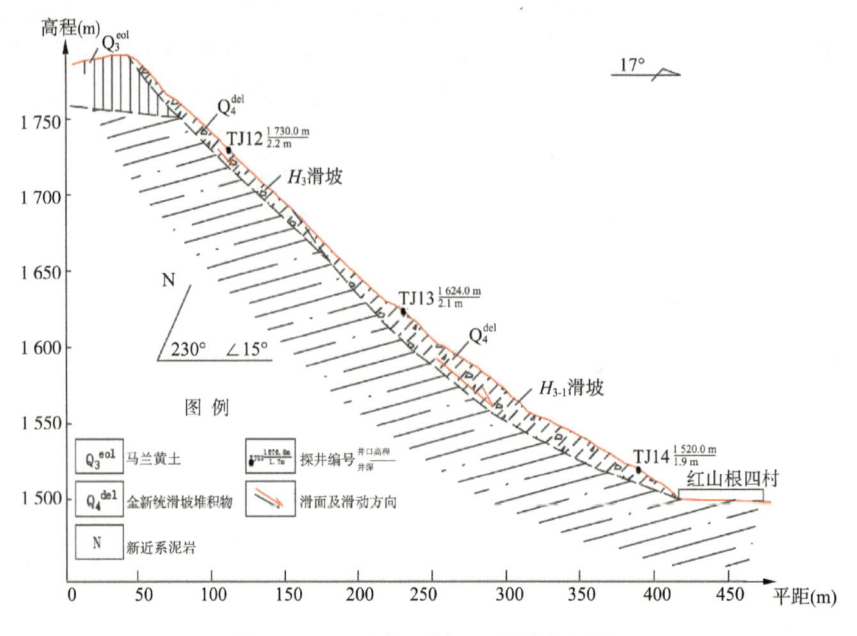

图 5-23 红山根四村 H_3 滑坡剖面图

2. 数据分析及结果

（1）H_{1-2} 滑坡 GNSS

H_{1-2} 滑坡体下部布设设备 GNSS01。

图 5-24 为 H_{1-2} 滑坡的累计位移-时间曲线，从该图中可以看出，从 2021 年 4 月 4 日到 7 月 12 日，滑坡处于等速变形阶段，且该阶段呈较长时间的缓慢变形。滑坡体内布设的 GNSS 监测设备的监测数据显示：H_{1-2} 滑坡整体变形量较小，局部变形趋势也不明显。100 天的累计变形量最大在 10 mm 左右，位移速率每天不超过 2.5 mm，位移速率如图 5-25 所示。

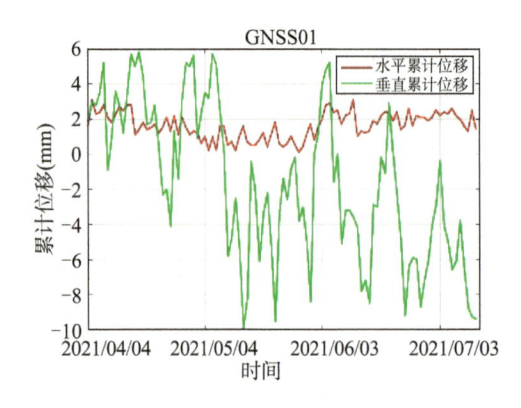

图 5-24 GNSS01 位移变化趋势 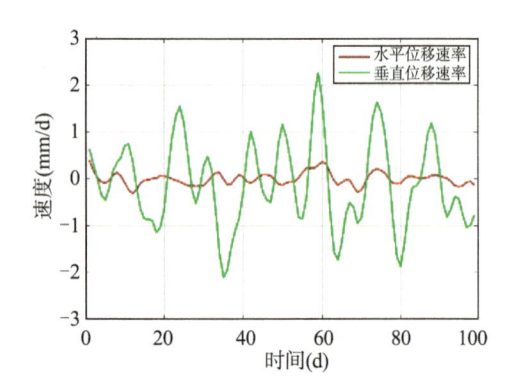　　**图 5-25 GNSS01 位移速率**

图 5-26 是 H_{1-2} 滑坡土壤含水率曲线图,含水率监测仪与 GNSS 监测仪毗邻布设,对 3 处地表位移监测起到辅助监测作用,对比降雨量图可以发现,土壤含水率的变化与降雨量基本符合,随着集中降雨点的出现,土壤含水率直线上升。3 月上旬降水量开始增多,但在 6 月中上旬,又出现了一个相对的少雨期,此后,降水又开始增加,到 8 月兰州市进入多雨期。从图 5-26 中可以看出,土壤含水率 4—7 月的整体趋势是下降。

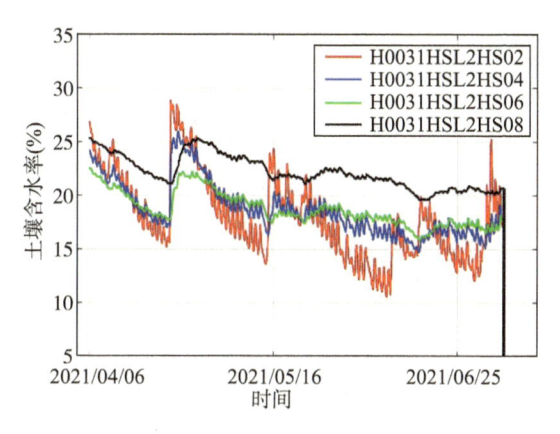

图 5-26 H_{1-2} 滑坡土壤含水率

位移速率的变化与降雨量密切相关。从滑坡的位移速率曲线图可以看出,5 月上旬滑坡的变形速率开始增加,5 月 20 号变形速率达到最大值,并呈现出台阶式增长,由于 5 月 15 号发生集中降雨,所以位移速率曲线中台阶的出现可以解释为降雨加剧了滑坡的变形,导致变形速率的增加。

(2) H_{2-2} 滑坡 GNSS

图 5-27 为 H_{2-2} 滑坡的累计位移-时间曲线,从该图中可以看出,从 2021 年 4 月 4 日到 7 月 12 日,滑坡处于匀速蠕变阶段,滑坡在等速变形阶段呈较长时间的缓慢变形。滑坡体内布设的 GNSS 监测设备的监测数据显示:H_{2-2} 滑坡整体变形量较小,局部变形趋势也不明显。100 天的累计变形量最大在 15 mm 左右,位移速率每天不超过 3 mm,位移速率如图 5-28 所示。

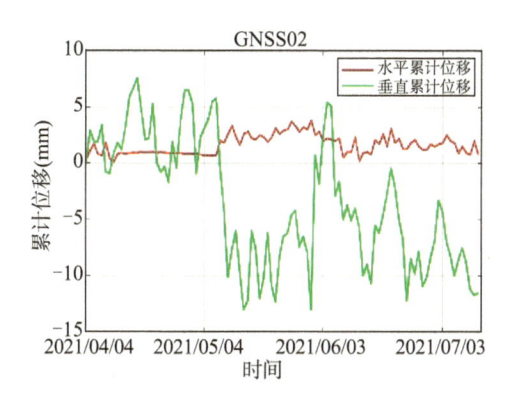

图 5-27 GNSS02 位移变化趋势

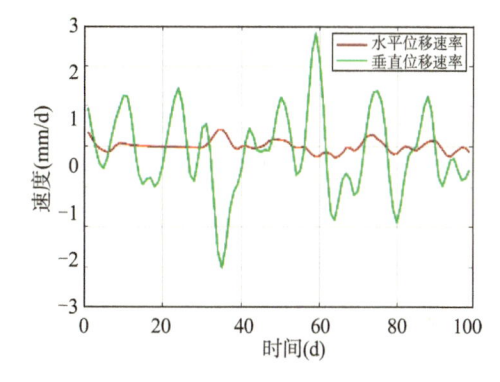

图 5-28 GNSS02 位移速率

(3) H_{3-2} 滑坡 GNSS

图 5-29 为 H_{3-2} 滑坡的累计位移-时间曲线,从该图中可以看出,从 2021 年 4 月 4 日到 7 月 12 日,滑坡处于匀速蠕变阶段,滑坡在等速变形阶段呈较长时间的缓慢变形。滑坡体内布设的 GNSS 监测设备的监测数据显示:H_{3-2} 滑坡整体变形量较小,局部变形趋势也不明显。100 天的累计变形量最大在 10 mm 左右,位移速率每天不超过 2.5 mm,位移速率如图 5-30 所示。

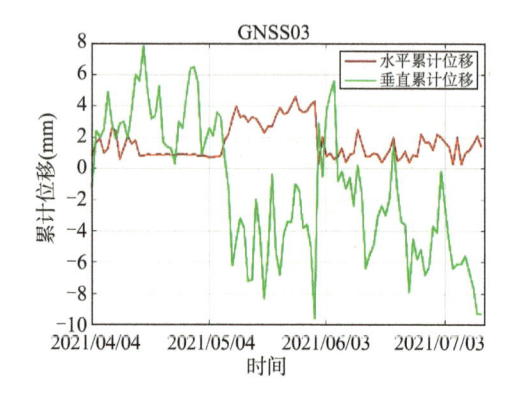

图 5-29　GNSS03 位移变化趋势　　　　图 5-30　GNSS03 位移速率

(4) 裂缝

图 5-31 是裂隙累计位移曲线图,H_{1-1} 滑坡中部裂隙累计位移有缓慢增长的趋势,最大累计位移为 74 mm;H_{2-1} 滑坡中上部裂隙同样缓慢增长,最大累计位移为 103 mm;H_{3-1} 滑坡上部裂隙基本保持不变,在 112 mm 左右。

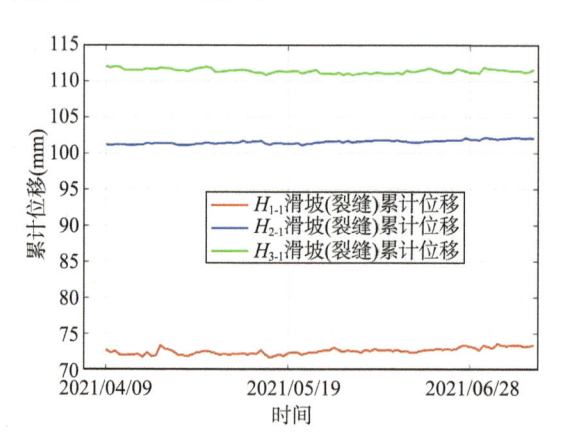

图 5-31　裂隙累计位移

3. 红山根四村滑坡预警

基于红山根滑坡位移速率图得到红山根四村滑坡的速率阈值,如图 5-32 至图 5-34 所示。目前红山根四村滑坡的最大位移速率为 3 mm/d,滑坡变形速率缓慢,由此采用同一速率阈值进行预警,将 $V1$ 取值为 3 mm/d,由于数据的有限性,采用类比法定义:$V2$ 等于 3 倍的 $V1$,$V3$ 等于 2 倍的 $V2$。

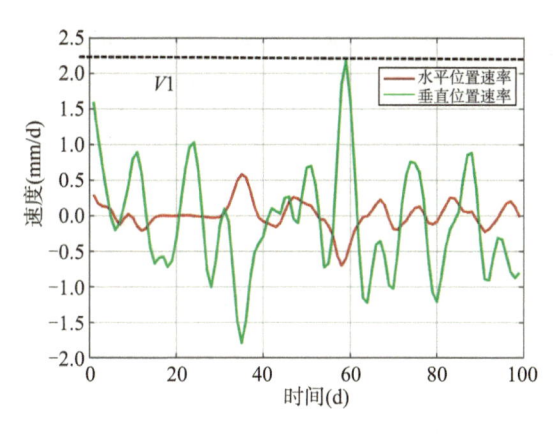

图 5-32　基于滑坡 H_{3-2} 位移速率得到的速率阈值

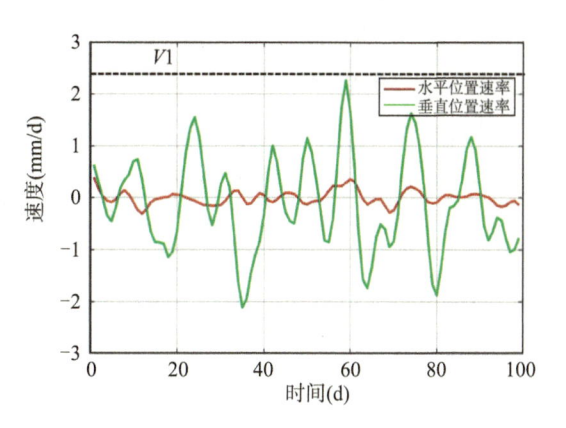

图 5-33　基于滑坡 H_{1-2} 位移速率得到的速率阈值

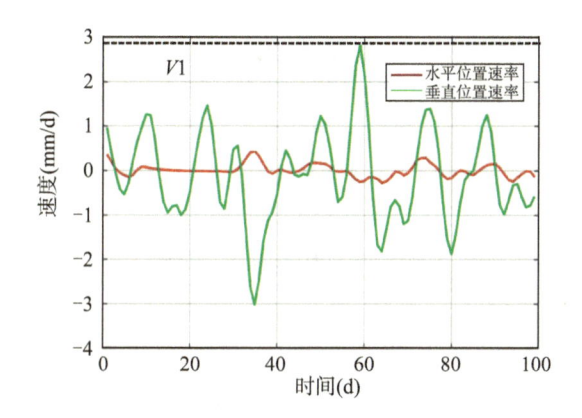

图 5-34　基于滑坡 H_{2-2} 位移速率得到的速率阈值

基于地表变形的速率阈值综合预警的方法，对红山根四村滑坡做出预警等级划分（表5-1），参考已有的监测数据，将速率阈值 $V1$、$V2$ 和 $V3$ 分别设置为 $V1=5$ mm/d，$V2=15$ mm/d，$V3=30$ mm/d，$V2$ 包含了一般情况下的偶然变形速率增长，$V3$ 则包含了匀速变形过程中新增裂缝等各类导致变形速率突增但并不会导致滑坡失稳的状况，而当变形速率超过 30 mm/d 时，认为滑坡变形速率已经非常快，可能会朝失稳发展。

通过处理已有监测数据，得到各个滑坡的位移速率曲线，H_{1-2} 滑坡、H_{2-2} 滑坡和 H_{3-2} 滑坡的位移速率均小于速率阈值 $V1$，对应速率阈值预警等级的正常监测级，此时滑坡在正常范围内缓慢变形，变形速率稳定，只需要持续定期监测即可。

5.1.2　基于地质原型的计算模型预警

为了验证连续降雨条件对滑坡的潜在危害，采用数值分析软件创建一个滑坡，耦合滑坡应力场与渗流场和土体参数变化，分析滑坡应力分布、基础变形、孔隙水压力在降雨作用下安全系数的变化。

进行边坡稳定性分析的方法主要有两大类：定量分析法、定性分析法。极限平衡分析法是定量分析法中用得最早和最广泛的一种方法，根据边坡已有的边界条件，运用力学的方法计算不同荷载作用下边坡的可能滑动面，分析其抗滑强度，通过反复比较和分析，得出潜在的滑动面和稳定性系数；其重点是滑面各参数的选取、滑坡范围的大小和滑面形态的分析等。随着数值计算的应用，数值分析方法如有限元法、离散元法、拉格朗日元法等也被应用于边坡稳定性计算中。定性分析法主要通过勘查边坡工程的地质条件，根据实际地质和环境情况分析边坡的主要影响因素，研究和预测可能发生的破坏形式和失稳机理，从而得出边坡稳定性情况，主要包括历史成因分析法、专家系统法、图解法、范例推理评价法和工程地质类比法等。

降雨影响土的体积含水量，使其力学强度降低，而强降雨更易导致滑坡的发生。以往的研究多是先分析降雨入渗引起坡体内部渗流场的变化，再结合极限平衡分析法或有限元法来研究边坡稳定性，没有分析土和水之间的相互作用。多孔介质孔隙率发生变化是由坡体应力场的改变引起的，渗透系数就随之改变，因此对渗流场有一定的影响，然而，渗流场的渗透压力又会反过来影响应力场。由此，基于 Biot 固结理论，研究渗流场-应力场的耦合作用。渗流场-应力场耦合作用下的基于场变量的有限元方法，可以实现参数的连续折减，利用场变量控制土体强度参数变化，从而在很大程度上简化了计算的工作量。

因此，基于非饱和土流固耦合理论及有限元极限平衡原理，通过 GeoStudio 有限元分析软件进行相关数值分析，得到渗流-应力-变形-稳定性之间的相互关系和变化规律。

GeoStudio 有限元分析软件作为面向岩土、水利、公路以及地质工程等领域的一套专业高效的仿真软件，可实现边坡稳定性分析、地下水渗流分析、岩土体应力变形分析等方面的应用，具有全耦合分析功能，可求解土体应力应变、渗流场的变化对安全系数的影响。其中，SIGMA/W 模块可以进行排水和不排水的总应力和有效应力分析，求解常见的应力应变问题，岩土体的破坏遵循 Mohr-Columb 破坏理论。而 SIGMA/W 模块中使用到的土体本构模型包括线弹性模型、各向异性的线弹性模型、弹塑性模型、修正剑桥模型等，该模块计算的孔隙水压力和应力场等可以应用到边坡稳定性分析中。SEEP/W 模块可以分析简单的饱和问题，也可以分析复杂的非饱和问题，通过稳态渗流分析和瞬态渗流分析，可以得出边坡的孔隙水压力分布状况。SLOPE/W 模块主要用于分析计算岩土边坡稳定性，是分析岩土工边坡滑移面和安全系数的主流软件。SLOPE/W 模块可使用多种方法对不同土体类型、复杂地层和滑移面形状的边坡进行分析，包括 Morgenstern-Price、Bishop 和 Janbu 等方法的极限平衡理论，结合渗流场和应力场进行耦合分析。

5.1.2.1　基本计算原理

SIGMA/W 模块采用渗流方程和应力-应变方程的耦合解决固结变形问题，在有限单元网格的每个节点，联立本构方程和连续流动方程，可以得到每个节点的位移和孔隙水压力。其中，应力-应变方程是 Fredlund 和 Rahardjo(1993)在 Biot 固结方程的基础上发展而来的，如下式所示：

$$\begin{Bmatrix} \Delta\varepsilon_x \\ \Delta\varepsilon_y \\ \Delta\varepsilon_z \\ \Delta\gamma_{xy} \\ \Delta\gamma_{yz} \\ \Delta\gamma_{zx} \end{Bmatrix} = \frac{1}{E}\begin{bmatrix} 1 & -\nu & -\nu & 0 & 0 & 0 \\ -\nu & 1 & -\nu & 0 & 0 & 0 \\ -\nu & -\nu & 1 & 0 & 0 & 0 \\ 0 & 0 & 0 & 2(1+\nu) & 0 & 0 \\ 0 & 0 & 0 & 0 & 2(1+\nu) & 0 \\ 0 & 0 & 0 & 0 & 0 & 2(1+\nu) \end{bmatrix}\begin{Bmatrix} \Delta(\sigma_x - u_a) \\ \Delta(\sigma_y - u_a) \\ \Delta(\sigma_z - u_a) \\ \Delta\tau_{xy} \\ \Delta\tau_{yz} \\ \Delta\tau_{zx} \end{Bmatrix}$$

$$+ \frac{1}{H}\begin{bmatrix} 1 & & & & & \\ & 1 & & & & \\ & & 1 & & & \\ & & & 0 & & \\ & & & & 0 & \\ & & & & & 0 \end{bmatrix}\begin{Bmatrix} \Delta(u_a - u_w) \\ \Delta(u_a - u_w) \\ \Delta(u_a - u_w) \\ \Delta(u_a - u_w) \\ \Delta(u_a - u_w) \\ \Delta(u_a - u_w) \end{Bmatrix}$$

式中：H 为非饱和土的弹性模量，与基质吸力 $u_a - u_w$ 相关。

在二维平面内，单元的土体流动方程如下式所示：

$$\frac{\partial}{\partial x}\left(k_x \frac{1}{\gamma_w}\frac{\partial u_w}{\partial x}\right) + \frac{\partial}{\partial y}\left[k_y\left(\frac{1}{\gamma_w}\frac{\partial u_w}{\partial y} + 1\right)\right] + Q = \frac{\partial \theta_w}{\partial t}$$

式中：k_x、k_y 分别为 x、y 方向的渗透系数；Q 为边界流量；θ_w 为体积含水率。根据上述公式和有限单元法的基本原理，最终建立有限单元解的平衡方程和连续性方程：

$$[K]\{\Delta\delta\} + [L_d]\{\Delta u_w\} = \{\Delta F\}$$

$$\beta[L_f]\{\Delta\delta\} - \left(\frac{\Delta t}{\gamma_w}[K_f] + \omega[M_N]\right)\{\Delta u_w\} = \Delta t\left(\{Q\}\big|_{t+\Delta t} + [K_f]\{y\} + \frac{1}{\gamma_w}[K_f]u_w\big|_t\right)$$

式中各参数的计算方法如下所示：

$$[K] = \sum [B]^{\mathrm{T}}[D][B]$$

$$[L_d] = \sum [B]^{\mathrm{T}}[D]\{m_H\}[N]$$

$$\{m_H\} = \left\{\frac{1}{H}, \frac{1}{H}, \frac{1}{H}, 0\right\}$$

$$[K_f] = \sum [B]^{\mathrm{T}}[K_w][B]$$

$$[M_N] = \sum [N]^{\mathrm{T}}[N]$$

$$[L_f] = \sum [N]^{\mathrm{T}}\{m\}[B]$$

式中：$[B]$ 为几何矩阵，代表应变与节点位移之间的关系；$[D]$ 为弹性矩阵，代表应力应变之间的关系；$[K_w]$ 为渗透系数的矩阵；$[N]$ 为单元节点形函数，代表位移与孔隙水压力之间的关系。

SEEP/W 模块的稳定流分析建立在达西定律的基础上，二维水流连续方程为：

$$\frac{\partial}{\partial x}\left(k_x \frac{\partial H}{\partial x}\right) + \frac{\partial}{\partial y}\left(k_y \frac{\partial H}{\partial y}\right) + Q = 0$$

式中：H 为水头高度；θ 为体积含水率；k_x 和 k_y 为渗透系数。根据有限单元的原理建立的基本二维渗流如下：

$$\tau \int_A ([B]^T[C][B]) dA\{H\} + \tau \int_A (\lambda[N]^T[N]) dA\{H\}, t = q\tau \int_L ([N]^T) dL$$

式中：τ 为单元的厚度；$[B]$ 为水力梯度矩阵；$[C]$ 为渗透系数矩阵；$[N]$ 为插值函数向量，代表单元体节点的水头与单元体内任意一点水头的关系；$\lambda = m_w \gamma_w$，m_w 为孔隙水压力与体积含水率关系曲线的斜率，用于非饱和土；$\{H\}$ 为水头高度；A 为单元体的面积；L 为单元体的高度。

SLOPE/W 模块的理论基础为极限平衡法和条分法，主要解决基于力平衡方程的安全系数和力矩平衡方程的安全系数。本节模型采用基于 SIGMA/W 模块计算的应力分布的安全系数计算方法，边坡的安全系数 SF 表示为：

$$SF = \frac{\sum S_r}{\sum S_m}$$

式中：S_r 为每条滑动体的抗剪应力，S_m 为滑动剪应力。S_r 的计算采用饱和-非饱和土的 Mohr-Columb 强度公式：

$$S_r = s\beta = [c' + (\sigma_n - u_a)\tan\varphi^b + (u_a - u_w)\tan\varphi^b]\beta$$

式中：β 为滑动面的长度；σ_n 为法向应力，滑动剪应力 $S_m = \tau_m \beta$。通过 SIGMA/W 计算的节点力为 $\{F\}$，SLOPE/W 条块的节点力为 f，$[N]$ 为插值函数矩阵，代表 SIGMA/W 计算的节点力与 SLOPE/W 条块的节点力的关系，表示为：

$$f = [N]\{F\}$$

然后运用 Mohr 圆计算法向应力 σ_n 与滑动剪应力 τ_m：

$$\sigma_n = \frac{\sigma_x + \sigma_y}{2} + \frac{\sigma_x - \sigma_y}{2}\cos 2\theta + \tau_{xy}\sin 2\theta$$

$$\tau_m = \tau_{xy}\cos 2\theta - \frac{\sigma_x - \sigma_y}{2}\sin 2\theta$$

5.1.2.2 建模基本过程

表 5-2 为建模过程中的尺寸参数，根据滑坡的地层层序和工程地质条件，将模型分为上下两层，上层主要是滑坡区，下层为基岩部分。滑坡区土又细分为黄土、含砾粉土、含黏

土碎石土等各种类型。约束模型底部的水平位移和竖向位移与模型左侧的水平位移作为位移边界条件,对滑坡区上部施加降雨边界条件。滑坡区土体的应力应变分析使用修正剑桥模型,下部基岩采用线弹性模型,材料的主要参数如表 5-2 所示,运用 SEEP/W 模块自带的样本函数拟合得出滑坡区土体的土水特征曲线,如图 5-35 所示,并依据 Van-Genuchten 模型估算渗透系数曲线,如图 5-36 所示。根据当地监测的降雨数据,模拟现实情况下边坡应力场和位移场的变化,图 5-37 是降雨强度与时间的关系曲线图。

表 5-2 岩土体物理力学参数取值

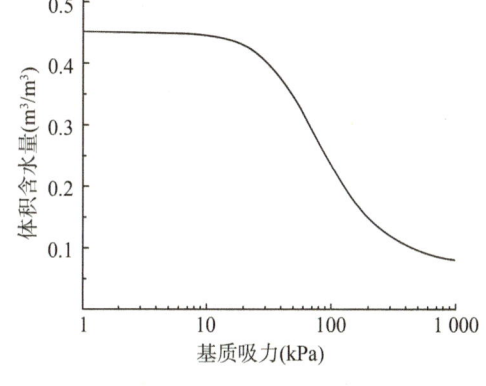

名称	重度 (kN/m^3)	黏聚力 (kPa)	内摩擦角(°)	饱和含水率 (%)	渗透系数 (m/s)	泊松比	弹性模量 (MPa)
黄土	15~18	15	10~15	45	2.2×10^{-6}	0.30~0.35	10~20
灰岩	26~27	6×10^3	—	—	—	0.20~0.25	4×10^4

图 5-35 黄土的土水特征曲线

图 5-36 渗透系数曲线

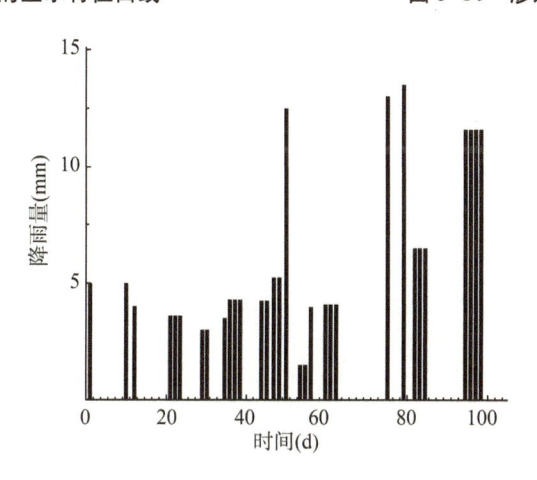

图 5-37 降雨量与时间关系曲线

整个计算的基本过程可以划分为以下几个步骤:①计算场地自重应力下形成的初始应力场;②计算自重应力下滑坡的边坡安全系数;③添加降雨条件,形成稳定渗流场;④计算稳定渗流场下的边坡安全系数。

5.1.2.3 立节北山滑坡模拟计算结果输出

1. H_1 滑坡分析

（1）应力场及位移场数值分析

H_1 滑坡初始状态下土的自重应力分布，与土的重度和初始孔隙水压力相关。在数值模拟过程中，取滑坡表面上的 A、B、C 点进行研究，三点的位置分别在应力云图标注（图 5-38）。剪应力分布由滑坡面向内部逐渐增大。降雨后，滑坡面的最大剪应力增大，点 B 的剪应力由 115 kPa 增加至 119 kPa（图 5-39），可以预计，当降雨强度增大时，滑坡体表面土体的剪应力会增加得更多，滑坡面上容易出现应力集中，从而导致滑坡灾害的发生。

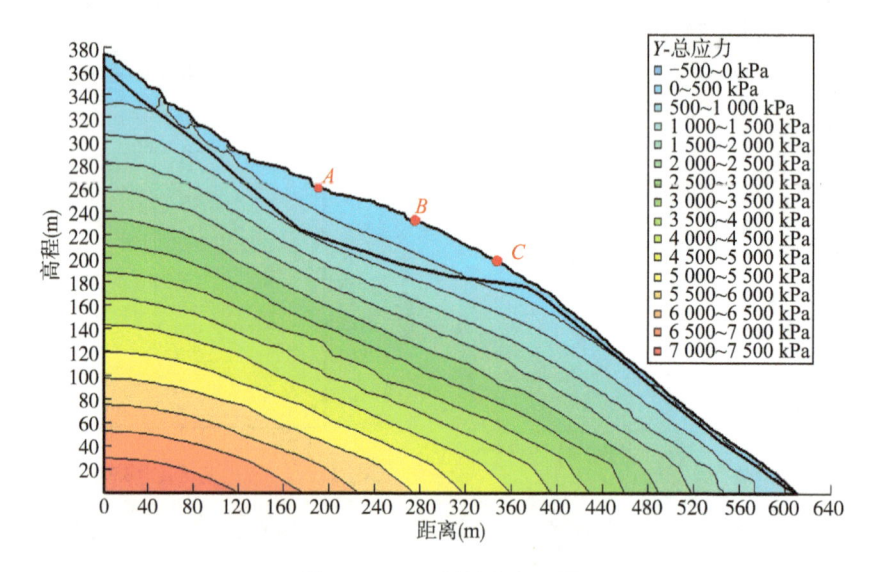

图 5-38 H_1 滑坡应力云图

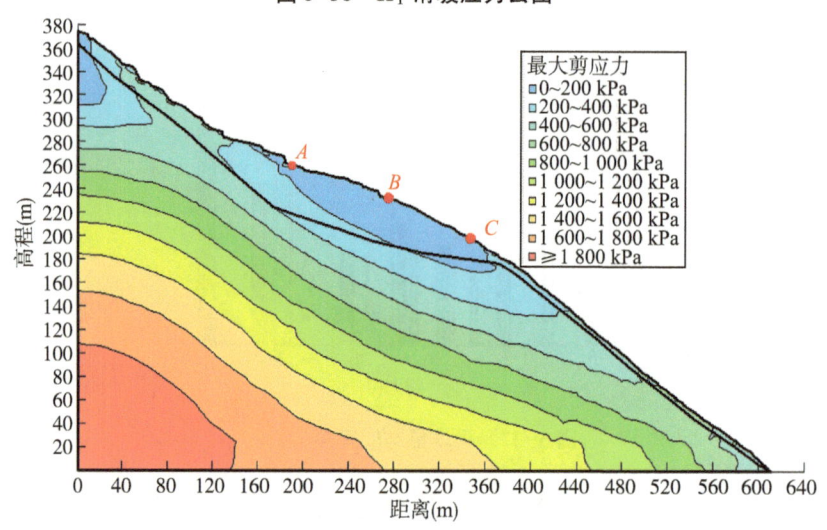

图 5-39 H_1 滑坡剪应力云图

选取了 A 点平均有效应力随时间变化曲线,如图 5-40 所示。降雨入渗引起孔隙水压力的变化,改变了原有的应力状态,导致有效应力的降低,从图中可以看出,40~50 d 较强降雨导致平均有效应力从 330 kPa 降低到 314 kPa,与 40~50 d 的集中强降雨密切对应。这说明降雨强度的增大会影响有效应力降低速率。彩色线条是模拟 10 d 不同降雨强度对有效应力的影响,随着降雨强度的增大,有效应力下降得更快,特别是模拟降雨强度为 20 mm/d 时,有效应力从 309 kPa 降低到 284 kPa 左右,进一步导致了土体的抗剪强度更低,如此一来,大大增加了滑坡灾害发生的概率。

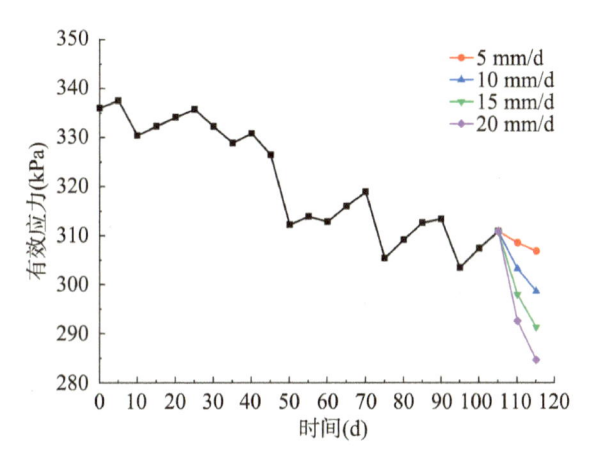

图 5-40 H_1 滑坡表面 A 点有效应力随时间变化

图 5-41 表示 A 点的位移随时间的变化,可以看出,前期降雨产生的位移比较均匀,基本处于等速变形阶段。在 105 d 后分别模拟了四种降雨强度对滑坡位移的影响,当 10 d 累计降雨量超过 150 mm 时,位移变化较为明显,此时由等速变形阶段变成加速变形阶段,如降雨持续,滑坡临近失稳,滑坡速率增大,容易导致滑坡灾害的发生。

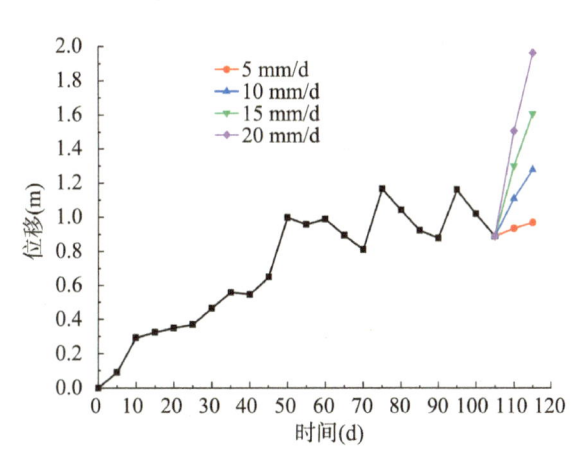

图 5-41 H_1 滑坡表面 A 点位移随时间变化曲线

图 5-42 为地表的超孔隙水压力随时间变化图,可以看出,随着降雨的进行,超孔隙水压力增长,停雨后又有回落消散的趋势,降雨强度较大时超孔隙水压力增长较快。在

15 mm/d 和 20 mm/d 连续强降雨的影响下，坡体表面的超孔隙水压力分别增加了 28 kPa 和 37 kPa。这是因为随着降雨的进行，滑坡表面土体含水量增加，超孔隙水压力增加，基质吸力降低，进而降低了边坡的稳定性。

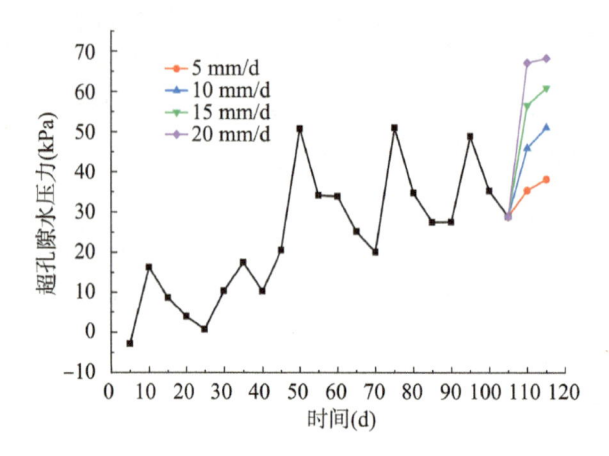

图 5-42 H_1 滑坡超孔隙水压力随时间变化图

(2) 边坡稳定性数值分析

图 5-43 为 H_1 滑坡数值模拟的临界滑面，与实际滑面较为相似。图 5-44 为降雨过后各滑面的安全系数变化曲线。可以发现，随着降雨的持续，一直到 50 d 左右，边坡的安全系数都在持续减小。50 d 后降雨的停止导致安全系数有微弱增大。若发生大暴雨或者地震，渗流场改变得较大，滑坡区的土体力学参数发生改变，抗滑力相对于下滑力下降更为明显，发生滑坡的概率大大增加。

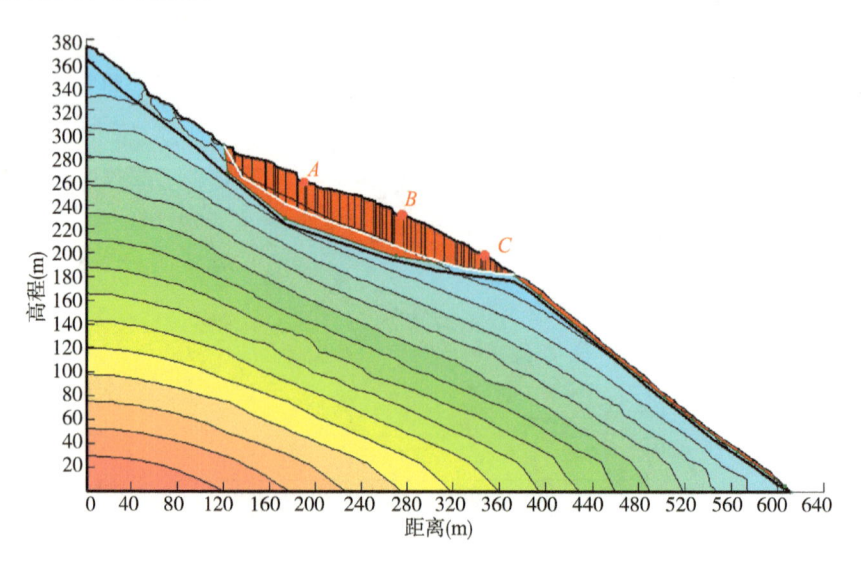

图 5-43 H_1 滑坡数值模拟的临界滑面

结合降雨-位移-安全系数相关性分析，目前立节北山 H_1 滑坡处于等速变形阶段，其最大位移速率为 4 mm/d，变形量较小，长时间的变形使安全系数稍有减小，安全系数与累计降雨基本呈负线性相关,通过延长相关性曲线可以预测滑坡的生命周期,基于模型的模拟结果,可以认为 H_1 滑坡基本稳定,基本上不会发生整体或者大型滑坡。

在降雨-位移-安全系数相关性曲线(图 5-45、图 5-46)基础上,提出 30 mm/d 的降雨强度为红色预警阈值,此时需要采取避让措施防范滑坡灾害,取红色预警阈值的 50% 即 15 mm/d 为蓝色预警阈值,此时滑坡通常有突然异常变形,要密切关注变形后续发展情况。取红色预警阈值的 70% 即 21 mm/d 为橙色预警阈值,此时要采取必要的防范措施,预防滑坡的发生。

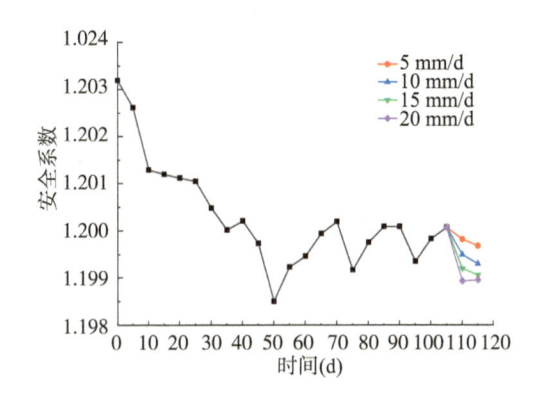

图 5-44 H_1 滑坡安全系数曲线

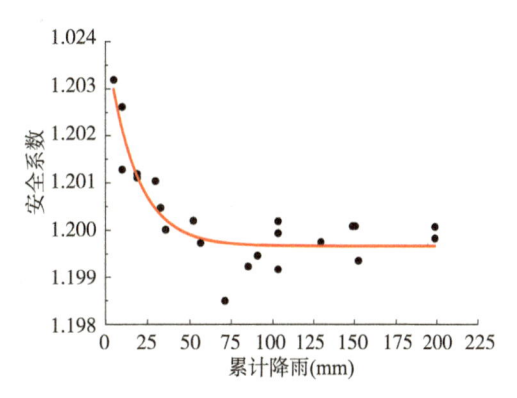

图 5-45 H_1 滑坡安全系数-累计降雨相关性图

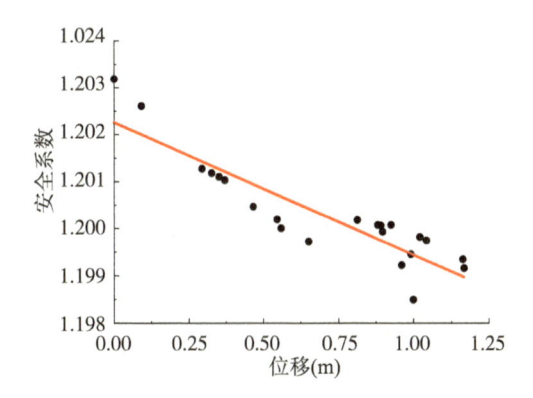

图 5-46 H_1 滑坡位移-安全系数相关性图

如果在极端条件下,24 小时累计降雨量超过 40 mm,边坡表面土体含水率会大大增加,甚至趋于饱和,可能在滑坡表面产生小型滑坡,因此将 H_1 滑坡的红色预警阈值设置在 30 mm/d,基于降雨和位移共同监测预警,对 H_1 滑坡做好防范,防止极端气候和地震带来生命财产损失。

2. H_2 滑坡滑面分析

(1) 应力场及位移场数值分析

图 5-47 为 H_2 滑坡初始状态下土的自重应力分布,与土的重度和初始孔隙水压力相关。图 5-48 显示的是 H_2 滑坡的剪应力云图,剪应力分布也由滑坡面向内部逐渐增大。本节取滑坡表面上的 A、B、C 点进行研究。

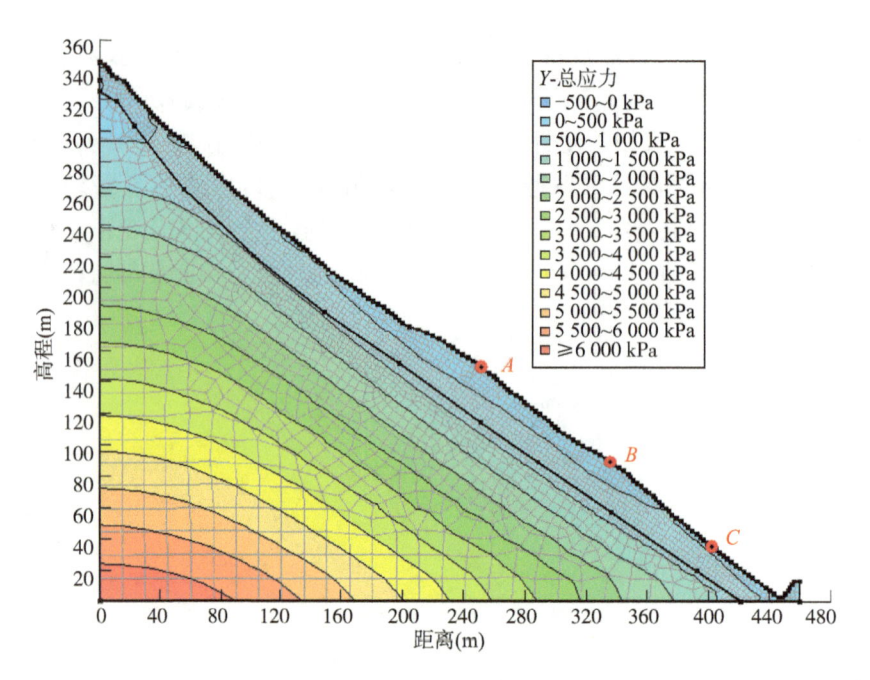

图 5-47　H_2 滑坡应力云图

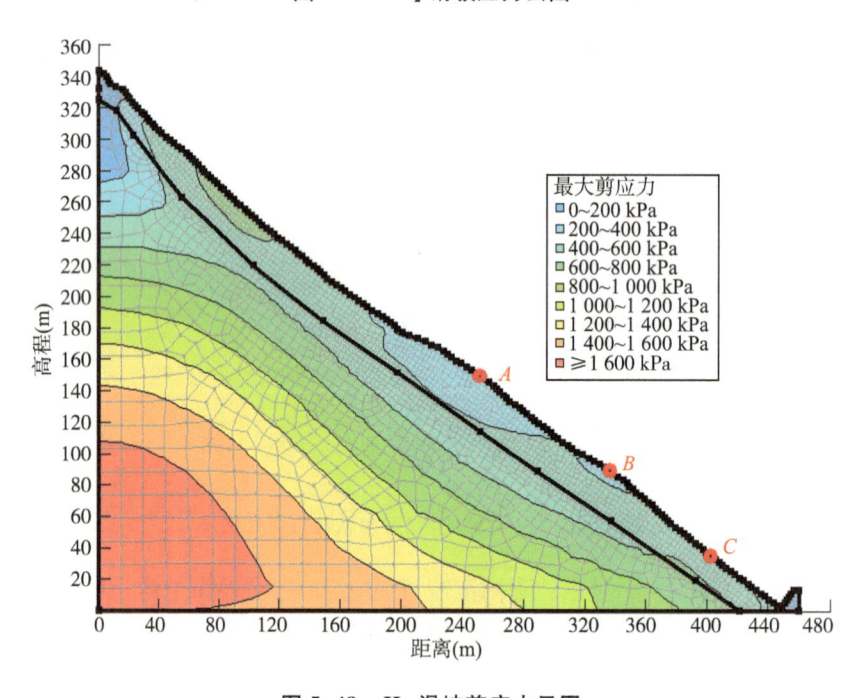

图 5-48　H_2 滑坡剪应力云图

选取了 A 点平均有效应力随时间变化曲线，如图 5-49 所示。降雨入渗引起孔隙水压力的变化，改变了原有的应力状态，导致有效应力的降低，从图中可以看出，40～50 d 较强降雨导致平均有效应力从 348 kPa 下降到 335 kPa，与 40～50 d 的集中强降雨密切对应。这说明降雨强度的增大会影响有效应力降低速率。彩色线条是模拟 10 d 不同降雨强度对有效应力的影响，随着降雨强度的增大，有效应力下降得更快，从 10 mm/d 的降雨强度增加到 20 mm/d,其有效应力减少了 10～22 kPa,进一步导致了土体的抗剪强度更低,如此一来,大大增加了滑坡灾害发生的概率。

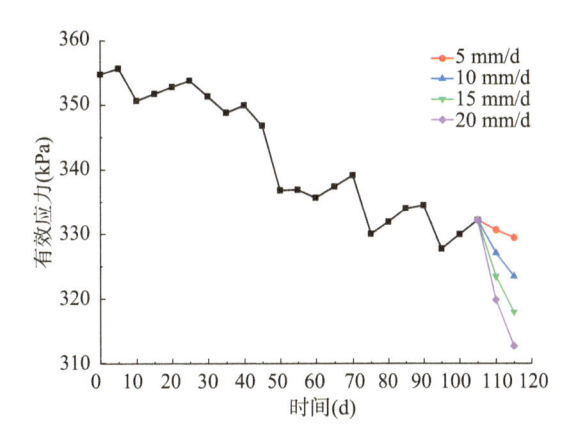

图 5-49 H_2 滑坡表面 A 点平均有效应力随时间的变化

图 5-50 表示 A、B、C 三点的位移随时间的变化,可以看出,前期降雨强度较小,滑坡表面未产生较大位移。从 45 d 开始,由于降雨导致土的体积含水量迅速增大和有效应力的降低,土体发生更大的形变,此时土体的变形速率开始增大。从图中可以看出,A 点附近位移变化最大,降低了上部的土体剪切强度从而发生溜滑,进而牵引下部滑体失稳向下运动。在 105 d 后分别模拟了四种降雨强度对滑坡位移的影响,降雨强度大于 15 mm/d 时,位移变化较为明显,此时由等速变形阶段变成加速变形阶段,如降雨持续,滑坡临近失稳,滑坡速率增大,容易导致滑坡灾害的发生。

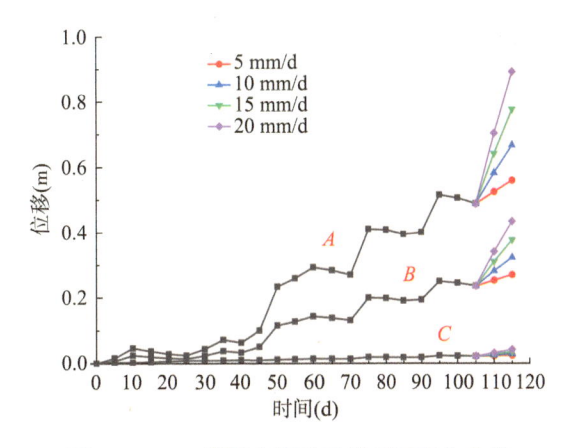

图 5-50 H_2 滑坡表面位移随时间变化曲线

图 5-51 为地表的超孔隙水压力随时间变化图,可以看出,随着降雨的进行,超孔隙水压力增长,停雨后又有回落消散的趋势,降雨强度较大时超孔隙水压力增长较快。在 15 mm/d 和 20 mm/d 连续强降雨的影响下,坡体表面的超孔隙水压力分别增加了 35 kPa 和 43 kPa。这是因为随着降雨的进行,滑坡表面土体含水量增加,超孔隙水压力增加,基质吸力降低,进而降低了边坡的稳定性。

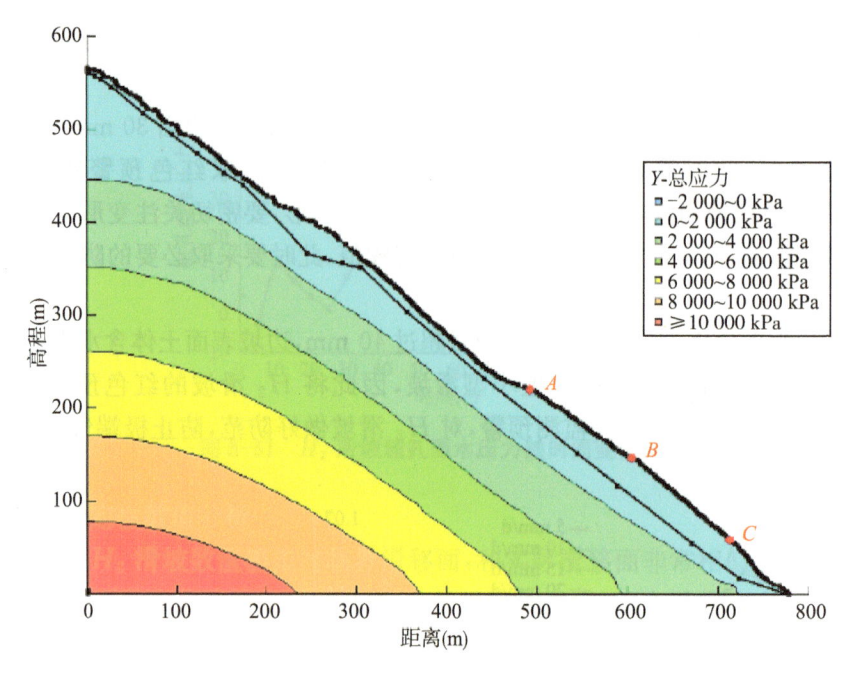

图 5-56　H_3 滑坡应力云图

由图 5-57 可以看出，H_3 滑坡剪应力分布也由滑坡面向内部逐渐增大，坡脚 C 点比上部 A、B 点剪应力更大，表明坡角处剪应力集中，更容易导致土体的剪切破坏进而引起滑坡的发生。

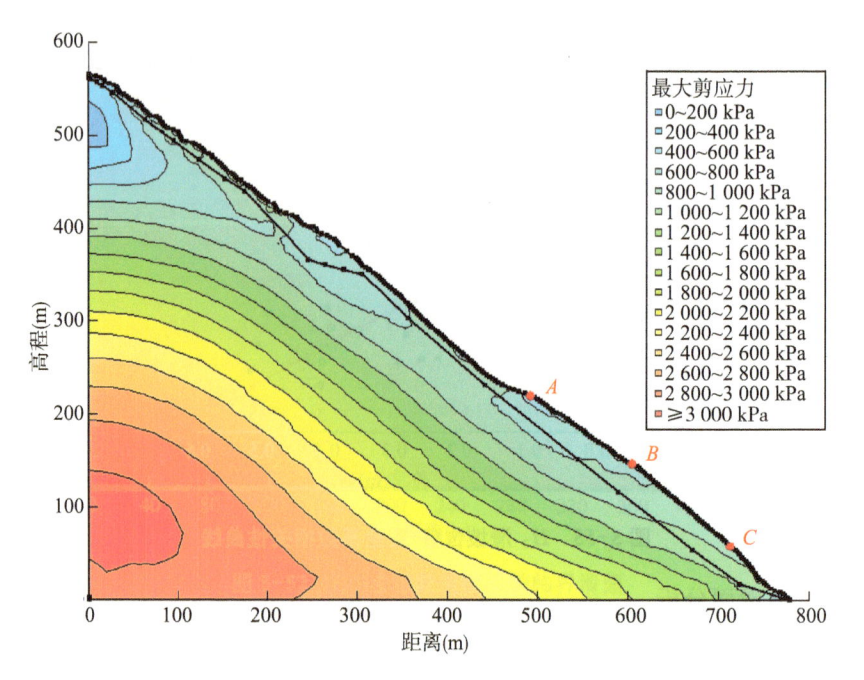

图 5-57　H_3 滑坡剪应力云图

图 5-58 显示了 A 点的平均有效应力随时间变化。降雨入渗引起孔隙水压力的变化,改变了原有的应力状态,导致有效应力的降低,从图中可以看出,40~50 d 较强降雨导致平均有效应力从 464 kPa 降低到 455 kPa,与 40~50 d 的集中强降雨密切对应。这说明降雨强度的增大会影响有效应力降低速率。彩色线条是模拟 10 d 不同降雨强度对有效应力的影响,随着降雨强度的增大,有效应力下降得更快,特别是模拟降雨强度为 20 mm/d 时,有效应力从 455 kPa 降低到 442 kPa 左右,进一步导致了土体的抗剪强度更低,如此一来,大大增加了滑坡灾害发生的概率。

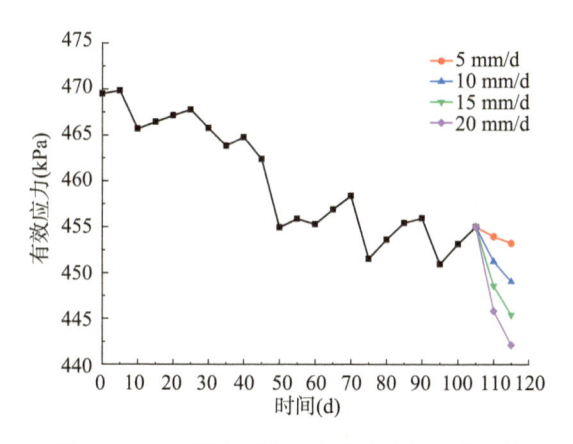

图 5-58 H_3 滑坡表面 A 点平均有效应力变化

图 5-59 至图 5-61 分别是 H_3 滑坡表面 A、B、C 点的位移随时间的变化图,前 105 d 是根据实际降雨建模得出的位移变化。105~115 d 是预测每天均匀降雨 5~20 mm 的位移曲线。降雨对浅层黄土、碎石土等的影响较大,导致了体积含水量的增大和有效应力的降低,引起土体发生更大的形变,当达到边坡所承受的最大位移时,就会发生严重的破坏。在实际降雨的影响下,位移与时间的关系基本处于初始变形阶段。从预测曲线可以看到,15 mm/d 和 20 mm/d 连续降雨 10 d 产生的变形接近加速变形的速率,边坡处于加速变形阶段,这对滑坡启滑的降雨预警阈值判断有一定的辅助作用。

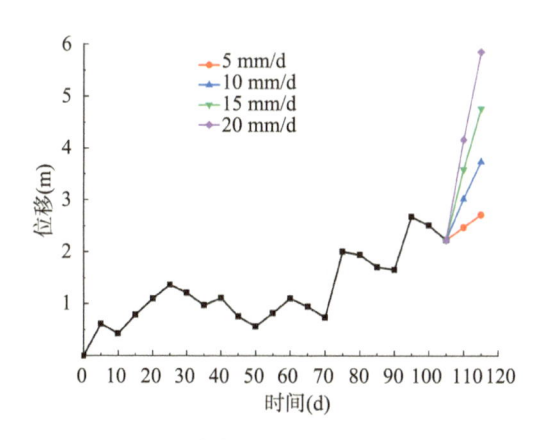

图 5-59 H_3 滑坡表面 A 点位移随时间变化曲线

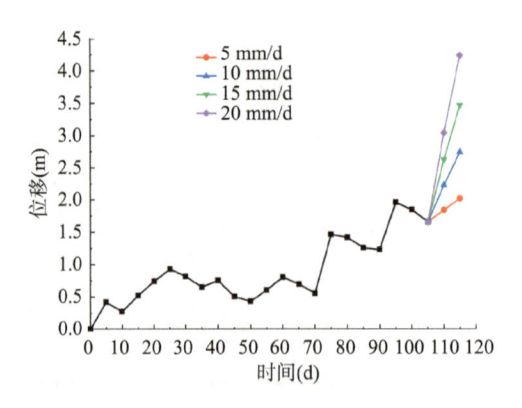

图 5-60　H_3 滑坡表面 B 点位移随时间变化曲线

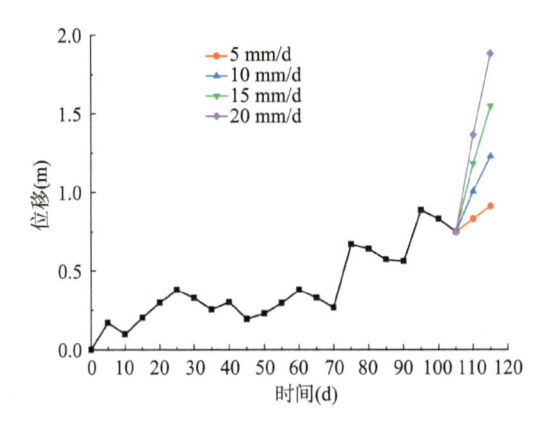

图 5-61　H_3 滑坡表面 C 点位移随时间变化曲线

图 5-62 显示了地表 A 点的超孔隙水压力随时间的变化，可以看出，随着降雨的进行，超孔隙水压力增长，在停雨后一段时间内又有回落消散的趋势，降雨强度较大时超孔隙水压力增长较快。在 15 mm/d 和 20 mm/d 连续强降雨的影响下，坡体表面的超孔隙水压力分别增加了 35 kPa 和 42 kPa。这表明，随着降雨的进行，滑坡表面土体含水量增加，超孔隙水压力增加，基质吸力降低，进而影响边坡的稳定性。

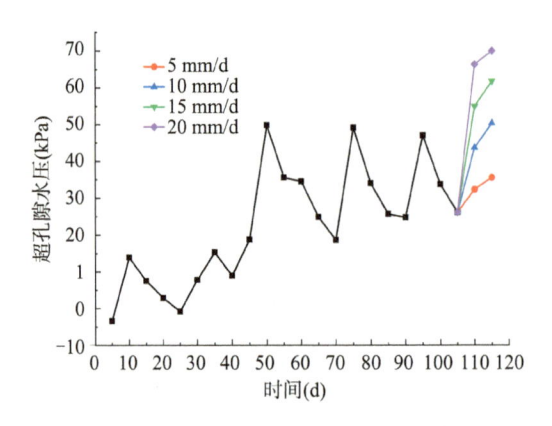

图 5-62　H_3 滑坡超孔隙水压力随时间变化图

(2) 边坡稳定性数值分析

图 5-63 为 H_3 滑坡边坡稳定性分析时选取的临界滑面示意图,临界滑面处于滑坡的坡脚位置,与实际滑移面的位置基本相近。滑面的安全系数随时间的变化曲线如图 5-64 所示。可以发现,安全系数随着降雨的产生而下降,随着降雨的停止又稍有回升,且 40~50 d 的连续降雨对安全系数的影响特别大,这段时间内强降雨导致了边坡安全系数直接下降了 0.03。105 d 以后显示的是模拟连续降雨 10 d 对安全系数的影响,可以看出,20 mm/d 的强降雨使 H_3 滑坡的安全系数下降 0.03~0.04。在大暴雨或者地震的影响下,渗流场改变较大,滑坡区的土体力学参数发生改变,抗滑力相对于下滑力下降更为明显,发生滑坡的概率大大增加。

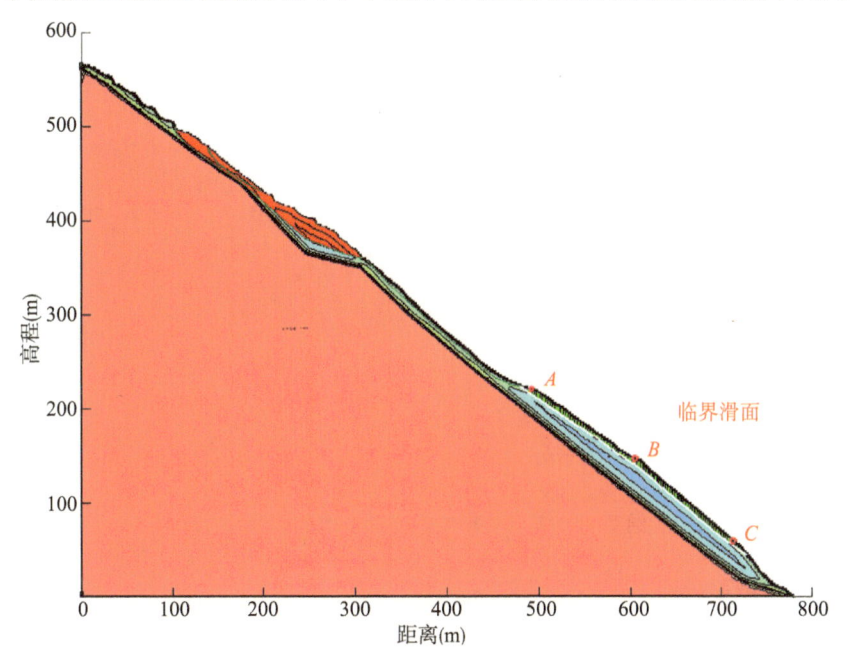

图 5-63 H_3 滑坡临界滑面示意图

结合实时位移监测和降雨-位移-安全系数相关性(图 5-65、图 5-66)分析,目前 H_3 滑坡处于等速变形阶段,滑坡未发生整体滑动,变形区域主要集中于前缘沟坡处,推测剪出口位于碎石层内,平均水平位移速率为 2.5 mm/d,变形量较小,长时间的变形使安全系数稍有减小,安全系数与累计降雨基本呈负线性相关,通过延长相关性曲线可以预测滑坡的生命周期,基于模型的模拟结果,可以认为 H_3 滑坡基本稳定,基本上不会发生整体或者大型滑坡。

在降雨-位移-安全系数相关性曲线基础上,提出 30 mm/d 的降雨强度为红色预警阈值,此时需要采取避让措施防范滑坡灾害,取红色预警阈值的 50% 即 15 mm/d 为蓝色预警阈值,此时滑坡通常有突然异常变形,要密切关注变形后续发展情况。取红色预警阈值的 70% 即 21 mm/d 为橙色预警阈值,此时要采取必要的防范措施,预防滑坡的发生。

如果在极端条件下,24 小时累计降雨量超过 40 mm,边坡表面土体含水率会大大增加,甚至趋于饱和,可能在滑坡表面产生小型滑坡,因此将 H_3 滑坡的红色预警阈值设置在 30 mm/d,基于降雨和位移共同监测预警,对 H_3 滑坡做好防范,防止极端气候和地震带来生命财产损失。

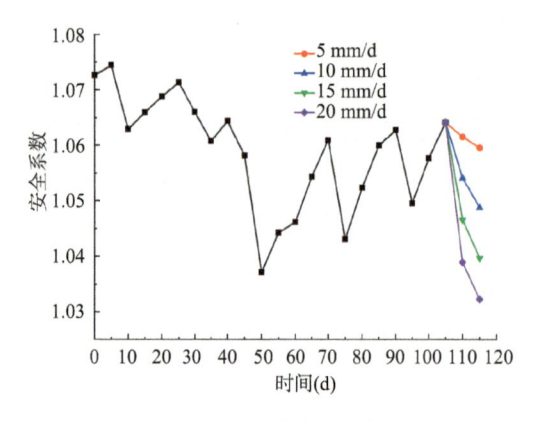

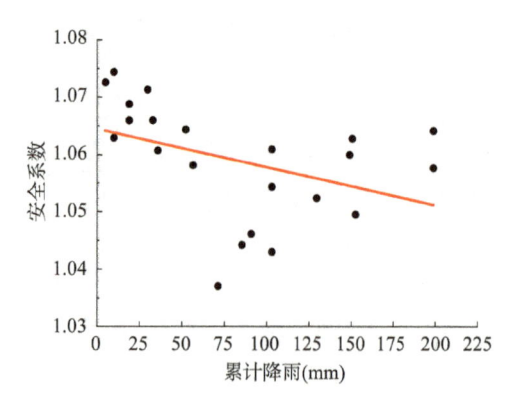

图 5-64　H_3 滑坡安全系数曲线　　　　图 5-65　H_3 滑坡累计降雨-安全系数相关性曲线

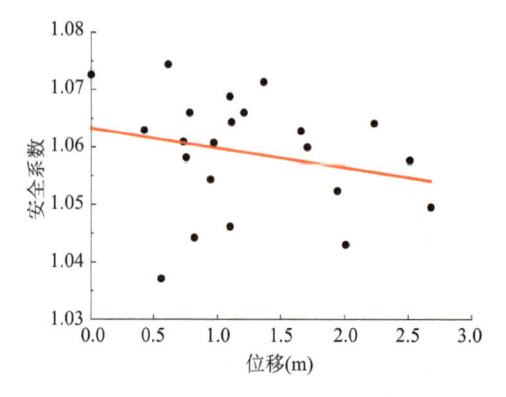

图 5-66　H_3 滑坡位移-安全系数相关性曲线

4. H_4 滑坡滑面分析

（1）应力场及位移场数值分析

图 5-67 为 H_4 滑坡初始状态下土的自重应力分布，与土的重度和初始孔隙水压力相关。本节取滑坡表面上的 A、B、C 点进行研究。

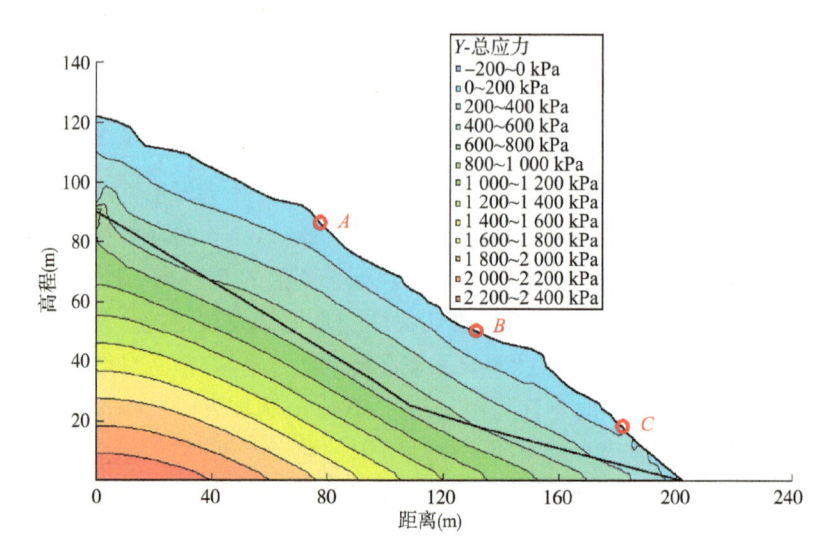

图 5-67　H_4 滑坡应力云图

通过图 5-68 可以看出,剪应力分布由滑面向内部逐渐增大,坡脚剪应力更大,表明坡角处剪应力集中,容易导致土体的剪切破坏进而引起滑坡的发生。

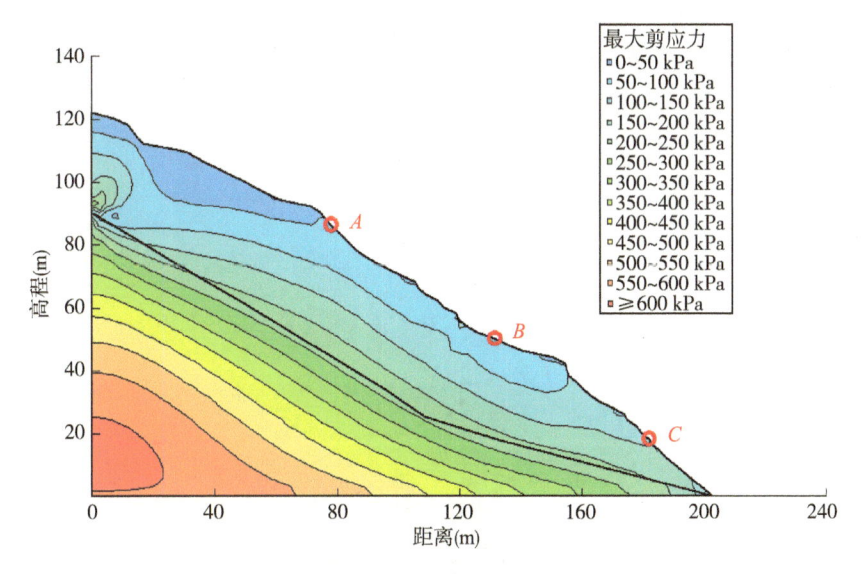

图 5-68　H_4 滑坡剪应力云图

图 5-69 显示了 A 点的平均有效应力随时间的变化。降雨入渗引起孔隙水压力的变化,改变了原有的应力状态,导致有效应力的降低,从图中可以看出,40~50 d 较强降雨导致平均有效应力从 182 kPa 降低到 140 kPa 以下,与 40~50 d 的集中强降雨密切对应。这说明降雨强度的增大会影响有效应力降低速率。彩色线条是模拟 10 d 不同降雨强度对有效应力的影响,随着降雨强度的增大,有效应力下降得更快,特别是模拟降雨强度为 20 mm/d 时,有效应力从 175 kPa 降低到 128 kPa 左右,进一步导致了土体的抗剪强度更低,如此一来,大大增加了滑坡灾害发生的概率。

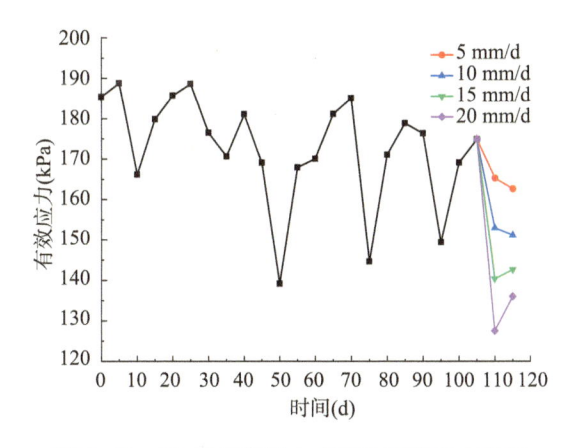

图 5-69　H_4 滑坡表面 A 点平均有效应力变化

图 5-70、图 5-71、图 5-72 分别是 H_4 滑坡表面 A、B、C 点的位移随时间变化图,前 105 d 是根据实际降雨建模得出的位移变化。105~115 d 是预测每天均匀降雨 5~

20 mm 的位移曲线。可以看出,降雨对浅层黄土、碎石土等的影响较大,导致了体积含水量的增大和有效应力的降低,引起土体发生更大的形变。当达到边坡所承受的最大位移时,就会发生严重的破坏。在实际降雨的影响下,位移与时间的关系基本处于初始变形阶段。从预测曲线可以看到,20 mm/d 连续降雨 10 d 产生的变形较大,此时的位移速率远远大于等速变形阶段的位移速率,边坡处于加速变形阶段,大概率导致滑坡的发生。

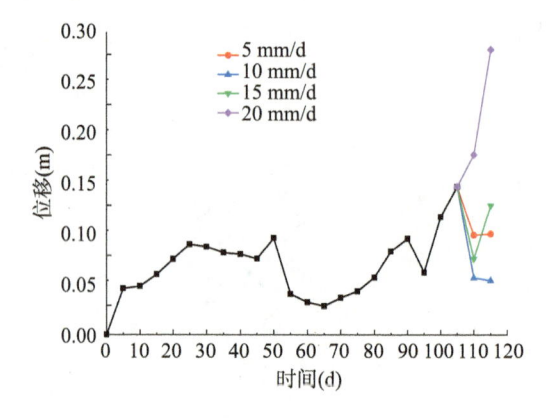

图 5-70　H_4 滑坡表面 A 点位移随时间变化曲线

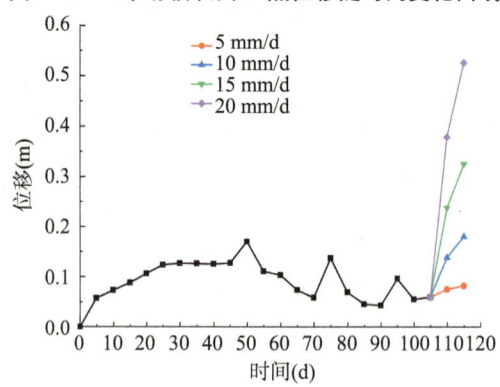

图 5-71　H_4 滑坡表面 B 点位移随时间变化曲线

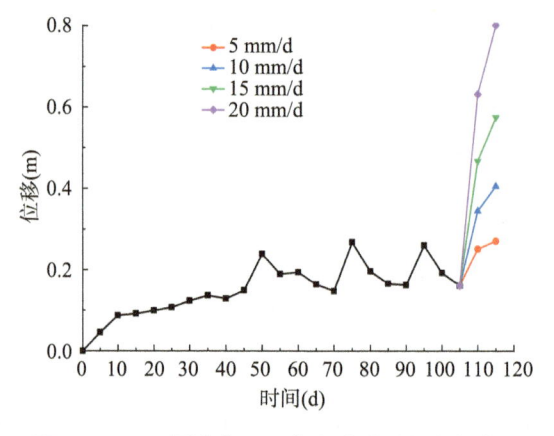

图 5-72　H_4 滑坡表面 C 点位移随时间变化曲线

图 5-73 显示了地表 A、B、C 三点的超孔隙水压力随时间的变化,可以看出,随着降雨的进行,超孔隙水压力增长,停雨后又有回落消散的趋势,降雨强度较大时超孔隙水压力增长较快。在 15 mm/d 和 20 mm/d 连续强降雨的影响下,坡体表面的超孔隙水压力分别增加了 32 kPa 和 37 kPa。随着降雨的进行,滑坡表面土体含水量增加,超孔隙水压力增加,基质吸力降低,进而影响边坡的稳定性。

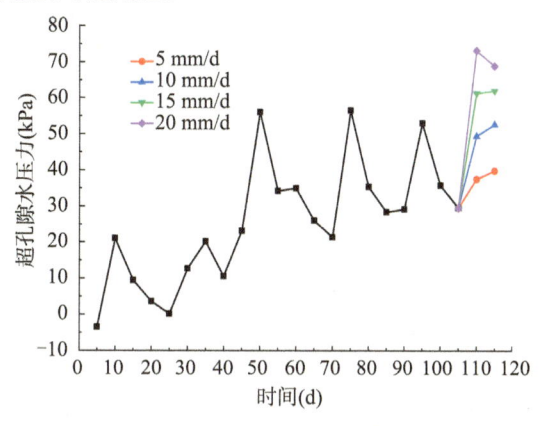

图 5-73　H_4 滑坡超孔隙水压力随时间变化图

(2) 边坡稳定性数值分析

图 5-74 为边坡稳定性分析时选取的临界滑面,与实际滑移面的位置基本相近。滑面的安全系数随时间的变化曲线如图 5-75 所示,可以发现,边坡安全系数一直在下降,105 d 以后显示的是模拟连续降雨 10 d 对安全系数的影响,后期连续降雨安全系数的下降不是特别明显,H_4 滑坡主要考虑降雨-位移耦合关系。在大暴雨或者地震的影响下,渗流场改变较大,滑坡处于加速变形阶段,容易导致滑坡灾害的发生。

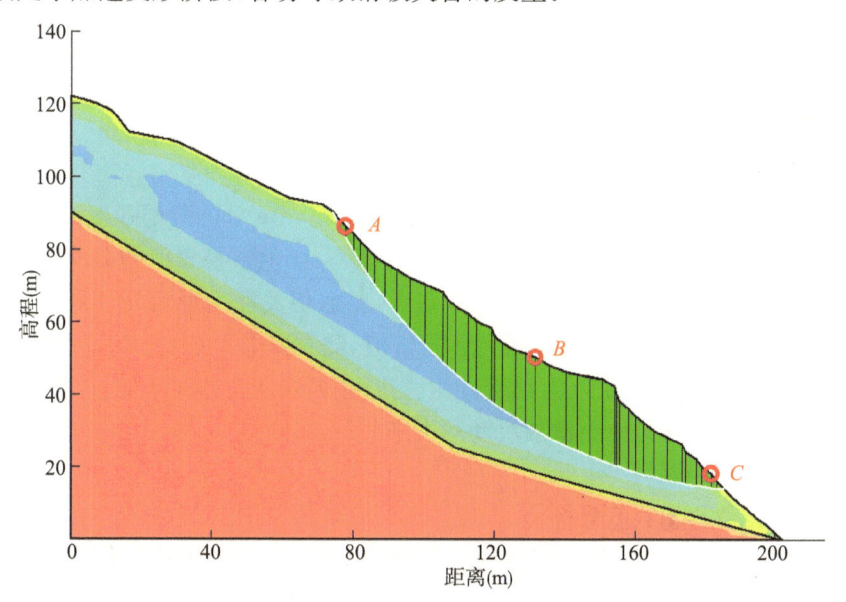

图 5-74　H_4 滑坡临界滑面示意图

结合现场位移监测和降雨-位移-安全系数相关性(图 5-76、图 5-77)分析,目前 H_4 滑坡处于极不稳定状态,其最大位移速率已经达到 170 mm/d,变形量较大,长时间的变形使安全系数下降明显,安全系数与累计降雨基本呈负线性相关,基于模型的模拟结果,可以认为 H_4 滑坡极不稳定,发生滑坡的概率较大。

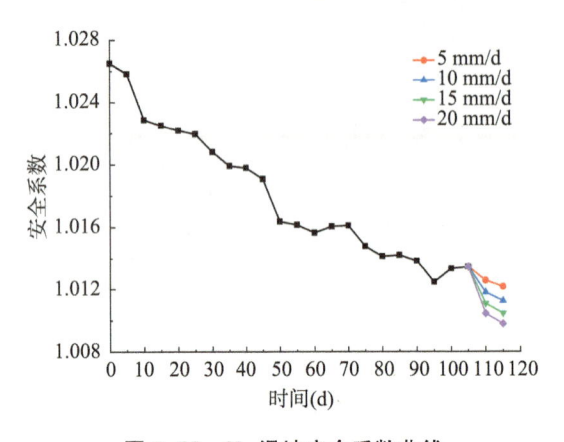

图 5-75 H_4 滑坡安全系数曲线

图 5-76 H_4 滑坡累计降雨-安全系数相关性曲线

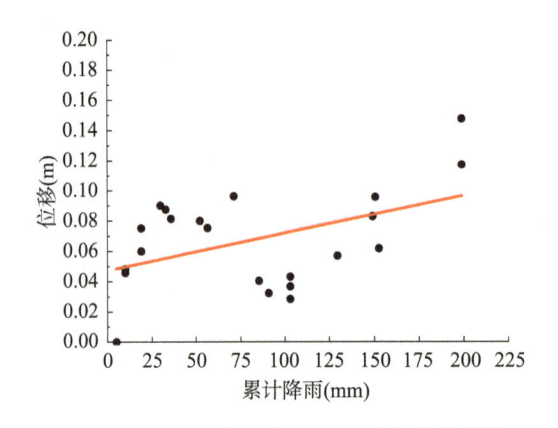

图 5-77 H_4 滑坡累计降雨-位移相关性曲线

在降雨-位移-安全系数相关性曲线基础上,提出 15 mm/d 的降雨强度为 H_4 滑坡的红色预警阈值,此时需要采取避让措施防范滑坡灾害,取红色预警阈值的 50% 即 7.5 mm/d 为蓝色预警阈值,此时滑坡通常有突然异常变形,要密切关注变形后续发展情况。取红色预警阈值的 70% 左右即 10 mm/d 为橙色预警阈值,此时要采取必要的防范措施,预防滑坡的发生。对 H_4 滑坡应该密切监测,结合降雨强度和位移的共同监测,做好防范措施,防止较强降雨和其他自然灾害使 H_4 滑坡启动而带来财产损失和人员伤害。

5. H_5 滑坡滑面分析

(1)应力场及位移场数值分析

图 5-78 为 H_5 滑坡初始状态下土的自重应力分布,与土的重度和初始孔隙水压力相关。图 5-79 显示的是 H_5 滑坡的剪应力云图,剪应力分布也由滑坡面向内部逐渐增大。本节取滑坡表面上的 A、B、C 点进行研究。

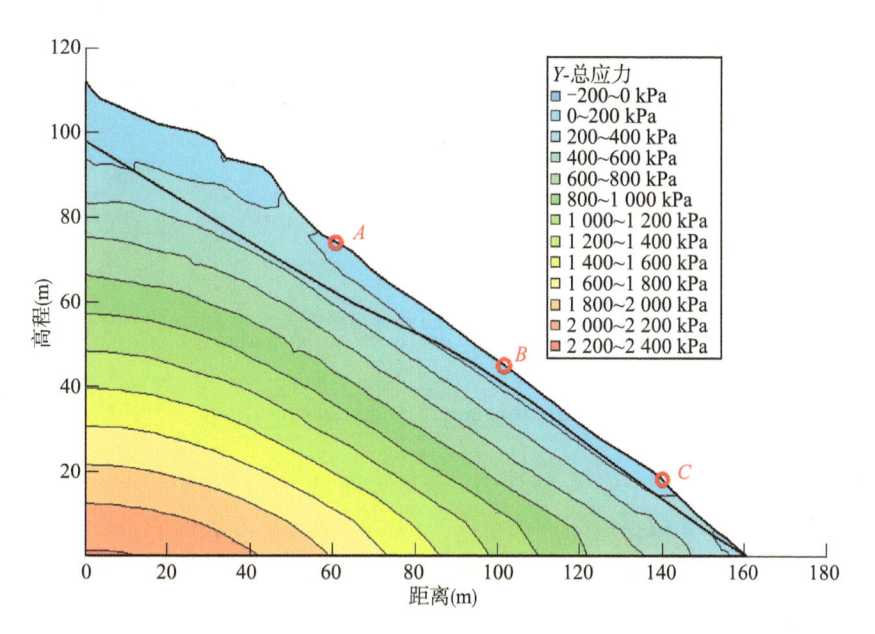

图 5-78　H_5 滑坡应力云图

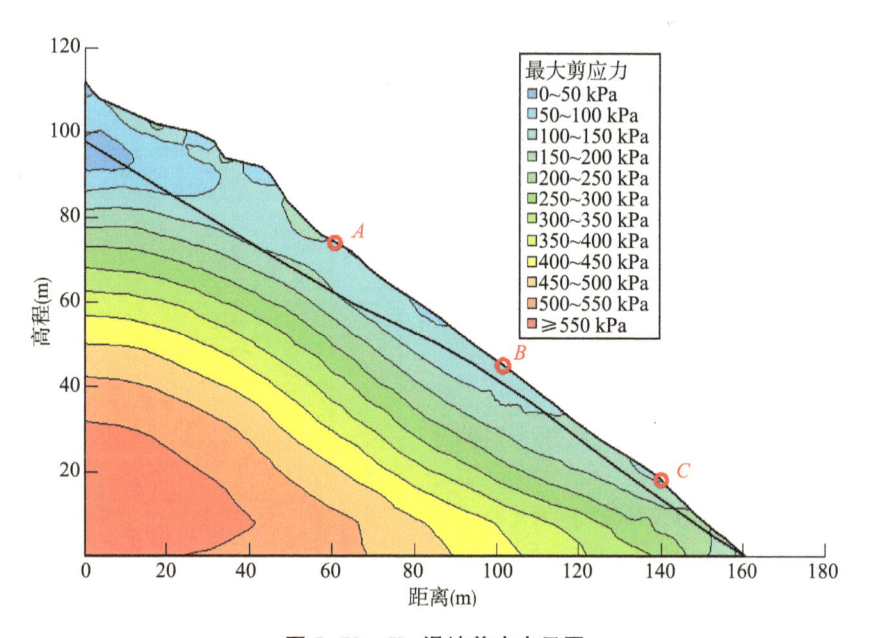

图 5-79　H_5 滑坡剪应力云图

图 5-80 显示了 H_5 滑坡表面 A 点的平均有效应力随时间的变化。降雨入渗引起孔隙水压力的变化,改变了原有的应力状态,导致有效应力的降低,从图中可以看出,40~50 d 较强降雨导致平均有效应力从 235 kPa 降低到 214 kPa,与 40~50 d 的集中强降雨密切对应。这说明降雨强度的增大会影响有效应力降低速率。彩色线条是模拟 10 d 不同降雨强度对有效应力的影响,随着降雨强度的增大,有效应力下降得更快,特别是模拟降雨强度为 20 mm/d 时,有效应力从 212 kPa 降低到 190 kPa 以下,进一步导致了土体的抗剪强度更低,如此一来,大大增加了滑坡灾害发生的概率。

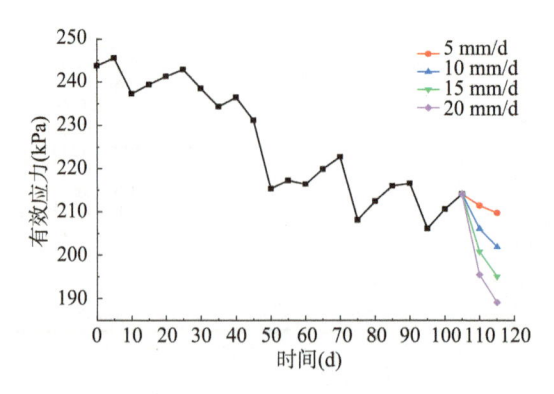

图 5-80 H_5 滑坡表面 A 点平均有效应力变化

图 5-81、图 5-82、图 5-83 分别是 H_5 滑坡表面 A、B、C 点的位移随时间变化图，前 105 d 是根据实际降雨建模得出的位移变化。105～115 d 是预测每天均匀降雨 5～20 mm 的位移曲线。可以看出，降雨对浅层黄土、碎石土等的影响较大，导致了体积含水量的增大和有效应力的降低，引起土体发生更大的形变。在实际降雨的影响下，位移与时间的关系基本处于初始变形阶段。从预测曲线可以看到，20 mm/d 连续降雨 10 d 产生的变形较大，此时的位移速率远远大于等速变形阶段的位移速率，边坡处于加速变形阶段，大概率导致滑坡的发生。

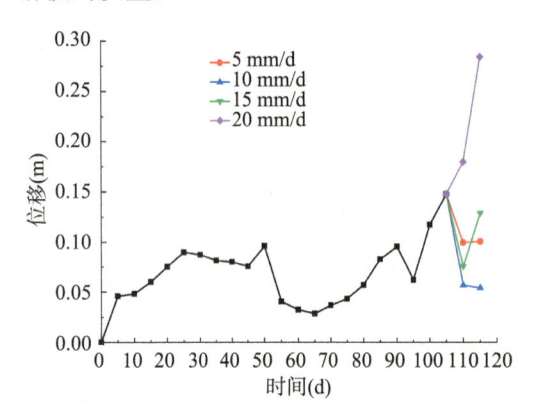

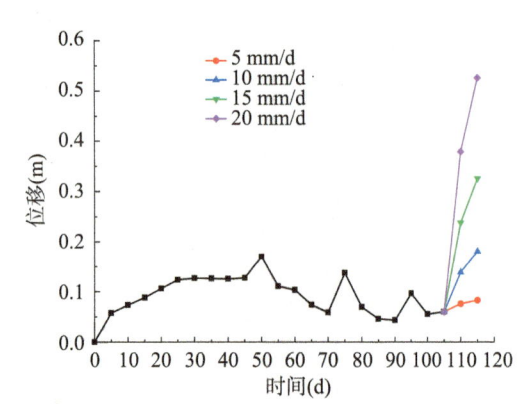

图 5-81 H_5 滑坡表面 A 点位移随时间变化曲线   图 5-82 H_5 滑坡表面 B 点位移随时间变化曲线

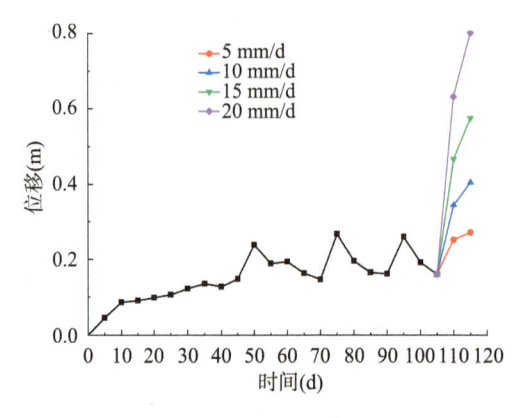

图 5-83 H_5 滑坡表面 C 点位移随时间变化曲线

图 5-84 显示了 H_5 滑坡表面 A 点的超孔隙水压力随时间的变化,可以看出,随着降雨的进行,超孔隙水压力增长,停雨后又有回落消散的趋势,降雨强度较大时超孔隙水压力增长较快,40~50 d 大降雨导致超孔隙水压力激增了 45 kPa 以上。105 d 后的预测曲线表示,在 15 mm/d 和 20 mm/d 连续强降雨的影响下,坡体表面的超孔隙水压力突增明显。随着降雨的进行,滑坡表面土体含水量增加,超孔隙水压力增加,基质吸力降低,进而影响边坡的稳定性,导致滑坡灾害的发生。

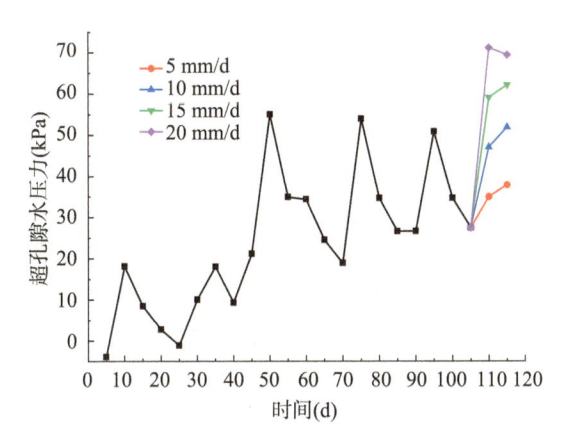

图 5-84　H_5 滑坡表面 A 点超孔隙水压力随时间变化图

(2) 边坡稳定性数值分析

图 5-85 为 H_5 滑坡边坡稳定性分析时选取的临界滑面,与实际滑移面的位置基本相近。滑面的安全系数随时间的变化曲线如图 5-86 所示。可以发现,前 50 d 边坡安全系数一直在下降,50 d 后降雨的停止导致安全系数有微弱上升。

结合降雨-位移-安全系数相关性(图 5-87、图 5-88)分析,目前 H_5 滑坡处于等速变形阶段,变形量较小,但 2—6 月份的累计降雨对安全系数有一定影响。基于模型的模拟结果,可以认为 H_5 滑坡处于不稳定状态,虽基本上不会发生整体或者大型滑坡,但仍要注意强降雨条件下发生中小型滑坡。

在降雨-位移-安全系数相关性曲线基础上,提出 25 mm/d 的降雨强度为 H_5 滑坡的红色预警阈值,此时需要采取避让措施防范滑坡灾害,取红色预警阈值的 50% 即 12.5 mm/d 为蓝色预警阈值,此时滑坡通常有突然异常变形,要密切关注变形后续发展情况。取红色预警阈值的 70% 即 17.5 mm/d 为橙色预警阈值,此时要采取必要的防范措施,预防滑坡的发生。

如果在极端条件下,24 小时累计降雨量超过 25 mm,边坡表面土体含水率会大大增加,甚至趋于饱和,可能在滑坡表面产生小型滑坡,因此将 H_5 滑坡的红色预警阈值设置在 25 mm/d,基于降雨和位移共同监测预警,对 H_5 滑坡做好防范,防止极端气候和地震带来生命财产损失。

6. H_6 滑坡滑面分析

(1) 应力场及位移场数值分析

图 5-89 为 H_6 滑坡初始状态下土的自重应力分布,与土的重度和初始孔隙水压力相

关。本节取滑坡上表面上的 A、B、C 点进行研究。

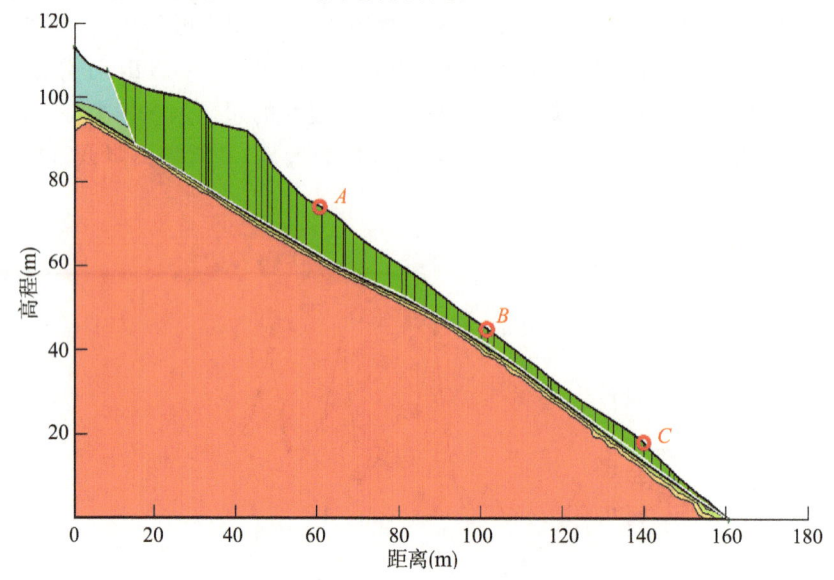

图 5-85　H_5 滑坡临界滑面示意图

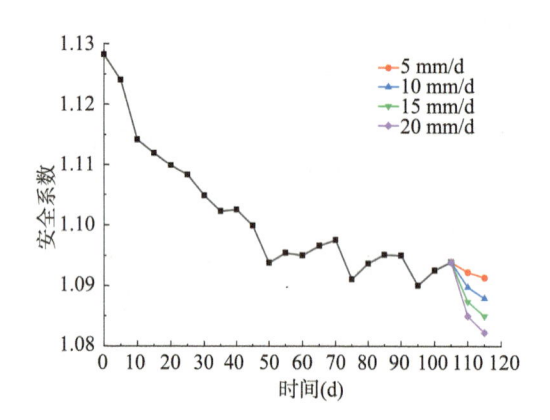

图 5-86　H_5 滑坡安全系数曲线

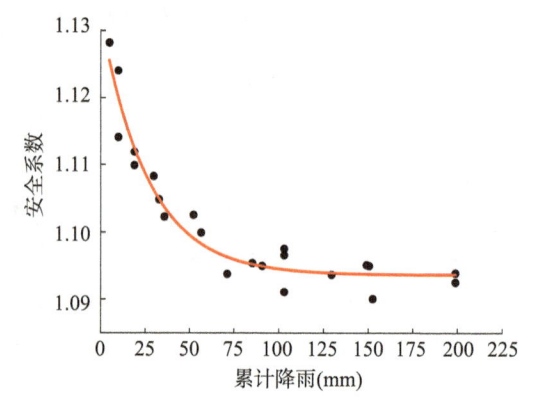

图 5-87　H_5 滑坡累计降雨-安全系数相关性曲线

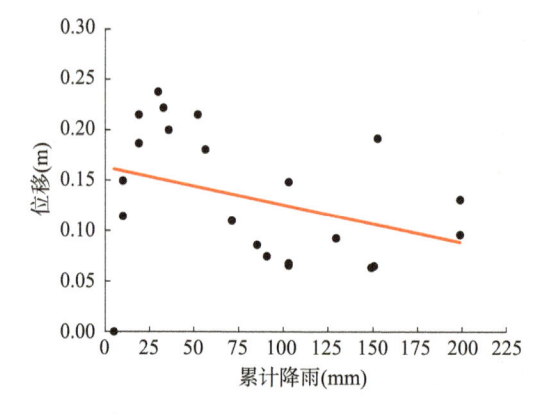

图 5-88　H_5 滑坡累计降雨-位移相关性曲线

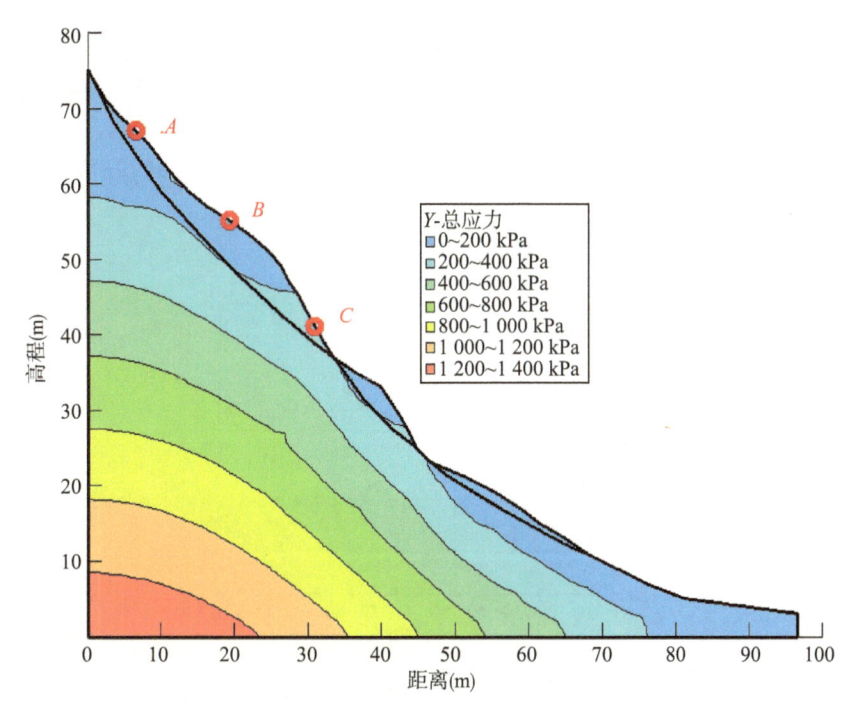

图 5-89　H_6 滑坡应力云图

由图 5-90 可以看出,剪应力分布也由滑坡面向内部逐渐增大。在滑坡表面出现了部分区域剪应力更加集中的情况,这部分区域更容易导致土体的剪切破坏进而引起滑坡的发生。

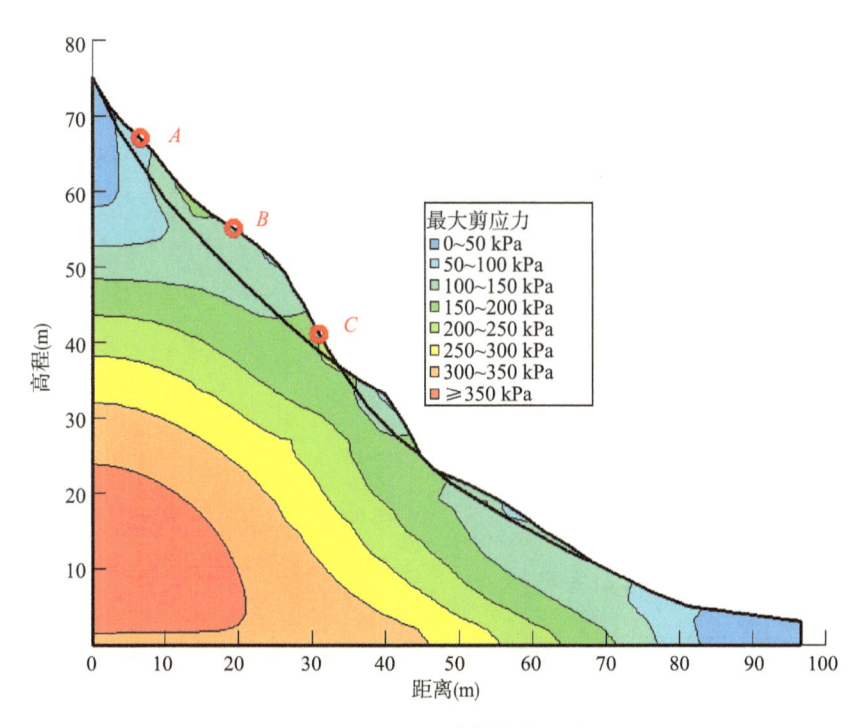

图 5-90　H_6 滑坡剪应力云图

图 5-91 显示了 A 点的平均有效应力随时间的变化。降雨入渗引起孔隙水压力的变化，改变了原有的应力状态，导致有效应力的降低，初期降雨就对 H_6 滑坡土体有效应力减小的影响比较大，前 10 d 直接从 210 kPa 降低至 170 kPa。在后期预测 5～20 mm/d 的不同降雨强度对边坡表面土体有效应力的影响，表明当接近土体最低有效应力时，降雨强度对滑坡有效应力的影响比较小。

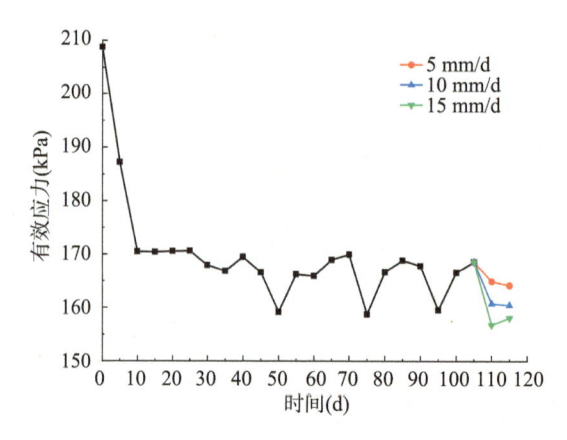

图 5-91 H_6 滑坡表面 A 点平均有效应力变化

为了研究不同降雨强度对边坡变形产生的影响，在实际降雨的基础上模拟连续 10 d 不同强度的降雨，其结果如图 5-92、图 5-93、图 5-94 所示，滑坡表面 A、B、C 三点 3—6 月实际降雨对滑坡产生的位移影响不大，当模拟降雨强度为 15 mm/d 连续 10 d 强降雨时，滑坡表面产生了较大位移，此时变形速率也特别大，相当于加速变形阶段，预测会发生滑坡。现场调查也发现滑坡后部仍有部分老滑坡堆积物，为 H_6 滑坡不稳定区域，滑坡变形主要集中于此。受地形影响，该区域将不断牵引下滑，直至上部堆积体溜滑完全。

图 5-95 为地表 A、B、C 三点的超孔隙水压力随时间的变化，可以看出，随着降雨的进行，超孔隙水压力增长，停雨后又有回落消散的趋势，降雨强度较大时超孔隙水压力增长较快。在 10 mm/d 和 15 mm/d 连续强降雨的影响下，坡体表面的超孔隙水压力变化明显。随着降雨的进行，滑坡表面土体含水量增加，超孔隙水压力增加，基质吸力降低，进而影响边坡的稳定性。

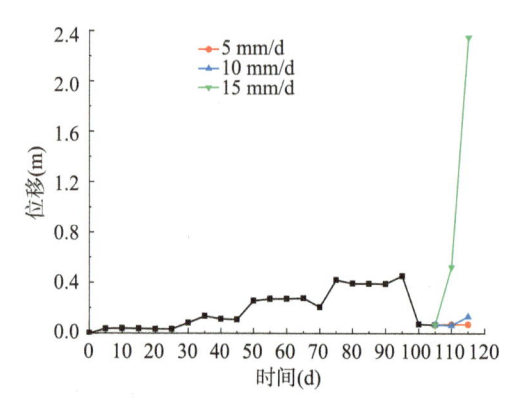

图 5-92 H_6 滑坡表面 A 点位移随时间变化曲线 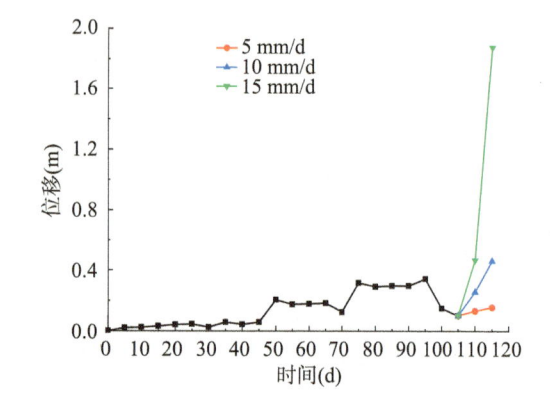　　图 5-93 H_6 滑坡表面 B 点位移随时间变化曲线

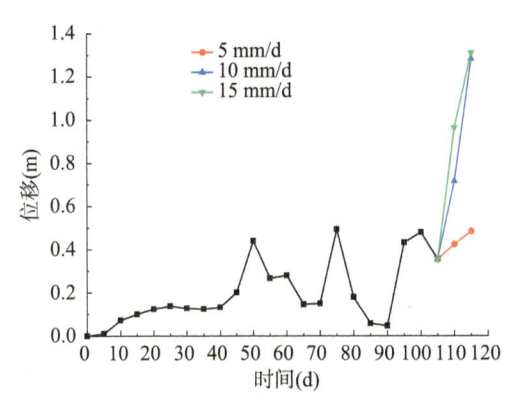

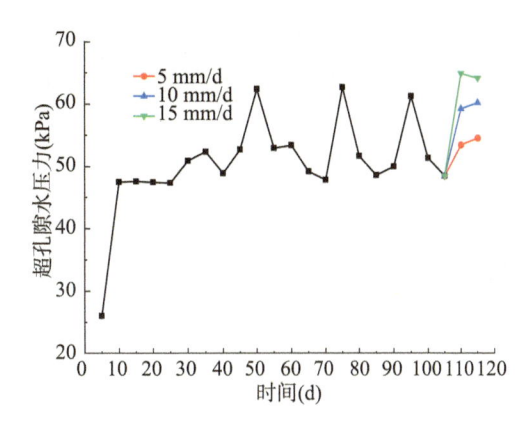

图 5-94　H_6 滑坡表面 C 点位移随时间变化曲线　　图 5-95　H_6 滑坡超孔隙水压力随时间变化图

（2）边坡稳定性数值分析

图 5-96 为 H_6 滑坡的实际滑面，也是数值模拟的最危险滑面。图 5-97 为降雨过后最危险滑面的安全系数变化曲线。可以发现，0～50 d 安全系数一直在降低，这是因为该滑坡碎石土层较薄，初始降雨入渗快速，导致安全系数下降较快。在安全系数下降到一定值时趋于平稳，只有当强降雨再次产生时安全系数才会下降。可以预测，当发生 15 mm/d 以上降雨时，就要预防滑坡的发生，此时降雨对渗流场改变大，滑坡区的土体力学参数下降特别快，发生滑坡的概率大大增加。

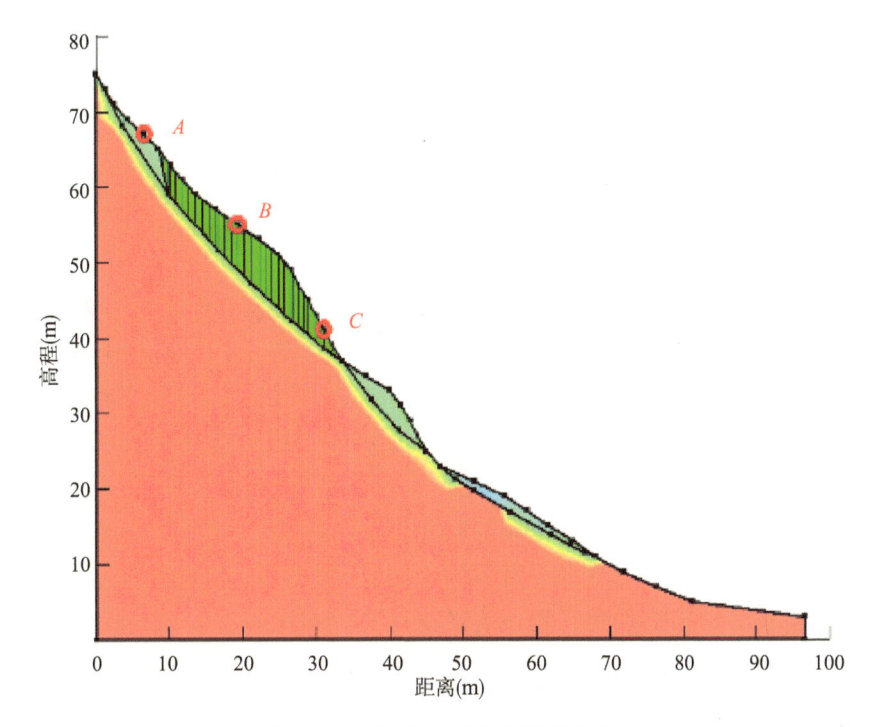

图 5-96　H_6 滑坡实际滑面示意图

结合降雨-位移-安全系数相关性（图 5-98、图 5-99）分析，目前 H_6 滑坡处于等速变形阶段，变形量较小，但 2—6 月份的累计降雨对安全系数有一定影响，安全系数从

1.17下降到1.10左右就趋于稳定了。基于模型的模拟结果,可以认为H_6滑坡处于不稳定状态,虽基本上不会发生整体滑动,但仍要注意强降雨条件下滑坡的发生。

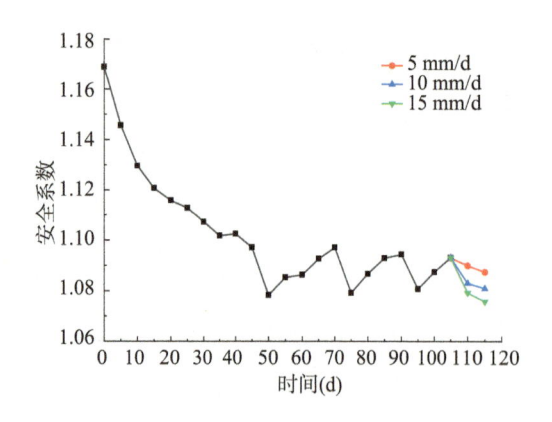

图 5-97 H_6 滑坡安全系数曲线

图 5-98 H_6 滑坡累计降雨-安全系数相关性曲线

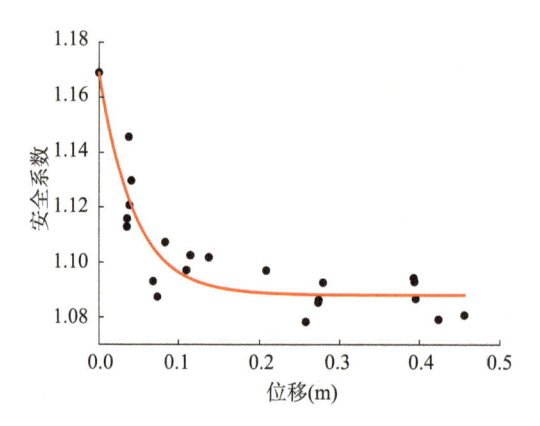

图 5-99 H_6 滑坡位移-安全系数相关性曲线

在降雨-位移-安全系数相关性曲线基础上,提出 25 mm/d 的降雨强度为 H_6 滑坡的红色预警阈值,此时需要采取避让措施防范滑坡灾害,取红色预警阈值的 50% 即 12.5 mm/d 为蓝色预警阈值,此时滑坡通常有突然异常变形,要密切关注变形后续发展情况。取红色预警阈值的 70% 即 17.5 mm/d 为橙色预警阈值,此时要采取必要的防范措施,预防滑坡的发生。

如果在极端条件下,24 小时累计降雨量超过 25 mm,边坡表面土体含水率会大大增加,甚至趋于饱和,可能在滑坡表面产生小型滑坡,因此将 H_6 滑坡的红色预警阈值设置在 25 mm/d,基于降雨和位移共同监测预警,对 H_6 滑坡做好防范,防止极端气候和地震带来生命财产损失。

5.1.3 滑坡三维数值模拟

二维模型仅仅反映的是滑坡纵向截面的动态力学过程,而无法反映坡面同一高度的力学特征变化,因此对滑坡进行三维数值模拟是必要的,可更全面地了解滑坡动力学过程。本节以立节北山滑坡为例进行三维数值模拟。

5.1.3.1 建模过程

在降水作用下,土体渗透压发生变化,当积累到一定程度,在重力和压力共同作用下,土体会发生局部失稳并迅速传播引起大范围失稳,从而产生滑坡。故对滑坡进行三维数值模拟需考虑土体渗流行为、力学行为以及二者的耦合作用。模型理论包括达西定律、力学控制方程、大变形力学本构关系以及流固耦合方程。在此基础上,通过构建控制方程的数值求解格式,并结合流场和力学边界条件对耦合的控制方程进行求解,得到滑坡应力应变分布特征。

5.1.3.2 土体孔压计算模型——达西定律

达西定律(饱和渗流理论)描述了降雨引起土体达到渗流饱和行为,渗流量 Q_m 与上下游水头差 $p=h_2-h_1$ 和垂直于水流方向的截面积 A 成正比,而与渗流长度 L 成反比,其控制方程为:

$$\nabla \cdot \rho \left[-\frac{\kappa_s}{\mu} k_r (\nabla p + \rho g) \right] = Q_m$$

同时,降雨在还未使得土壤饱和时,其渗流过程可由 Richards 方程——非饱和渗流控制方程描述,它表示了多孔介质中饱和度不恒定情况下的渗流规律:

$$\rho \left(\frac{C_m}{\rho g} + S_e S \right) \frac{\partial p}{\partial t} + \nabla \cdot \rho \left[-\frac{\kappa_s}{\mu} k_r (\nabla p + \rho g \nabla D) \right] = Q_m$$

式中:p 为孔隙压力;S_e 为有效饱和度;S 为储水系数;C_m 为容水度;κ_s 为介质的饱和渗透率;μ 为流体动力黏度;k_r 为相对渗透率;ρ 为流体密度;g 为重力加速度;D 为位置水头;Q_m 为渗流的源汇项。基于非饱和与饱和渗流方程,即可描述完整的土体渗流过程。

5.1.3.3 力学控制方程——计算应力应变

渗流会产生土体渗透压,其与重力共同作用导致土体颗粒之间的有效应力增加,土体有效应力可表示为:

$$\sigma' = (\sigma - u_a) + \chi(u_a - u_w)$$

由于土壤具有流动性,呈现出塑性特征,通常采用 Mohr-Columb 准则和 Drucker-Prager 准则计算其应力应变,具体如下:

$$\varepsilon'_{pl} = \lambda \frac{\partial Q}{\partial S}, \lambda \geqslant 0, F(\sigma, \sigma_{ys}) \leqslant 0, \lambda F = 0$$

$$F = \sqrt{J_2} + \alpha l_1 - k$$

$$\alpha = \frac{\tan\phi}{\sqrt{9 + 12\tan^2\phi}}, k = \frac{3c}{\sqrt{9 + 12\tan^2\phi}}$$

式中：ϕ 为摩擦角；c 为土壤内部内聚力；J_2 为应力偏张量第二不变量；I_1 为应力的第一不变量。

基于上述等效应力的表征和力学本构关系，结合力学平衡方程，并考虑渗透压和应变的耦合，即可得到描述渗透压作用下土体力学行为的控制方程，具体如下：

$$\rho\left(\frac{C_m}{\rho g}+S_e S\right)\frac{\partial p}{\partial t}+\alpha\frac{\partial \varepsilon}{\partial t}+\nabla\cdot\rho\left[-\frac{\kappa_s}{\mu}k_r(\nabla p+\rho g\,\nabla D)\right]=Q_m$$

上式右边项为体积应变对孔隙渗流的影响，即应力对渗流的耦合项。以上就是描述由降水引起渗透压变化，进而产生滑坡行为的理论模型，在此基础上，构建控制方程等效积分格式，并采用有限元方法求解。

5.1.3.4 几何建模

针对典型的滑坡地质剖面图和三维地质模型图，首先构建典型滑坡的三维数值求解域。

该数值模型基于立节北山地质形貌，采用参数化曲面处理。首先对立节北山滑坡表面形貌进行统计学处理，然后根据波峰、波谷分布规律，分形特征，对其表面进行重构。同时，为了减少计算的奇异性和非收敛性，在构建过程中，局部表面采取了光滑处理，但并不影响统计性能。接下来对求解域进行网格划分，由于表面形貌的随机性和不规则性，采取了自适应网格，该网格可根据变形自动调整疏密程度，很好追踪变形剧烈区域，实现连续的变形模拟过程，初次划分时，累计有 203 072 个网格单元、642 180 个自由度（图 5-100）。在计算过程中，所采用的土体参数力学和当地土壤属性一致。基于以上理论模型和数值求解域可计算滑坡大变形力学行为。

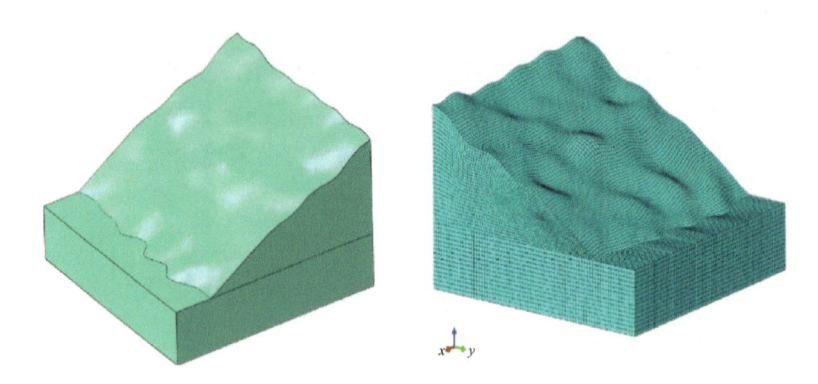

图 5-100 基于立节北山剖面图构建的数值模型及网格划分

5.1.3.5 整体边坡孔压和饱和度分布特征

图 5-101 显示了降水过程土体孔压、孔隙率和水饱和度的分布特征。从图中可以看出，一次降水过程结束后，坡体孔压自上而下呈增加趋势，而孔隙率也与之对应，即底部和内部土体更加密实，而坡表面和下层较为松散。这也是随着降水的增加，易发生滑坡的主要原因，即降水改变了边坡孔压和孔隙率，进而造成了坡顶和坡体的土体材料特性发生改变，引起应变和应力分布不均，从而产生失配，随着降水的不断增加，这种差异逐渐明显，最

后发生滑坡。降水在重力作用下,坡底先达到饱和。

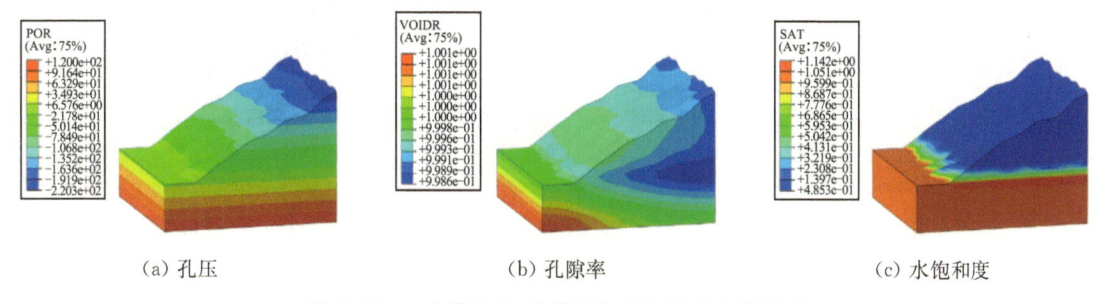

(a) 孔压　　　　　　　(b) 孔隙率　　　　　　　(c) 水饱和度

图 5-101　边坡孔压、孔隙率和水饱和度分布特征

图 5-102 显示了不同位置孔压比和水饱和度随着时间的变化过程。从图中可以看到,随着时间的增加,三个位置的孔压比和水饱和度都在下降,这是由于局部滑坡启动,改变了坡体结构,进而引起了其变化。

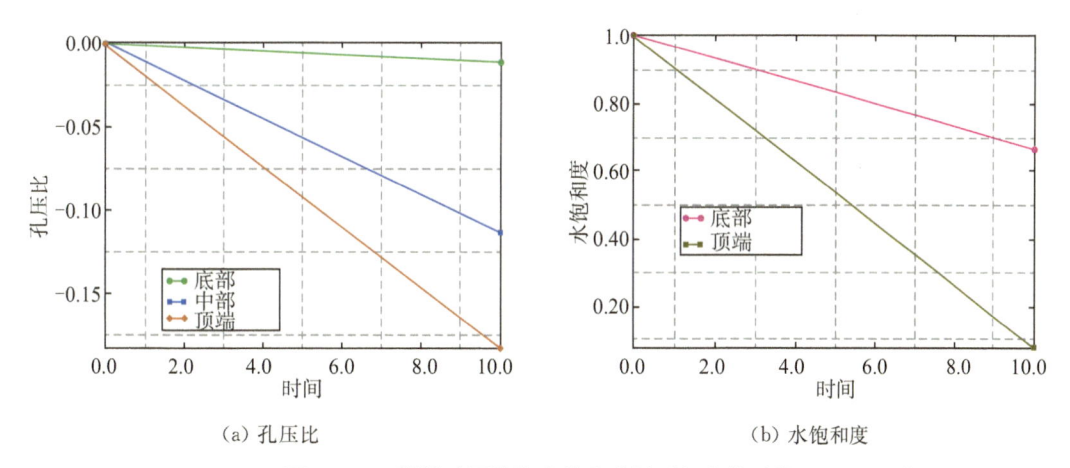

(a) 孔压比　　　　　　　　　　　　　(b) 水饱和度

图 5-102　滑坡孔压比和水饱和度随时间变化过程

5.1.3.6　整体边坡应变分布特征

这一节考虑滑坡的力学行为。图 5-103 显示了滑坡三个主应变的分布特征,可以看出,与滑坡行为主要相关的是第二主应变和第三主应变(E22,E33),也就是沿着滑坡长度和厚度方向的主应变。通常二维模型无法反映宽度(E11)方向应变的变化规律,而沿着边坡宽度方向的主应变的变化趋势主要和表面形貌相关。

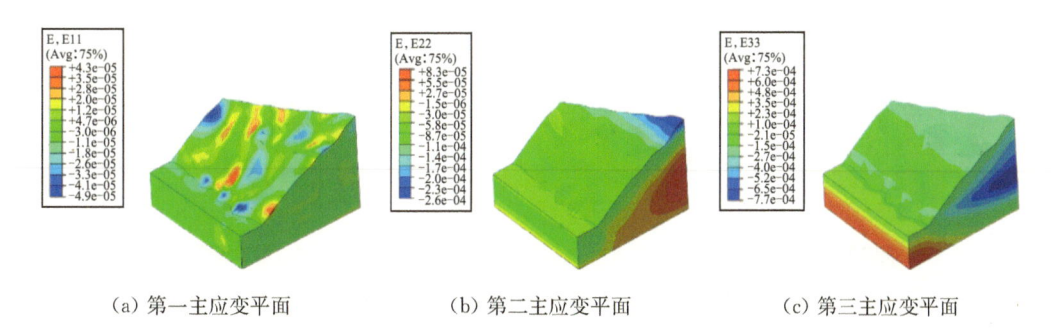

(a) 第一主应变平面　　　　　(b) 第二主应变平面　　　　　(c) 第三主应变平面

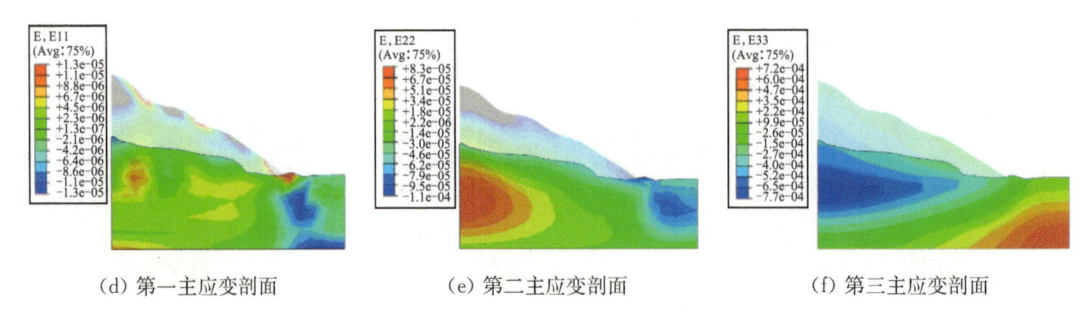

(d) 第一主应变剖面　　　　　　(e) 第二主应变剖面　　　　　　(f) 第三主应变剖面

图 5-103　边坡三个方向主应变分布特征

由图 5-103 可以看出,应变分布随滑面向内部和底部逐渐增大,坡脚应变较大,表明了坡角处变形剪应力集中,容易导致土体的破坏进而引起滑坡的发生,这与二维模型预测的分布特征一致。这也进一步说明了剪切带的形成机理,即滑坡内部较大的应变和底部较大应变之间的应变失配,对坡底和内部之间的土体产生剪切,形成应变失配区域,也就是剪切带。

在这里依然选取滑坡表面上的 A、B、C 点进行研究,三个点分别处在滑坡顶端、中部和底部,计算其主应变随时间的演化过程。图 5-104(a) 显示了 3 个点的具体位置,图 5-104(b)、(c) 和 (d) 具体显示了每个点的六个方向应变随着滑坡时间的演化规律。从图中可以看出,坡顶和坡底沿着滑坡长度方向和宽度方向的应变是随着时间增加的,这说明坡顶土体不断发生变形下滑,而坡底土体不断增加,因此二者应变都在增加。而沿着厚度方

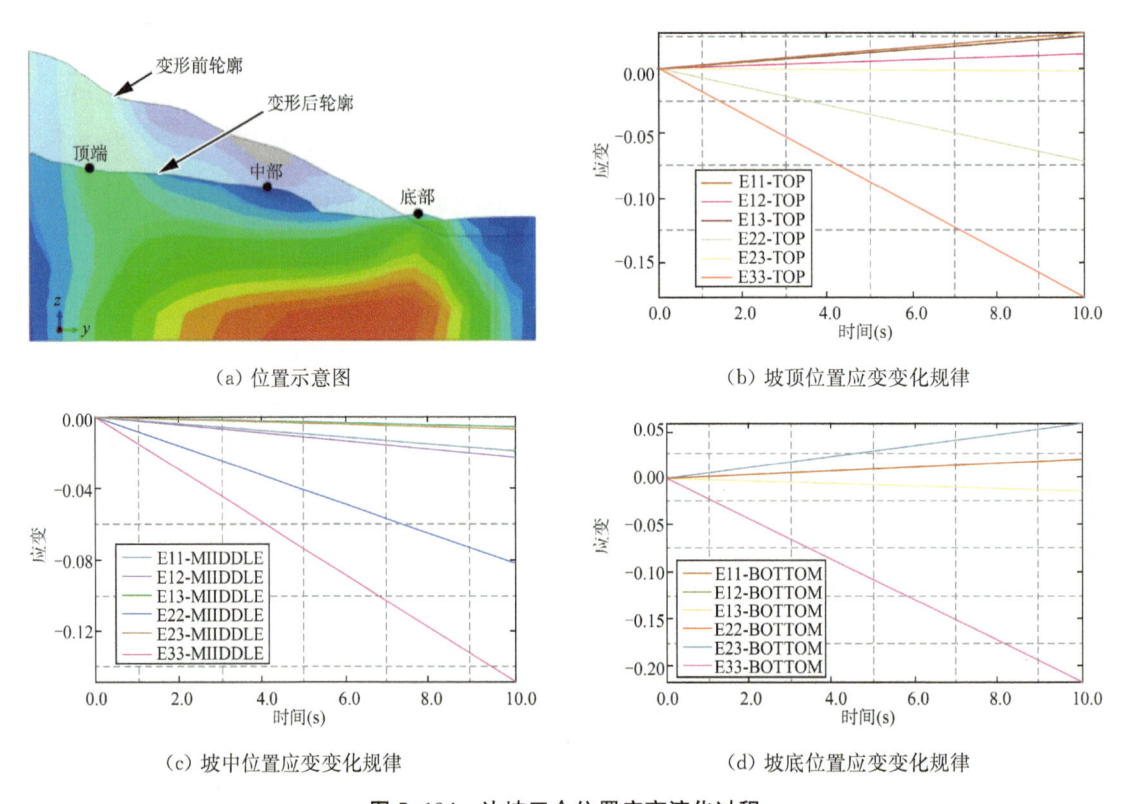

(a) 位置示意图　　　　　　　　　　　　(b) 坡顶位置应变变化规律

(c) 坡中位置应变变化规律　　　　　　　　(d) 坡底位置应变变化规律

图 5-104　边坡三个位置应变演化过程

向的应变呈下降趋势,这也是由于土体自身重力降低的缘故。坡中位置的三个方向应变均为下降趋势,这是由土体滑向坡底、坡中土体重力下降所致。图5-105显示了滑坡三个方向主应变三维变化规律,从图中可以看出,沿边坡宽度方向的应变主要在表面发生变化(E11),而沿边坡长度方向(E22)应变随着滑坡行为在坡内达到最大,沿滑坡厚度方向(E33)应变在坡底达到最大。

图 5-105　滑坡三个方向主应变演变特征

图5-106显示了边坡应力的分布特征,可以看出,边坡斜方向应力(S23)与表面形貌相关,还与沿着滑坡方向应力相关;而厚度方向应力变化规律与应变变化一致。由图5-107中也可以清晰看出,应力分布随滑面向内部和底部逐渐增大,表明了坡角处变形剪应力集中,容易导致土体破坏进而引起滑坡的发生,这与二维模型预测的分布特征一致。这也从应力的角度进一步说明剪切带的形成机理。图5-108显示了边坡应力三维变化规律,从图中可以看出,沿坡宽度方向和长度方向的应力变化主要在表面和内部(S11、S23),而沿滑坡厚度方向(S33)应力在坡底达到最大。

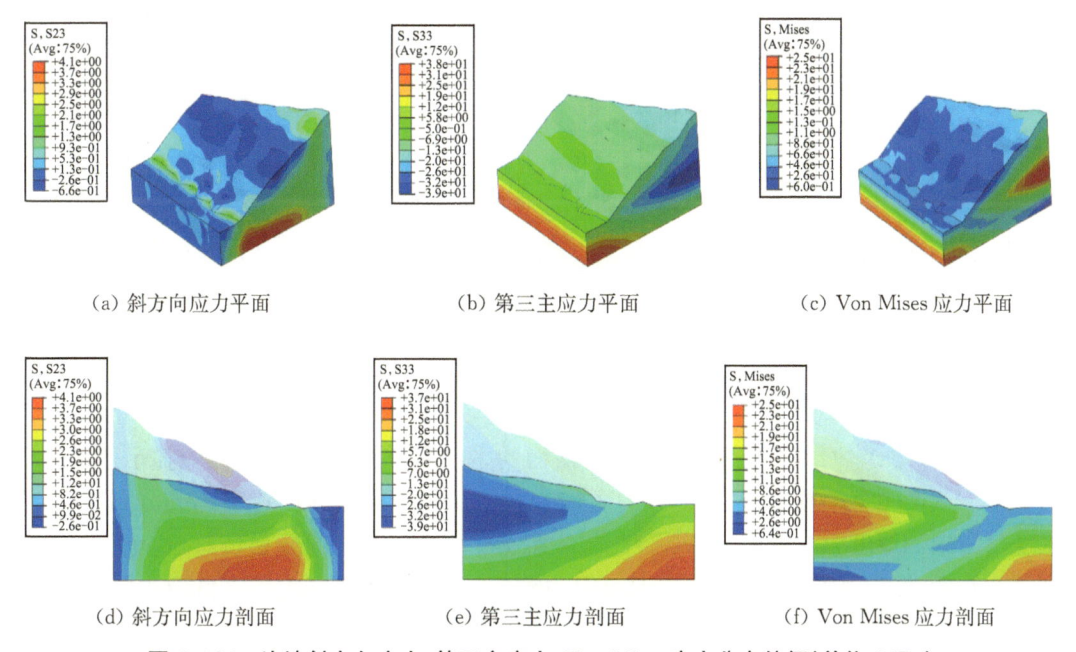

(a) 斜方向应力平面　　(b) 第三主应力平面　　(c) Von Mises应力平面

(d) 斜方向应力剖面　　(e) 第三主应力剖面　　(f) Von Mises应力剖面

图 5-106　边坡斜方向应力、第三主应力、Von Mises应力分布特征(单位:MPa)

(a) 坡顶位置应力变化规律

(b) 坡中位置应力变化规律

(c) 坡底位置应力变化规律

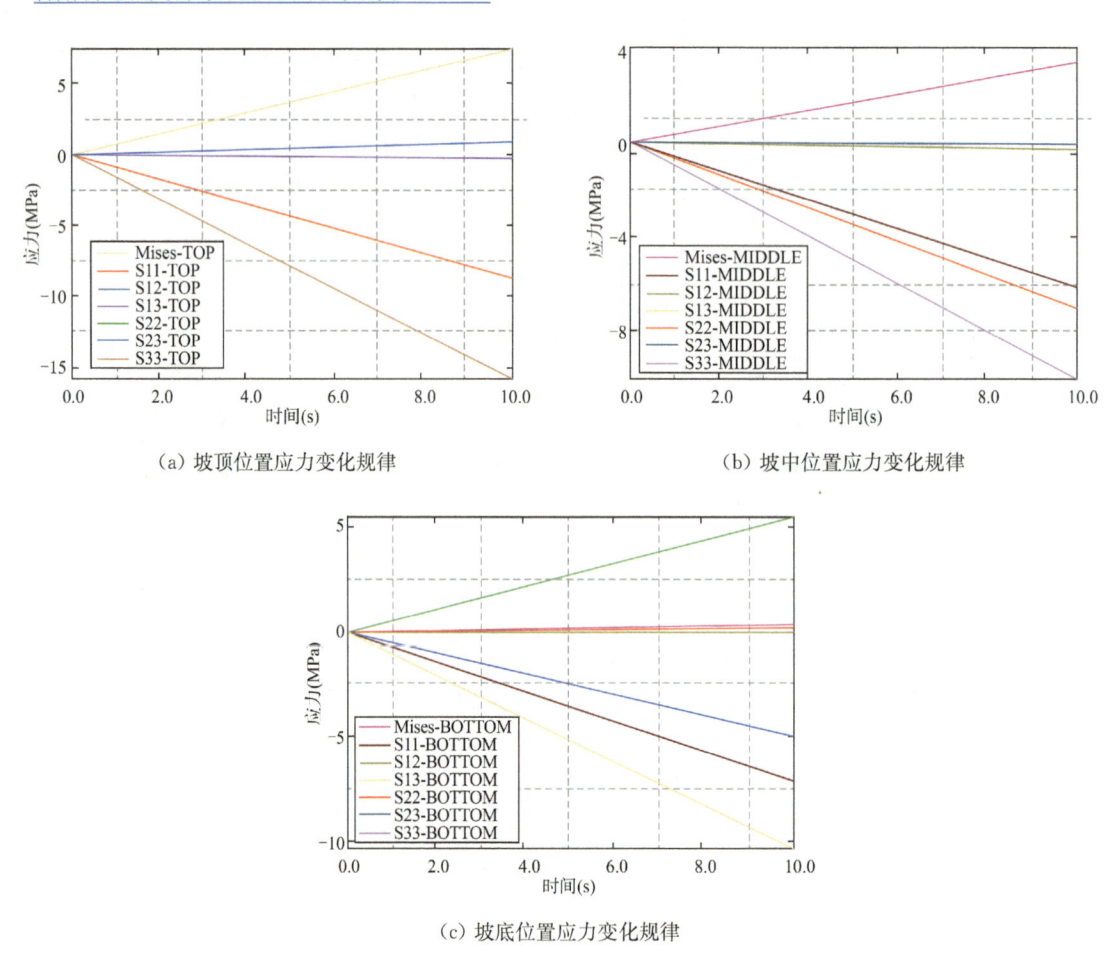

图 5-107　边坡三个位置应力演化过程

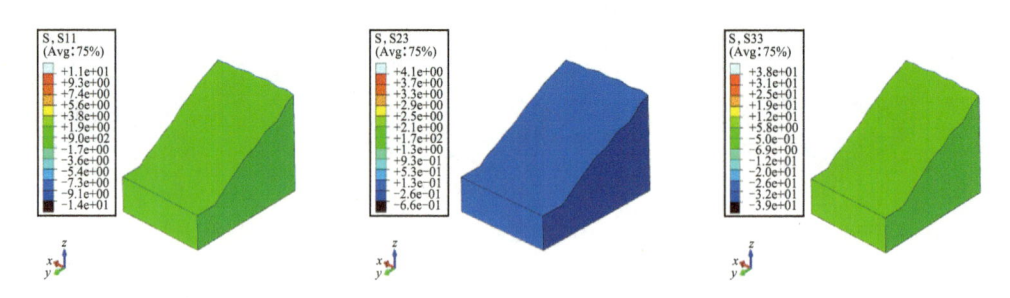

图 5-108　边坡三个方向主应力演变特征(单位：MPa)

图 5-109(a)~(c)显示了边坡中间横截面的主应变分布特征，(d)~(f)显示了应力分布特征。从图中可以看出，沿宽度方向主应变和斜方向应力在纵向有不同的分布特征，而沿长度方向和厚度方向主应变，以及整体应力分布均呈现明显的分层现象，这也直接反映了滑坡在滑动过程中各层土体的应变及应力分布特征，坡顶处于大应变低应力状态，而坡底处于小应变大应力状态，正是由于坡面和坡底这种应变和应力失配共同作用，形成了剪切带，对坡中位置产生剪切应力。

第 5 章 预警模型模拟与研究

(a) 第一主应变分布特征　　(b) 第二主应变分布特征　　(c) 第三主应变分布特征

(d) 斜方向应力分布特征　　(e) 第三主应力分布特征　　(f) Von Mises 应力分布特征

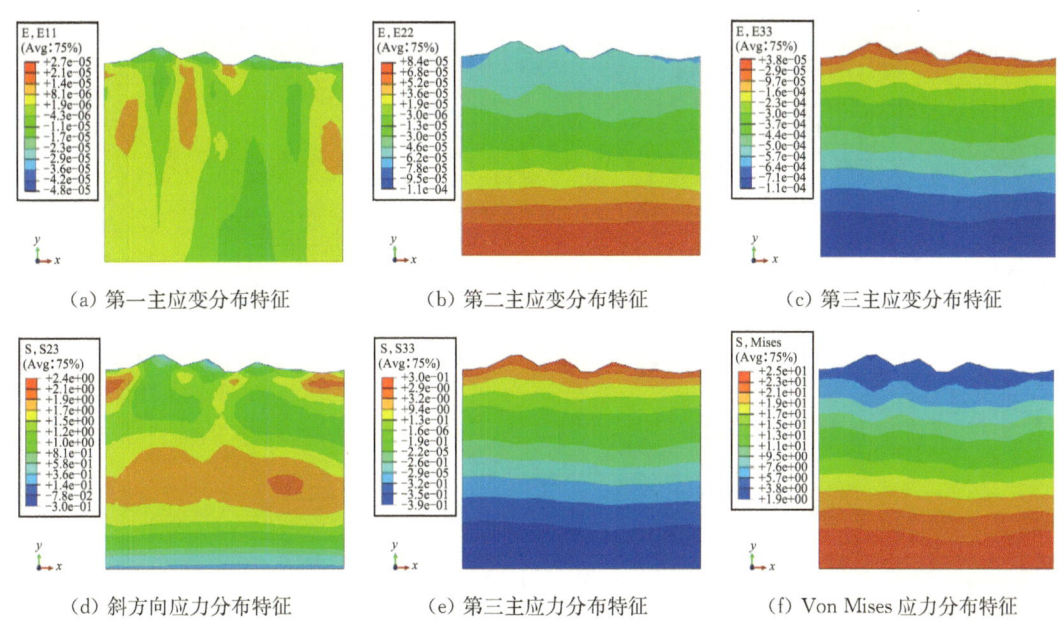

图 5-109　边坡中间横截面应变、应力分布特征（单位：MPa）

图 5-110 显示了边坡位移在不同阶段、不同方向的分布特征，可以看出，随着时间的变化，边坡底部位移都在增加，这是由于上层土体滑落至底部；沿着宽度方向位移较大，沿着长度和厚度方向，内部和底部位移达到最大。图 5-111 显示了滑坡不同位置位移随时间的动态演化过程，从图中可以看出，顶部和中部位移随着时间减小，底部逐渐增加。图 5-112 显示了滑坡三个方向位移的三维变化规律，随着滑坡的发生，土体不断滑落堆积在底部，边坡底部位移逐渐增加。

(a) 滑坡启动时刻　　(b) 边坡滑动过程　　(c) 边坡大变形时刻

(d) z 方向位移分布特征　　(e) x 方向位移分布特征　　(f) y 方向位移分布特征

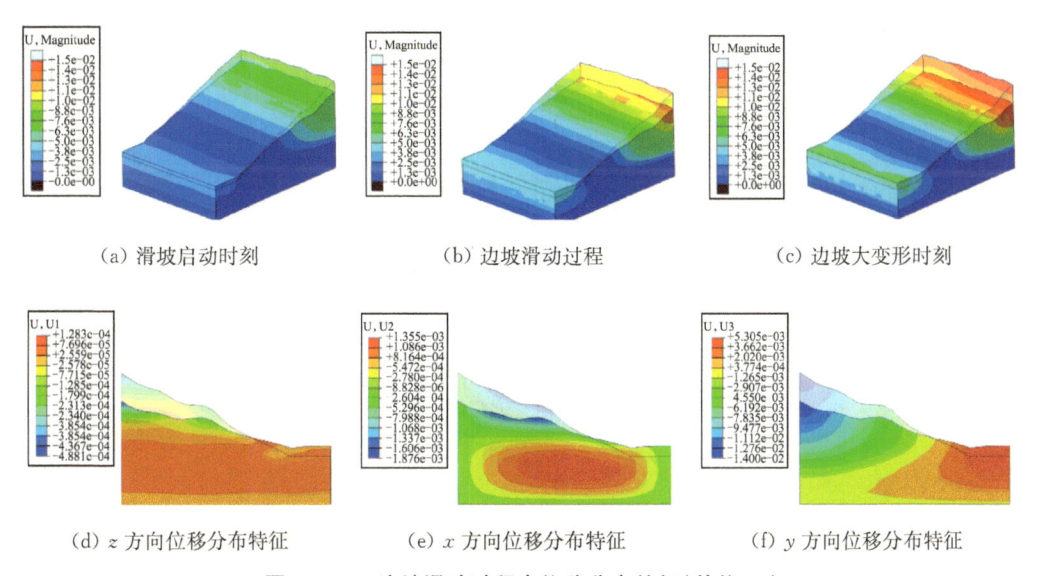

图 5-110　边坡滑动过程中位移分布特征（单位：m）

131

(a) 坡顶位置位移变化规律

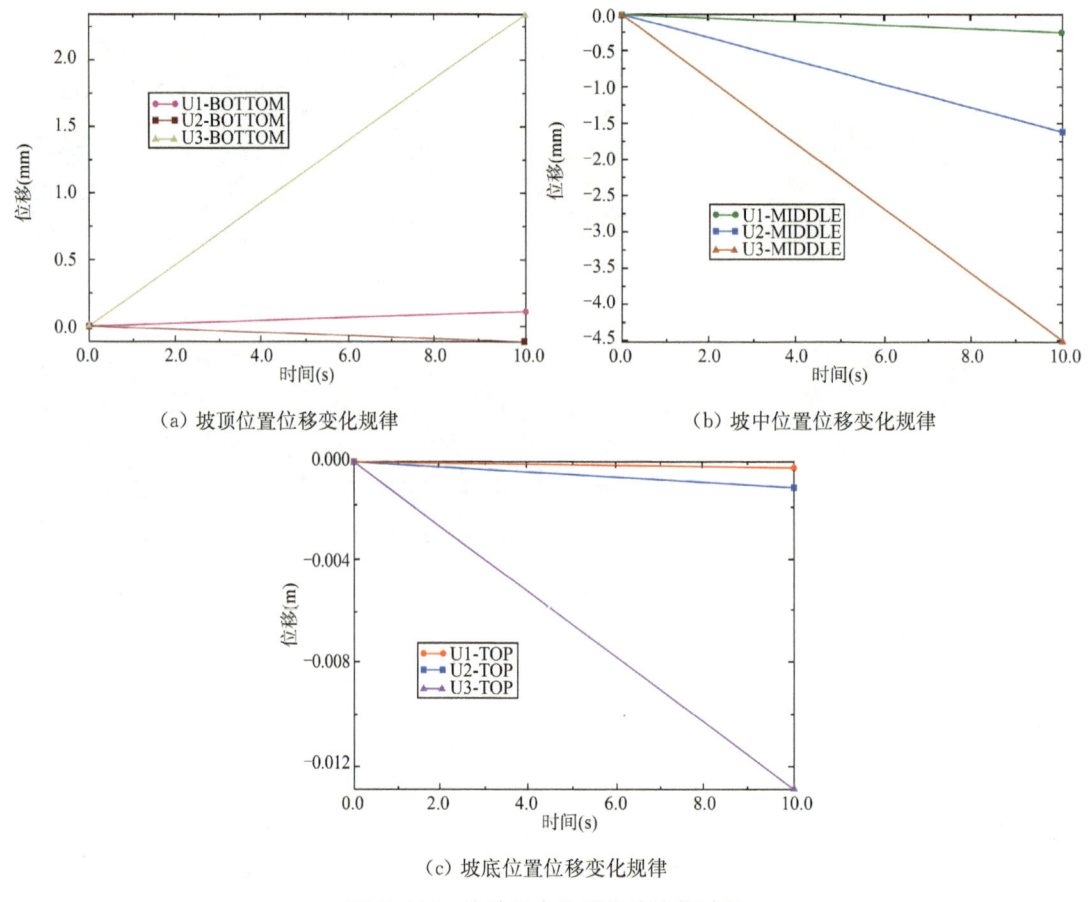

(b) 坡中位置位移变化规律

(c) 坡底位置位移变化规律

图 5-111　边坡三个位置位移演化过程

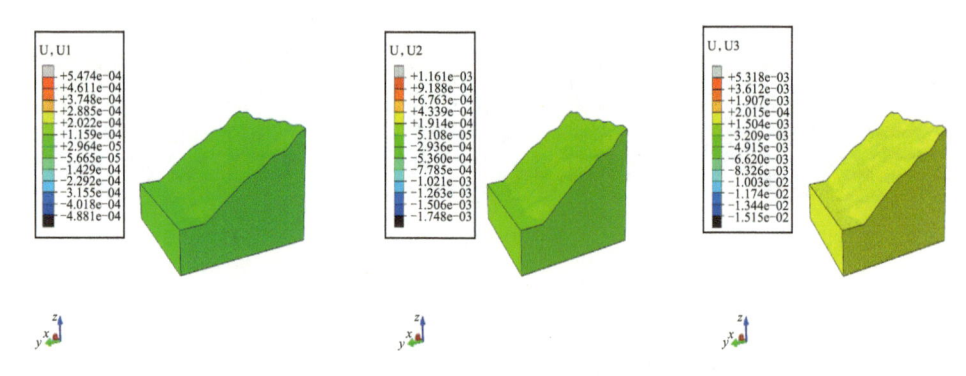

图 5-112　边坡三个方向位移演变特征(单位:m)

5.1.3.7　局部滑坡力学分布特征

上述研究内容针对降雨时整个坡体的位移、应力、应变、水饱和度、孔隙率进行了计算和分析,受到地表形貌的影响,滑坡通常发生在整个坡体局部位置,下面依据整体边坡力学特征,给出了局部力学参数变化最剧烈的区域,同时认为,该位置是发生滑坡的区域,并给出其应力、应变以及位移的演化分布特征。

图 5-113 显示了滑坡位置应力随时间演化过程,可以看出,随着时间的增加,滑坡位置处应力迅速增加,且面积也呈现增加的趋势,这是由于地貌起伏会造成局部位置积水增加,渗透压增加引起应力集中,产生易滑区域。相应地从图 5-114 可以看出,应变也呈现迅速增加的趋势,滑坡面积逐渐增大。

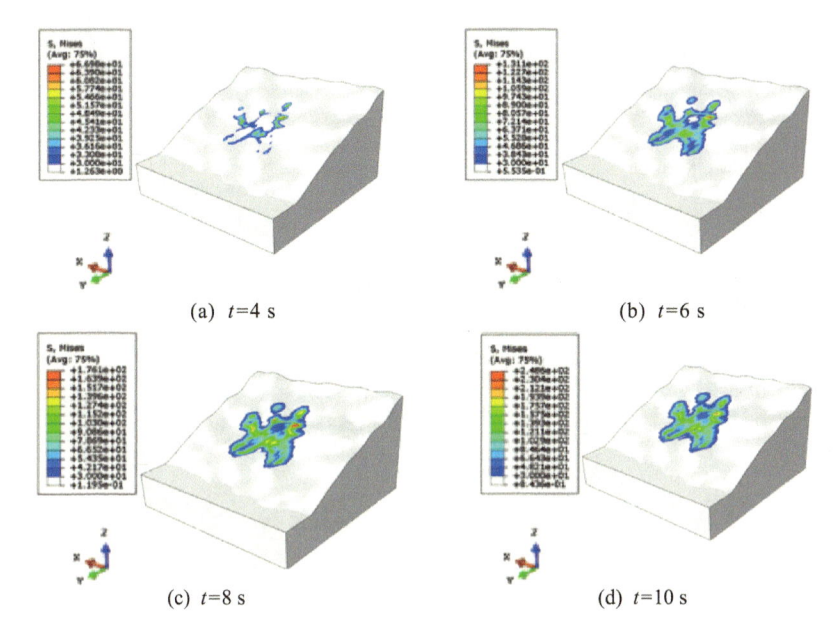

(a) $t=4$ s

(b) $t=6$ s

(c) $t=8$ s

(d) $t=10$ s

图 5-113　滑坡位置 Von Mises 应力分布演变特征示意图

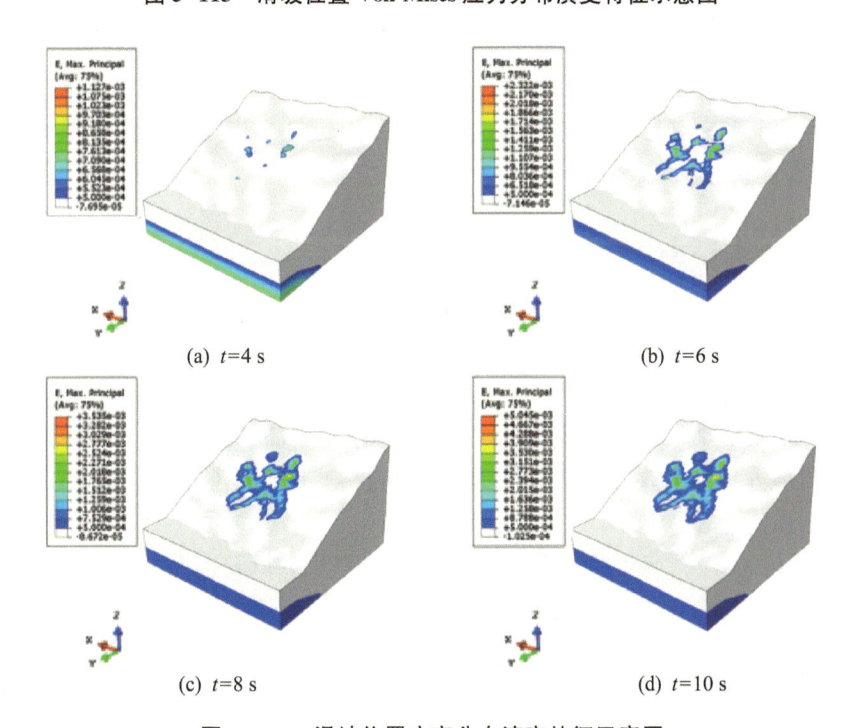

(a) $t=4$ s

(b) $t=6$ s

(c) $t=8$ s

(d) $t=10$ s

图 5-114　滑坡位置应变分布演变特征示意图

图 5-115 显示了滑坡位置位移分布演变特征,发生位移意味着滑坡逐渐形成,而且在较短时间内迅速滑下,可以看出在 10 s 这一时刻,滑坡已经形成并滑下。

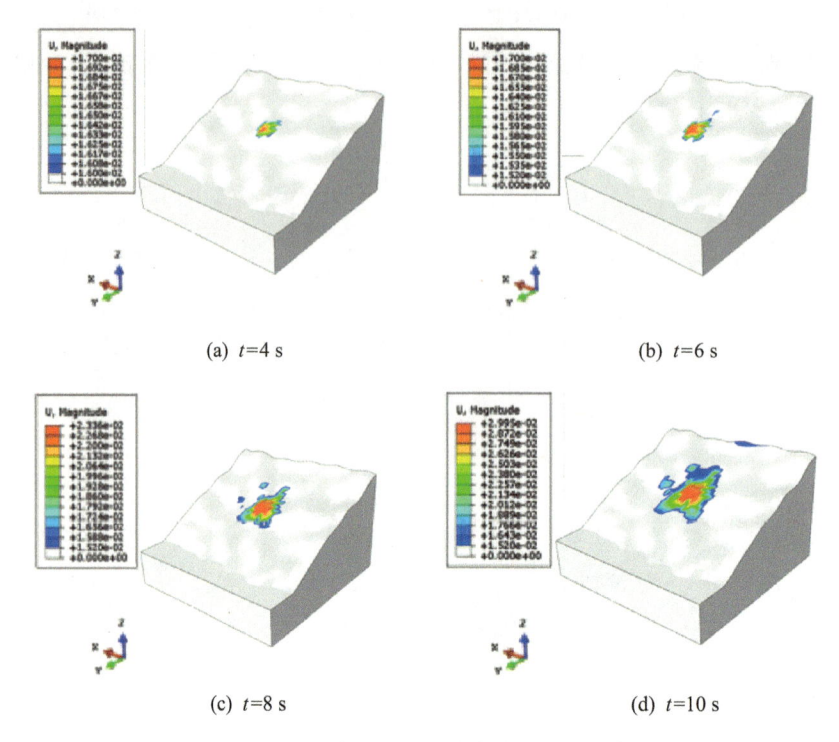

(a) $t=4$ s

(b) $t=6$ s

(c) $t=8$ s

(d) $t=10$ s

图 5-115　滑坡位置位移分布演变特征示意图

以上结果说明,滑坡的发生与整个边坡坡体的受力行为密切相关,当整体边坡渗透压积累到一定程度,局部地形起伏剧烈的位置就会形成滑坡,并在较短时间内滑下。因此,对滑坡预警不仅仅需要关注曾经发生滑坡的易滑位置,还要关注地形起伏剧烈的位置,这些位置孔压更大,且极易积水,易造成滑坡。

5.2　泥石流灾害预警模型模拟及研究

5.2.1　工作内容

(1) 系统梳理并分析研究区泥石流沟道基础地理及地质数据现状,包括地质数据(地形地图、DEM 数据等)、监测数据、各类图件等,结合项目实际和建模需求,开展数据整理和分析研究。

(2) 建立可开展泥石流运动过程定量评价的物理模型并研究相关计算模拟技术。

(3) 在上述物理模型及计算模拟技术的基础上,结合研究区基础资料和数据,开展研究区泥石流运动过程的精细化模拟。

(4) 利用模拟结果提供研究区沟道泥石流特征的定量评价数据,研究基于动力学过程的泥石流监测预警阈值方法。

5.2.2 技术路线

首先查阅泥石流相关专著、文献,搜集泥石流所在区域地质资料,对现有泥石流资料进行研究分析,通过构建物理模型,对陇南市武都区渭子沟、小河口沟、甘家沟及文县关家沟4条泥石流沟的泥石流灾害物理过程进行研究。并对沟道泥石流进行系统分析、计算、研究,从而确定泥石流的预警阈值。具体研究技术路线如图5-116所示。

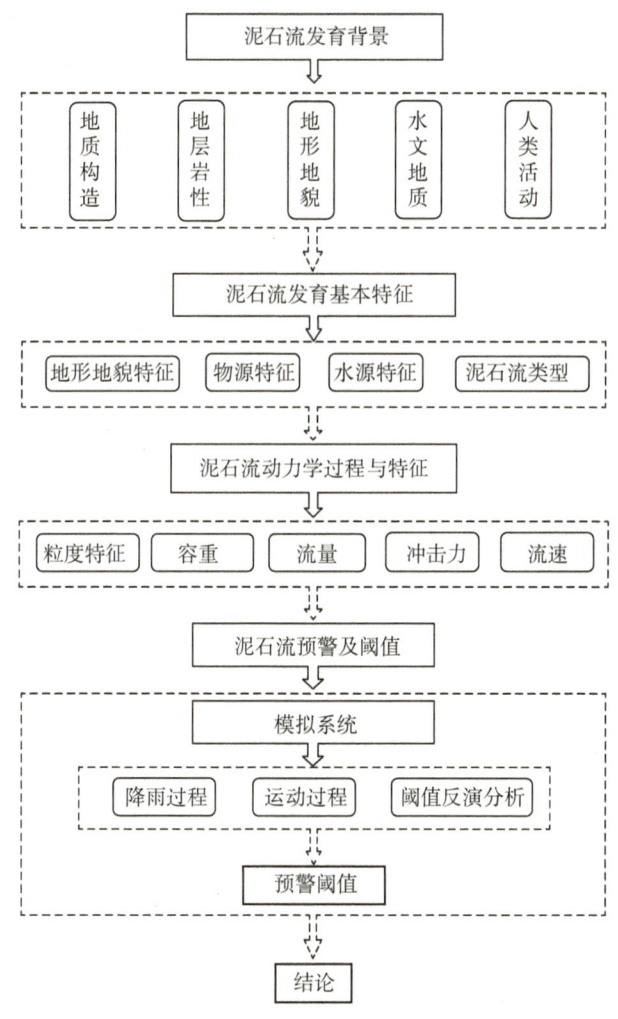

图 5-116　研究技术路线

5.2.3 创新点

基于具有物理意义的数学方程来定量化模拟描述灾害演化过程,根据流体力学原理,提取研究区域地形地貌和降雨事件中的主要物理特征,将现实中复杂的灾害问题模型化,通过所建立的物理模型及计算模拟技术来精细化模拟泥石流运动过程。并对具体的沟道泥石流进行系统分析、计算、研究,确定各条泥石流沟道的相应监测阈值,从而进一步提高监测—计算—预警流程的工作效率,力求更好地提高当地防灾减灾能力。

5.2.4 物理模型

传统地质灾害的质量流研究已经表明,泥石流运动通常发生在一定的坡度上,且在停止运动之前可以传播很长的运动距离。研究过程中也观察到这些运动表现出了近似流体的行为(fluid-like),即颗粒材料可以堆积在一个非常长的薄层中,这样形成的前端可以在较长的距离内移动。这种流变性质使得在研究中可以将运动的颗粒考虑成一种连续介质,而连续介质的假设通常需要考虑域相对于平均颗粒尺寸足够大,且所研究的过程是等温的情况,颗粒流的运动只由质量和动量平衡方程描述,再加上合适的边界条件及适当的本构定律,这种方法也被称为经典流体力学方法。

降雨诱发的坡面径流在地形影响下汇流进入沟道,伴随沟道物质启动形成泥石流,泥石流在运动过程中受物质特征(如密度、摩擦角等)影响。Savage 和 Hutter 在流体三维运动方程的基础上,利用深度平均理论对运动方程进行了简化,即假设流体在运动过程中其 z 方向上的变量保持一致,从而将复杂的三维运动方程简化为二维运动方程,并采用库伦摩擦定律描述滑坡体在运动过程中受到的摩擦阻力,提出了著名的 Savage-Hutter 模型。因此,按照泥石流物质组成特征及坡面径流运动特征分析,同时考虑侧向偏应力对泥石流动力过程的影响,采用基于深度平均理论的 Savage-Hutter 方程来描述泥石流的运动特征。具体方程形式描述如下:

$$\frac{\partial \rho_s h_s}{\partial t} + \frac{\partial (\rho_s h_s u_s)}{\partial x} + \frac{\partial (\rho_s h_s v_s)}{\partial y} = 0$$

$$\frac{\partial (h_s u_s)}{\partial t} + \frac{\partial \{h_s u_s^2 + 0.5 g_z h_s^2 [k_x(1-r)+r]\}}{\partial x} + \frac{\partial (h_s u_s v_s)}{\partial y}$$
$$= g_x h_s - [k_x(1-r)+r] g_z h_s \frac{\partial z_b}{\partial x} - \tau_{sx}$$

$$\frac{\partial (h_s v_s)}{\partial t} + \frac{\partial (h_s u_s v_s)}{\partial x} + \frac{\partial \{h_s v_s^2 + 0.5 g_z h_s^2 [k_y(1-r)+r]\}}{\partial y}$$
$$= g_y h_s - [k_y(1-r)+r] g_z h_s \frac{\partial z_b}{\partial y} - \tau_{sy}$$

其中:ρ_s 代表泥石流密度;h_s 代表泥石流深度;z_b 代表地表高程;$\boldsymbol{u}_s = (u_s, v_s)$,代表泥石流速度;$r$ 代表泥石流固液密度比;(g_x, g_y, g_z) 代表重力加速度分量;k_x 和 k_y 代表描述材料运动状态的侧应力系数;$\tau_s = (\tau_{sx}, \tau_{sy})$,代表泥石流摩擦阻力。需要注意的是,不同类型泥石流的摩擦阻力表达形式不同。依据现场勘查,甘家沟、关家沟、九峪沟等沟道内细颗粒含量较少,块石、碎石居多,而罗峪沟、渭子沟、小河口沟等沟道内细颗粒含量较多,大块石、碎石等较少。因此,综合考虑下,泥石流摩擦阻力表达形式为

$$\tau_s = (1-\alpha_s) \frac{g_z n_b u_s |u_s|}{h_s^{1/3}} + \alpha_s (1-r) \frac{v_s}{|u_s|} g_z h_s \mu_b$$

其中:n_b 代表曼宁摩擦系数;μ_b 为库伦摩擦系数;α_s 代表泥石流摩擦控制系数。

在 Savage-Hutter 模型中采用局部坐标系(图 5-117)来描述流体的运动过程。作为流

体运动的主要驱动因素之一,重力加速度的分布在局部坐标系下对流体运动的影响十分显著,因此重力加速度分量大小的计算尤为重要。对于复杂的实际地形,较为常用的测量手段是利用 GIS 技术生成 DEM 数据,再形成相应的地形图,而 DEM 数据通常是以全局坐标系(即标准笛卡尔坐标系)为参考生成的。因此,如何在 DEM 数据的基础上获得局部坐标系下重力加速度分量的分布是一个关键问题。采用重力加速度分量计算公式,可以在 DEM 数据的基础上较为精确地求解任意一点上的重力加速度分量。假设标准笛卡尔坐标系下实际地形表面 DEM 数据的表达形式为

$$\xi_{\text{DEM}}(x,y) = \begin{bmatrix} x \\ y \\ z(x,y) \end{bmatrix}$$

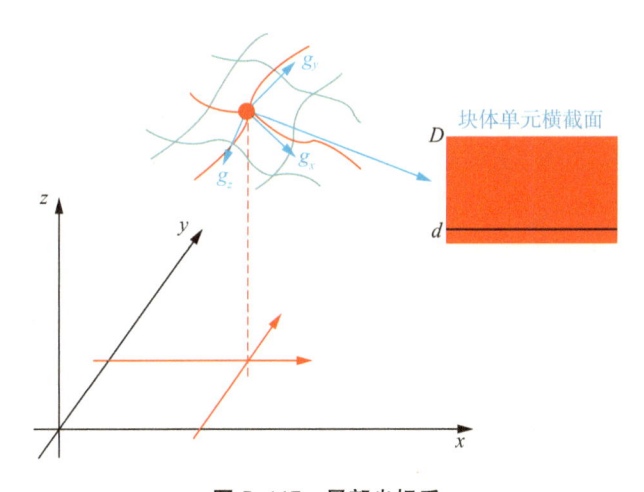

图 5-117 局部坐标系

在此定义 $T_x(x,y)$ 和 $T_y(x,y)$ 分别为地形表面上沿 x 和 y 方向的正切向量, $N(x,y)$ 为垂直于地形表面的法向量,其表达形式如下:

$$T_x = \frac{1}{\sqrt{1+\partial_x z^2}} \begin{bmatrix} 1 \\ 0 \\ \partial_x z \end{bmatrix}$$

$$T_y = \frac{1}{\sqrt{1+\partial_y z^2}} \begin{bmatrix} 0 \\ 1 \\ \partial_y z \end{bmatrix}$$

$$N = \frac{1}{\sqrt{1+\partial_x z^2 + \partial_y z^2}} \begin{bmatrix} \partial_x z \\ \partial_y z \\ -1 \end{bmatrix}$$

基于此,局部坐标系下的重力加速度分量计算公式如下:

$$g_x = T_x \cdot g_0, \quad g_y = T_y \cdot g_0, \quad g_z = N \cdot g_0$$

其中:$g_0 = (0, 0, g)$,g 为标准重力加速度大小;"·"代表点积。

5.2.5 计算方法

有限体积法,又称控制容积积分法,是 20 世纪以来逐渐建立的一种主要应用于求解流动问题和导热问题的数值计算方法。有限体积法相比于有限元法及有限差分法,其具有以下优点:①有限体积法的基础是积分形式的控制方程,此方程代表了相关变量在单元容积内的守恒特点;②控制方程的各项都存在确定的物理意义,进而导致方程在被离散时,均能够赋予离散形式的各项相关的物理解释;③区域离散的节点网格与进行积分的控制容积分立,进而确保了特征变量的守恒性。因此,采用有限体积法对模型方程进行求解,首先将方程组转化为向量形式,可表达如下:

$$\frac{\partial \boldsymbol{U}}{\partial t} + \frac{\partial \boldsymbol{F}}{\partial x} + \frac{\partial \boldsymbol{G}}{\partial y} = \boldsymbol{S} + \boldsymbol{T}$$

其中:$\boldsymbol{U}, \boldsymbol{F}, \boldsymbol{G}, \boldsymbol{S}, \boldsymbol{T}$ 分别为模型方程的变量矩阵,$(\boldsymbol{F}, \boldsymbol{G})$ 为通量矩阵,$(\boldsymbol{S}, \boldsymbol{T})$ 为源项矩阵。为了方便求解,运用算子分裂法将上述方程的向量形式转化成两个一维问题,可表示如下:

$$\begin{cases} \frac{\partial \boldsymbol{U}}{\partial t} + \frac{\partial \boldsymbol{F}}{\partial x} = \boldsymbol{S} \\ \frac{\partial \boldsymbol{U}}{\partial t} + \frac{\partial \boldsymbol{G}}{\partial y} = \boldsymbol{T} \end{cases}$$

上述方程为典型的两个一维黎曼问题。基于此,采用 Roe 格式来求解,以 x 方向上的黎曼问题为例,将上述方程中的子方程转化为以下形式:

$$\frac{\partial \boldsymbol{U}}{\partial t} + \boldsymbol{J} \frac{\partial \boldsymbol{U}}{\partial x} = \boldsymbol{S}(\boldsymbol{U})$$

其中:$\boldsymbol{J}$ 为通量 $\boldsymbol{F}$ 关于变量 $\boldsymbol{U}$ 的雅克比矩阵,$\boldsymbol{J} = \partial \boldsymbol{F} / \partial \boldsymbol{U}$,可表达如下:

$$\boldsymbol{J} = \begin{pmatrix} 0 & 1 & 0 \\ c^2 - u^2 & 2u & 0 \\ -uv & v & 0 \end{pmatrix}$$

其中:$c^2 = gh$。此时,定义 $\widetilde{\boldsymbol{J}}$ 与 $\boldsymbol{J}$ 具有相同的格式,但 $\widetilde{\boldsymbol{J}}$ 是由平均值 (u, v, h) 计算所得的,这些平均值可表达如下:

$$\widetilde{h} = \frac{h_L + h_R}{2}, \quad \widetilde{u} = \frac{\sqrt{h_R} u_R + \sqrt{h_L} u_L}{\sqrt{h_R} + \sqrt{h_L}}, \quad \widetilde{v} = \frac{\sqrt{h_R} v_R + \sqrt{h_L} v_L}{\sqrt{h_R} + \sqrt{h_L}}$$

由 Roe 格式求解的方程界面通量可表达如下:

$$\boldsymbol{F} = \frac{1}{2} [\boldsymbol{F}_R + \boldsymbol{F}_L - \boldsymbol{R} |\widetilde{\boldsymbol{\Lambda}}| \boldsymbol{R}^{-1} (\boldsymbol{U}_R - \boldsymbol{U}_L)]$$

其中:$\widetilde{\boldsymbol{\Lambda}}$ 为对角矩阵;$\boldsymbol{R} = (\boldsymbol{e}_1, \boldsymbol{e}_2, \cdots, \boldsymbol{e}_k)$;$\boldsymbol{e}_k$ 为雅克比矩阵 $\widetilde{\boldsymbol{J}}$ 的特征向量。需要注意的

是,$\tilde{\boldsymbol{J}}$ 的特征值必须满足熵条件,避免非物理间断现象的出现。基于此,采用 Harten-Hyman 格式对 $\tilde{\boldsymbol{J}}$ 的特征值 $\tilde{\lambda}$ 进行修正,可表达如下:

$$\tilde{\lambda} = \begin{cases} \max(0, \tilde{\lambda} - \lambda_L, \lambda_R - \tilde{\lambda}) & |\tilde{\lambda}| < \varepsilon \\ \tilde{\lambda} & |\tilde{\lambda}| \geqslant \varepsilon \end{cases}$$

其中:ε 为相对 $\tilde{\lambda}$ 来说足够小的临界值。与此同时,为了提高界面通量的计算精度及避免寄生振荡现象的出现,运用 MUSCL 格式对界面变量 $\boldsymbol{U}_L$ 和 $\boldsymbol{U}_R$ 进行重构,可表达如下:

$$\begin{cases} \boldsymbol{U}_L = \boldsymbol{U}_i^n + \dfrac{1}{2}(\boldsymbol{U}_i^n - \boldsymbol{U}_{i-1}^n) \cdot M(q_i^-) \\ \boldsymbol{U}_R = \boldsymbol{U}_{i+1}^n - \dfrac{1}{2}(\boldsymbol{U}_{i+1}^n - \boldsymbol{U}_i^n) \cdot M(q_i^+) \end{cases}$$

$$q_i^- = \frac{\boldsymbol{U}_{i+1}^n - \boldsymbol{U}_i^n}{\boldsymbol{U}_i^n - \boldsymbol{U}_{i-1}^n}, q_i^+ = \frac{\boldsymbol{U}_{i+2}^n - \boldsymbol{U}_{i+1}^n}{\boldsymbol{U}_{i+1}^n - \boldsymbol{U}_i^n}$$

其中:M 为通量限制器,采用 Roe Superbee 格式计算,可表达如下:

$$M(x) = \max(0, \min(1, 2x), \min(2, x))$$

此外,采用 McCormack 格式提高计算时间精度,可表达如下:

$$\boldsymbol{U}_i^{pr} = \boldsymbol{U}_i^n - \frac{\Delta t}{2\Delta x}(\boldsymbol{F}_i^n - \boldsymbol{F}_{i-1}^n) + \frac{\Delta t}{2}\boldsymbol{S}_i^n$$

$$\boldsymbol{U}_i^{cr} = \boldsymbol{U}_i^{pr} - \frac{\Delta t}{2\Delta x}(\boldsymbol{F}_i^{pr} - \boldsymbol{F}_{i-1}^{pr}) + \frac{\Delta t}{2}\boldsymbol{S}_i^{pr}$$

$$\boldsymbol{U}_i^{n+1} = \frac{(\boldsymbol{U}_i^n + \boldsymbol{U}_i^{cr})}{2}$$

其中:上标 pr 和 cr 分别代表预测步和校正步;n 代表时间层;Δx 为单元网格在 x 方向上的边长;Δt 为时间步长,其计算格式可表达如下

$$\Delta t \leqslant \min\left(\frac{cfl \cdot \Delta x}{\max(\sqrt{u^2 + v^2} + c)}\right)$$

其中:cfl 为柯朗数,通常小于 1。计算 y 方向上一维黎曼问题的步骤与上述步骤类似,将 x 方向和 y 方向上的一维黎曼问题分别求解后,下一个时间步长变量解可通过以下格式获得:

$$\boldsymbol{U}^{n+1} = L_x\left(\frac{\mathrm{d}t}{2}\right) L_y\left(\frac{\mathrm{d}t}{2}\right) L_y\left(\frac{\mathrm{d}t}{2}\right) L_x\left(\frac{\mathrm{d}t}{2}\right) \boldsymbol{U}^n$$

其中:L_x 和 L_y 分别代表求解 x 方向和 y 方向上一维黎曼问题的计算程序。

为实现降雨-泥石流运动过程模拟,针对上述物理模型方程的结构特征,采用结合 HLLC 近似黎曼解的有限体积算法进行求解,基于 MATLAB 语言开展代码编写,利用网格重划分技术提高计算效率,结合 MATLAB 可视化功能实现计算数据的读取与展示,以此完

成降雨-泥石流运动过程的定量化评价。

5.2.6　基于动力过程的泥石流数值预警方法

项目建立了一种降雨诱发泥石流运动过程模拟的数值预警方法,通过分析泥石流运动过程的数值模拟,来获取泥石流的动力特征参数,如流量、流深等,以此来开展数值预警。项目利用 MATLAB 语言编写了该方法的模拟程序,如图 5-118 所示。该方法通过读取地形数据文件、泥石流物源数据文件、降雨数据文件(图 5-119 至图 5-121),来开展降雨条件下泥石流运动过程模拟。

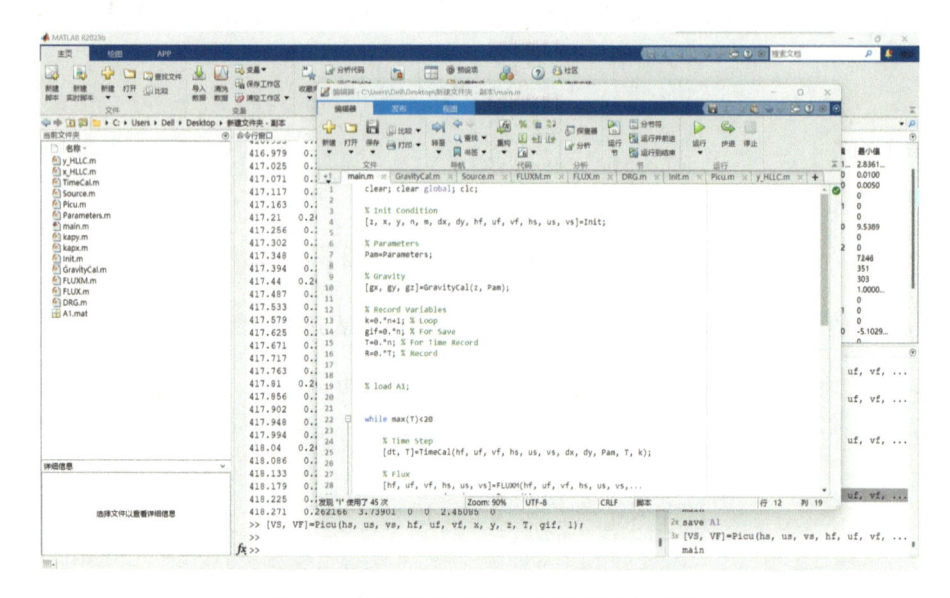

图 5-118　基于 MATLAB 的模拟程序界面

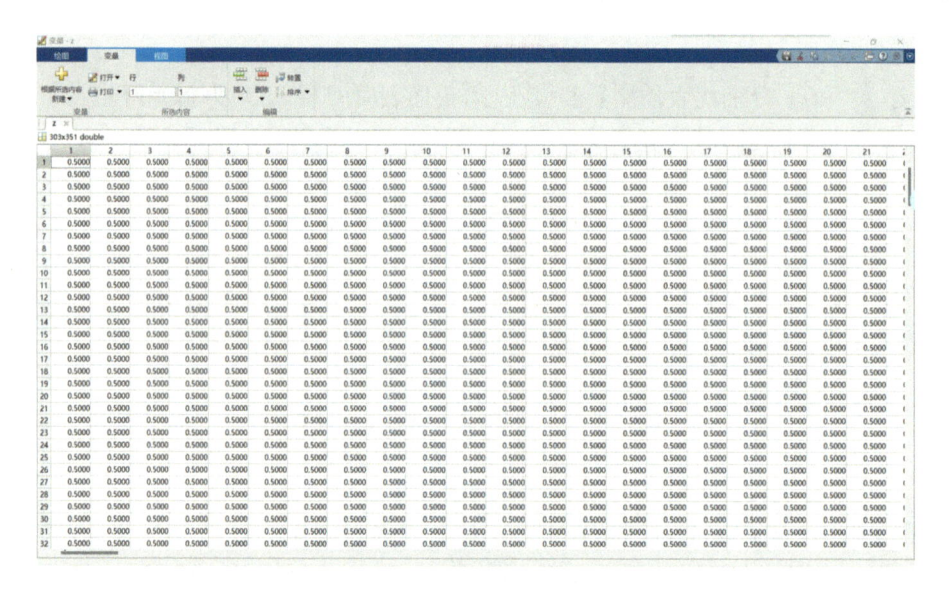

图 5-119　地形数据展示

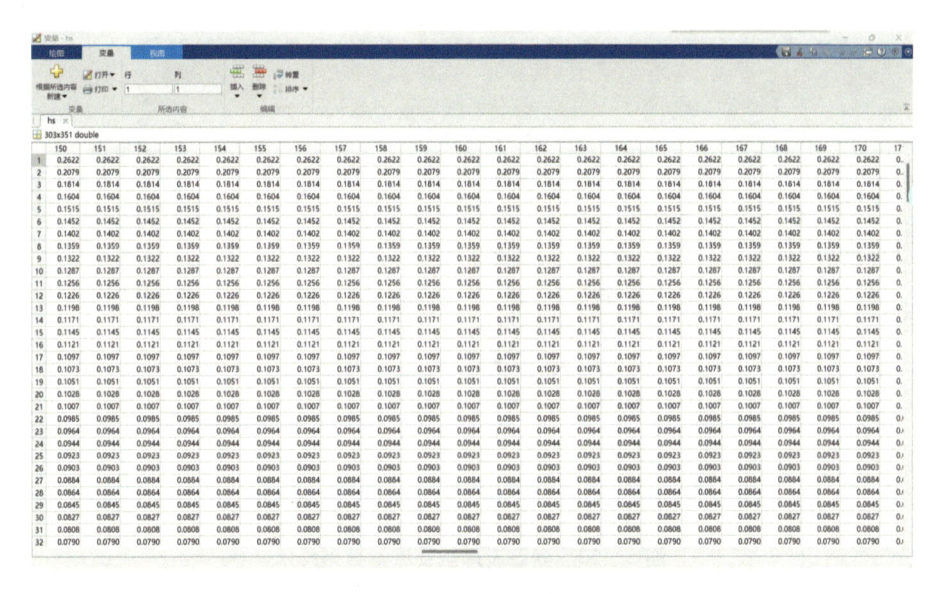

图 5-120　泥石流物源数据展示

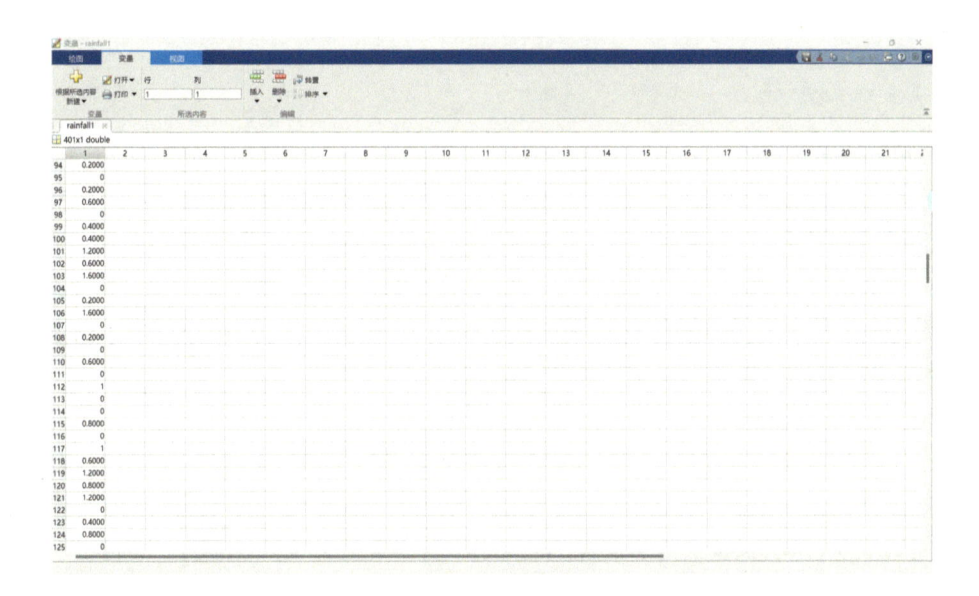

图 5-121　降雨数据展示

利用物理数学模型及数值计算方法,可实时获取泥石流运动形态及特定位置处的流量演变,如图 5-122 所示。

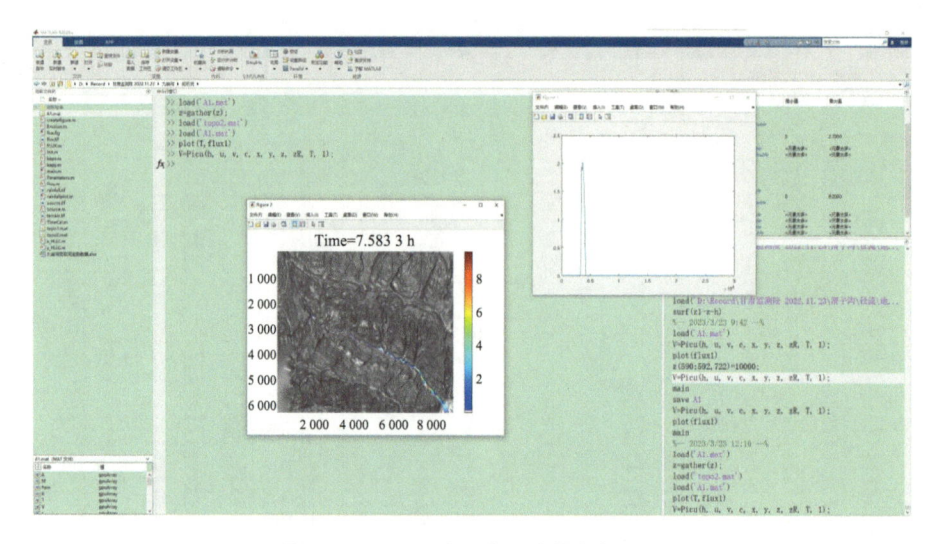

图 5-122　泥石流形态及流量数据展示

5.2.7　渭子沟流域泥石流计算

5.2.7.1　地质条件

1. 环境条件

渭子沟位于陇南市武都区江南街道渭子沟村，距离武都城区约 8 km，位于白龙江南岸，流域形态呈"柳叶"形，流域面积为 35.8 km²，中上游沟谷狭窄陡深，流域相对高差在 300～1 900 m，山坡坡度为 45°～65°，局部大于 70°，主沟长 11.13 km，主沟平均纵坡降 12％，沟谷中上游形态呈"V"字形，下游呈"U"字形，沟道弯曲、狭窄，沟底宽多为 5～40 m，向下游逐渐变宽，至出山口形成扇形泥石流固体物质堆积区。

2. 泥石流发育特征

渭子沟流域属于西秦岭构造的侵蚀、剥蚀等地貌过程强烈作用的中、高山地，有多条近东西向的断层通过，岩体节理发育，土体松散、破碎，滑塌、崩塌十分发育，区内岩体类型为软硬相间的层状、薄层状碳酸盐岩和碎屑岩岩组，土体类型分为黄土状土、块石土。根据勘查，流域内发育滑坡 22 处、崩塌 10 处，是泥石流主要的固体物源，可转化为泥石流的固体松散物质量达 1 758.67 万 m³。中下游沟道两侧坡积、洪积物沿坡脚分布，厚 2～15 m。松散土体堆积于狭窄沟道及沟坡，易被沟谷洪水及坡面水流冲蚀，为泥石流的形成提供了丰富的固体物质，因修路、采矿等工程行为，在沟道内形成了人工堆渣，在水流的冲蚀下可参与泥石流的形成，为泥石流补给固体松散物质。经勘查，流域内可补给泥石流的松散物质储量达 1 789.88 万 m³。

武都区年降水量较大，且降水时空分布不均，多以大雨和暴雨的形式出现，并集中于 5—9 月份，这 5 个月的降水量占全年的 79.2％。自 1951 年以来，日降水量大于 25 mm 的大雨平均每年出现 2.7 次，大于 50 mm 的暴雨约每年 1 次。近 20 年来，大雨和暴雨的发生次数明显增多，其中大雨每年 4.3 次，每次降雨量都超过泥石流的雨强临界值。据气象部门资料,凡是出现暴雨,10 分钟降雨量均超过 8 mm;在发生大雨的过程中,多数情况下,10 分钟降雨量也超过了 8 mm,形成泥石流的降水条件非常充分。

渭子沟泥石流为中易发泥石流,流域内小支沟切割强烈,极利于降雨的迅速汇集,沟道内固体物源充分,且在雨季降雨充沛,泥石流发生得较为频繁。

5.2.7.2 数据处理

结合 5 m 精度的 DEM 数据,利用 GIS 软件生成可用于计算的初始地形数据;为了节省计算资源及时间,对初始地形数据进行区域删减处理,将渭子沟流域外的部分地形切除,如图 5-123 所示,该数据包含网格数量为 3 308 712(1 992×1 661)。

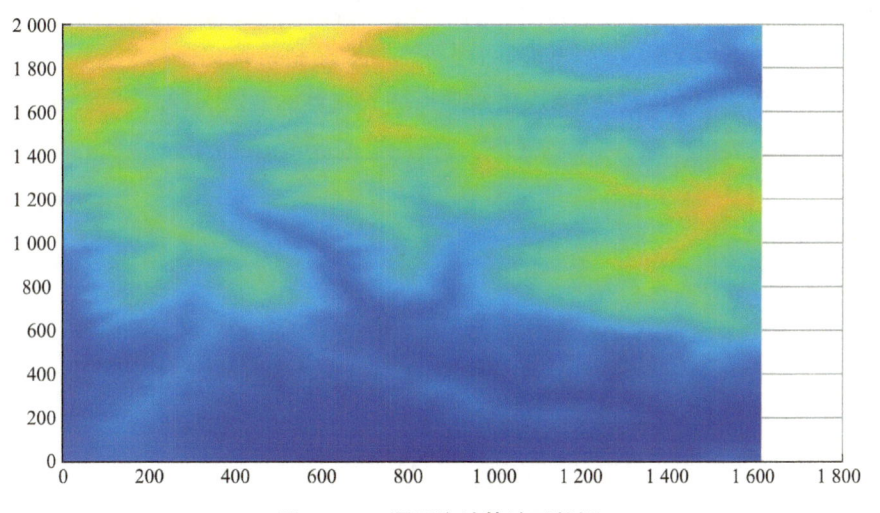

图 5-123 渭子沟计算地形数据

结合生成的地形数据,生成与之匹配的 5 m 精度的物源分布数据,如图 5-124 所示。该数据以活动滑坡类型为主,包括滑坡数目 22 个,物质总量为 1 522.71 万 m³。

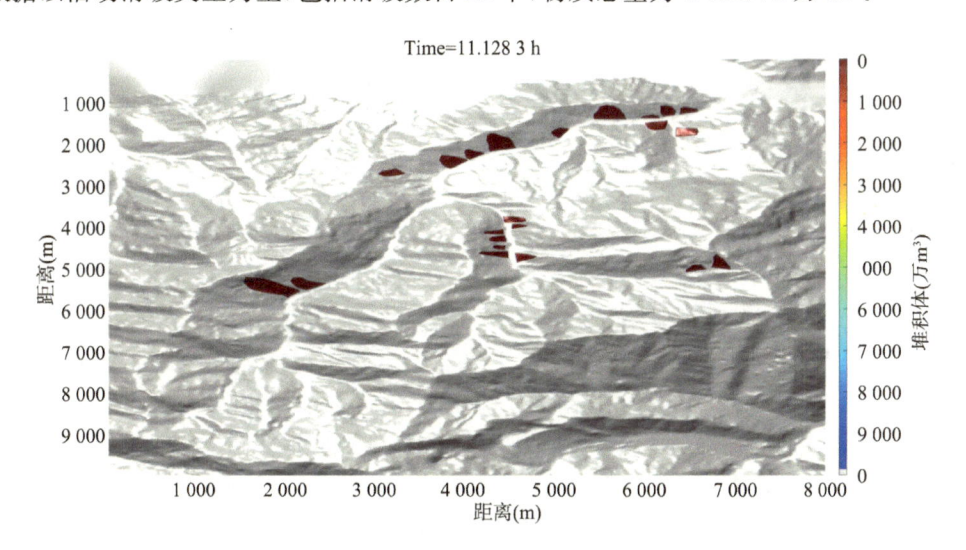

图 5-124 渭子沟计算物源分布数据

5.2.7.3　降雨-泥石流运动过程初步模拟

泥石流容重按照野外实际调查和陇南市泥石流经验公式等多种方法计算、比较,综合考虑后确定为 16.3 kN/m³;通过经验公式计算,渭子沟 100 年一遇的泥石流估算流量为 452.84 m³/s;根据《甘肃省地质灾害防治工程勘查设计技术要求》,计算得到渭子沟泥石流流速为 5.99 m/s;泥石流规模根据一次最大冲出量进行判断,渭子沟 50 年一遇的最大冲出量为 18.13 万 m³,100 年一遇的最大冲出量为 22.66 万 m³,为大型泥石流。

根据调查得到的泥石流流体特征信息,计算模型中泥石流基本物理参数取值:泥石流密度 $\rho_s=1\,600$ kg/m³,泥石流固液密度比 $r=0.3$,重力加速度 $g=9.8$ m/s²;再根据泥石流计算的相关研究中模型参数的常用值,计算模型中的摩擦系数根据经验取值,曼宁摩擦系数 $n_b=0.015$,库伦摩擦系数 $\mu_b=0.35$,泥石流摩擦控制系数 $\alpha_s=0.3$。基于渭子沟监测的降雨及流量数据(图 5-125),开展该流域降雨诱发泥石流过程模拟及对比验证。

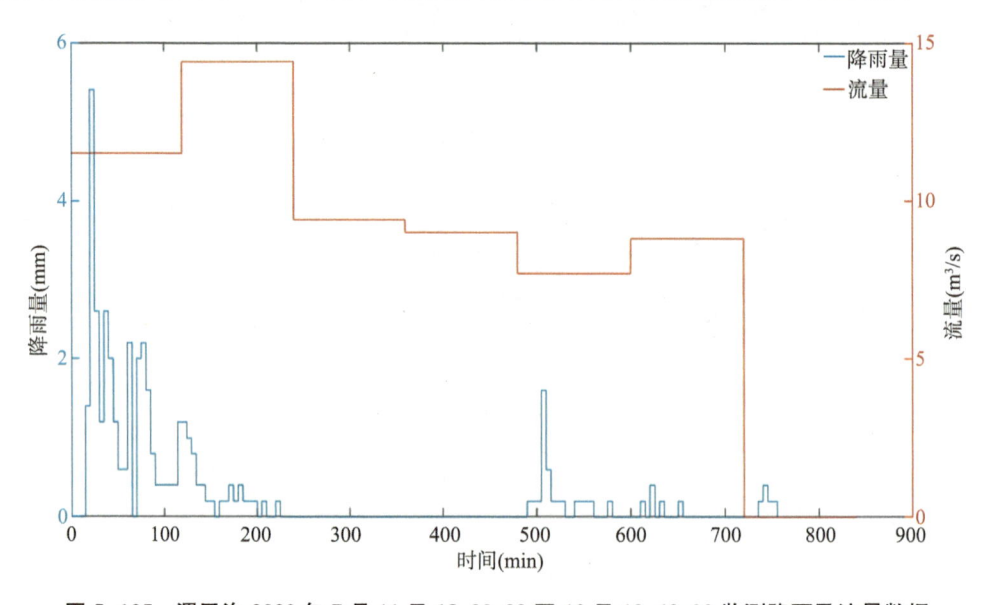

图 5-125　渭子沟 2022 年 7 月 11 日 18:00:00 至 12 日 10:40:00 监测降雨及流量数据

由于流域内的降雨在时间和空间上具有不均匀性,精细化监测工作存在一定的困难,造成了沟道内所监测到的雨量和流量数据具有一定的离散性,通过前期的监测数据分析和模型试算,选取了渭子沟 YL-01 雨量监测仪器以及 LL-01 流量监测仪器从 2022 年 7 月 11 日 18:00:00 至 12 日 10:40:00 所监测的一组较为典型的流量、降雨数据作为一次降雨事件数据,通过上述模型及计算方法获取沟道内流量计算数据与实测数据的对比,开展该流域降雨诱发泥石流过程模拟及对比验证,计算值与实测值的对比如图 5-126 所示。实测流量在 0 至 110 分钟范围内均为 0,在 110 分钟至 240 分钟流量上升至 12 m³/s,随后在 240 分钟至 330 分钟达到峰值 14 m³/s,之后的 330 分钟至 810 分钟,实测流量趋于稳定,在 7 m³/s 至 9 m³/s 的范围内波动,最后的 810 分钟至 960 分钟,实测流量为 0。计算得到的流量值较为连续,在 0 至 80 分钟,计算流量值为 0,之后开始逐渐增加,在 105 分钟达到一个 10 m³/s 的峰值,随后略有减小,然后在 180 分钟增加到 13 m³/s 的峰值,之后慢慢下降,在330分钟计算流量减小到0,之后保持为0且不再有变化。

经过对比分析,计算所得的流量演变过程与监测数据存在较大差异,计算所得到的流量峰值与实际监测数据不符,并且计算流量的时间分布与实际监测值差距较大,因此需要对模型参数开展优化。

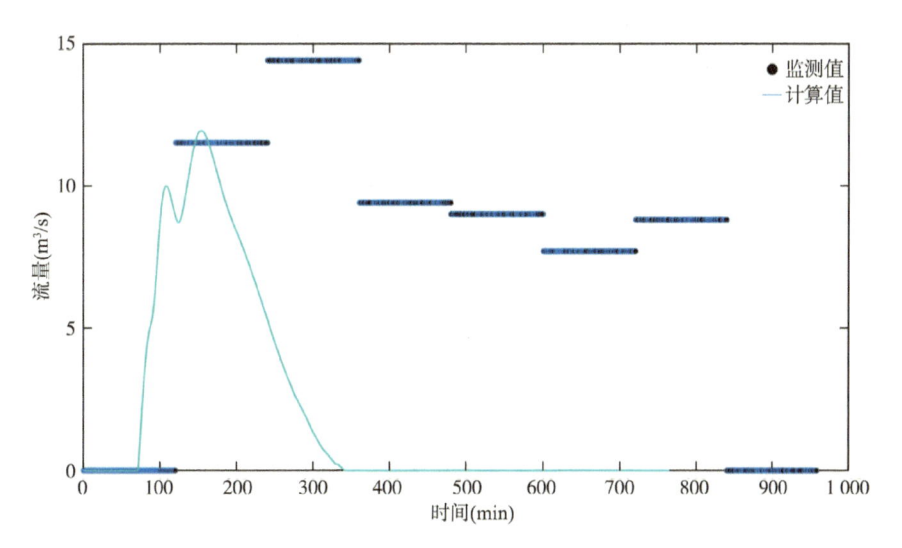

图 5-126　渭子沟 2022 年 7 月 11 日 18:00:00 至 12 日 10:40:00 流量模拟及监测初步对比

5.2.7.4　降雨-泥石流运动过程优化模拟

依据计算结果与监测数据的差异,开展物理模型参数优化。由于计算所得到的流量峰值和时间分布与监测数据存在较大差异,因此主要对泥石流基本物理参数和模型中流体的摩擦系数进行参数敏感性分析,依据初步模拟计算的参数取值和计算结果,在泥石流基本物理参数取值范围和摩擦系数经验取值范围内,对这两类关键参数进行敏感性分析,优化物理模型参数,提高模型计算的精准度。通过对关键参数进行敏感性分析,优化后的模型计算取值为:泥石流密度 $\rho_s=1\,600\ \mathrm{kg/m^3}$,泥石流固液密度比 $r=0.3$,重力加速度 $g=9.8\ \mathrm{m/s^2}$,曼宁摩擦系数 $n_b=0.12$,库伦摩擦系数 $\mu_b=0.3$,泥石流摩擦控制系数 $\alpha_s=0.2$。

同样,利用渭子沟 YL-02 雨量监测仪器以及 LL-02 流量监测仪器从 2022 年 7 月 11 日 18:00:00 至 12 日 10:40:00 所监测的数据,通过模型物理参数优化计算沟道流量数据,并与实测数据进行对比分析,计算值与实测值的对比见图 5-127。实测流量在 0 至 110 分钟范围内达到 12 m³/s,在随后的 110 分钟至 240 分钟达到峰值 14 m³/s,之后的 240 分钟至 710 分钟,实测流量趋于稳定,在 7 m³/s 至 9 m³/s 的范围内波动,最后的 710 分钟至 830 分钟,实测流量为 0。计算得到的流量值较为连续,在 0 至 40 分钟,计算流量值为 0,随后开始逐渐增加,在 100 分钟时达到 14.5 m³/s 的峰值,之后计算流量慢慢下降,在 330 分钟时减小到 0,在 600 分钟至 710 分钟计算流量有微小波动,最终保持为 0 且不再有变化。

通过分析,发现优化计算所得到的流量演变峰值与实际监测数据基本一致,但其过程与实际监测过程存在一定差异,该差异由监测数据监测精度、局部物源变化、计算精度以及物理模型精度误差所引起,监测数据离散性较大,在监测流量激增点变化较大,该变化可能是由暴发小规模泥石流、计算精度、物理模型精度以及仪器测量误差所引起,因此造成了优化计算得到的流量在后期与实际监测的流量值演化过程存在一定的差异,除此之外,计算所得的流量数值与监测数据相吻合,较好地反映出了流量的峰值演化过程。总体上,模型物理参数优化后的计算结果能基本反映出流量的峰值演化。

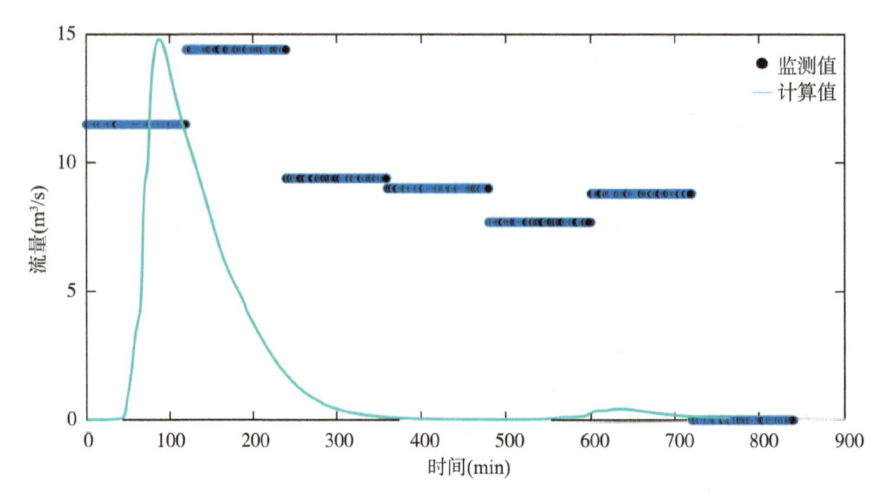

图 5-127　渭子沟 2022 年 7 月 11 日 18:00:00 至 12 日 10:40:00 流量模拟及监测优化对比

5.2.7.5　降雨-泥石流阈值反演

受沟道地形条件制约,渭子沟沟道中下游以上为狭沟地段,在两岸近沟道处无村庄及居民区,进行预警值反演时主要采用沟道中下游对沿沟的村庄可产生威胁的地段进行沟道调查,在调查处结合沟道实际情况,对各阶段的预警值进行设定,而后以设定值为基础,利用已有沟道模型,反演监测仪器位置处的各类设备预警值。

在渭子沟下游调查了 1 处可进行预警值设定的地段,位于沟内下游处 1$^\#$ 断面,坐标为 E104°49′59.76″,N33°23′3.95″,此处沟道整体呈宽"U"形,主流槽较为狭窄,两岸为大片农田,沟道右岸有乡村道路。调查过程中认为此处泥石流易从沟槽中翻越而出,对下游村庄会产生威胁(图 5-128)。该处沟道宽 8.5 m、深 1.5 m,设定泥石流越出沟槽为红色预警值,其余各阶段预警值比照红色预警值进行逐步降低,最终设计泥水位 1.5 m 为红色预警值,泥水位 1.2 m 为橙色预警值,泥水位 0.8 m 为黄色预警值,泥水位 0.4 m 为蓝色预警值。以此位置处不同预警阶段的泥水位值为设计值,对监测断面处的泥水位、流速及雨量进行反演,为监测仪器预警值的设定提供依据。

采用优化后的物理模型参数,重点监测模拟渭子沟下游段 1$^\#$ 断面截面位置在不同降雨强度下泥水位。

以蓝色预警、黄色预警、橙色预警、红色预警四个降雨工况,设定渭子沟 1$^\#$ 断面下游段截面处泥水位预警值依次为 0.4 m、0.8 m、1.2 m、1.5 m。通过不断调整降雨强度预设值,使得在泥石流计算模拟过程中,截面处稳定状态下的流量值逼近泥水位预警值,从而反演得到降雨强度阈值,依次为 3.6 mm/h、16.92 mm/h、43.20 mm/h、71.64 mm/h,同时泥水位值达到警戒值时对应截面流速依次为 1.81 m/s、4.30 m/s、6.76 m/s、8.37 m/s(图

5-129)。最终,在红色预警降雨条件下,渭子沟最大泥水位模拟结果见图5-130。该校核值用于对设定值的反演进行校核;若设定值在此处的反演小于校核值,则可采用反演值作为预警设定值;若设定值在此处的反演大于校核值,则采用此处的校核值,再次对仪器布设位置处的各项监测参数进行反演,力求更好地提高当地防灾减灾能力。

图 5-128 渭子沟预警值校核处沟道

(a) 泥水位蓝色预警值 0.40 m
降雨强度:3.60 mm/h
最大泥水位值及对应流速:0.39 m、1.81 m/s

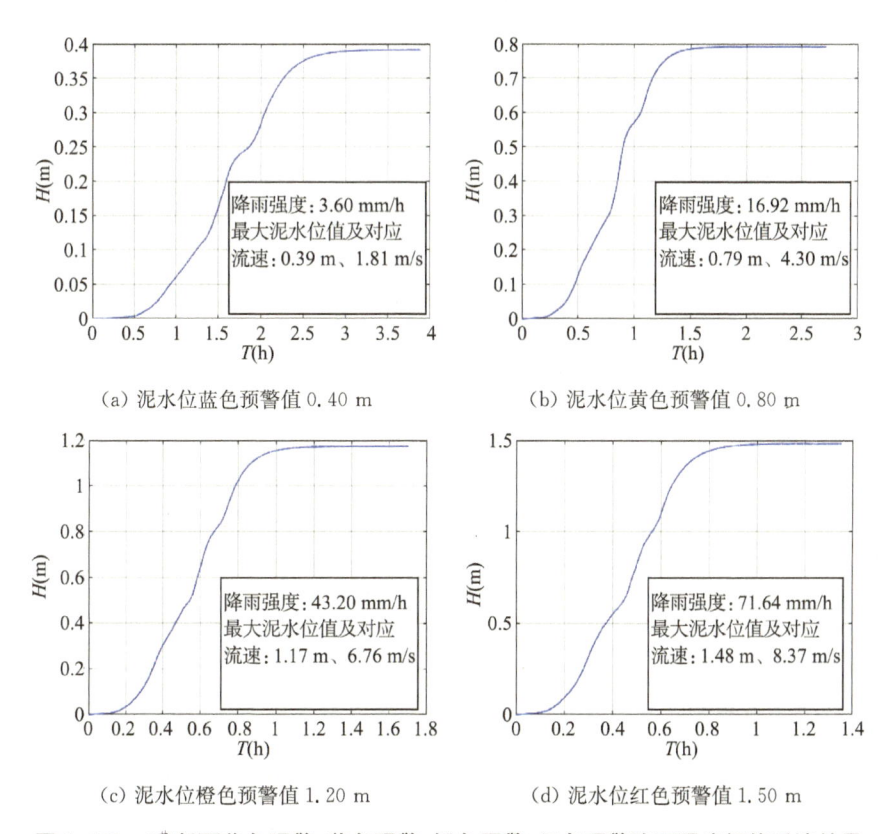

(b) 泥水位黄色预警值 0.80 m
降雨强度:16.92 mm/h
最大泥水位值及对应流速:0.79 m、4.30 m/s

(c) 泥水位橙色预警值 1.20 m
降雨强度:43.20 mm/h
最大泥水位值及对应流速:1.17 m、6.76 m/s

(d) 泥水位红色预警值 1.50 m
降雨强度:71.64 mm/h
最大泥水位值及对应流速:1.48 m、8.37 m/s

图 5-129 1$^{\#}$断面蓝色预警、黄色预警、橙色预警、红色预警降雨强度阈值反演结果

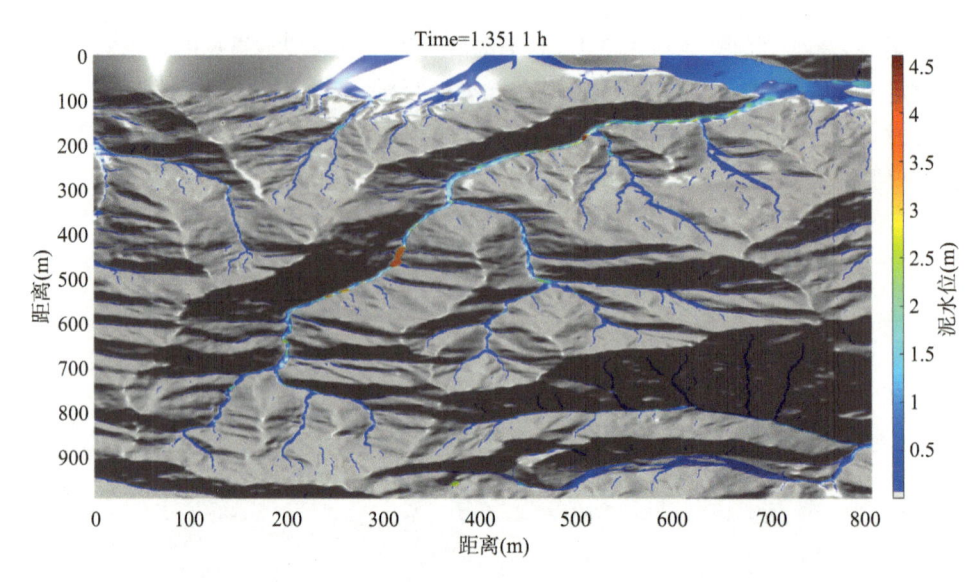

图 5-130　渭子沟 1# 断面红色预警降雨强度阈值下(71.64 mm/h)最大泥水位模拟结果

采用优化后的物理模型参数，监测模拟渭子沟断面 2# 截面位置(E 104°51′21.73″，N 33°23′55.07″)在不同降雨强度下泥水位和流速。设定泥石流越出沟槽为红色预警值，其余各阶段预警值比照红色预警值进行逐步降低，最终设计泥水位 2.0 m 为红色预警值，泥水位 1.5 m 为橙色预警值，泥水位 1.0 m 为黄色预警值，泥水位 0.5 m 为蓝色预警值。以此位置处不同预警阶段的泥水位值为设计值，对监测断面处的泥水位、流速及雨量进行反演，为监测仪器预警值的设定提供依据。

以蓝色预警、黄色预警、橙色预警、红色预警四个降雨工况，设定渭子沟 2# 断面下游段截面处泥水位预警值依次为 0.5 m、1.0 m、1.5 m、2.0 m。通过不断调整降雨强度预设值，使得在泥石流计算模拟过程中，截面处稳定状态下的流量值逼近泥水位预警值，从而反演得到降雨强度阈值，依次为 1.8 mm/h、12.30 mm/h、29.88 mm/h、49.30 mm/h，同时泥水位值达到警戒值时对应截面流速依次为 1.58 m/s、4.37 m/s、5.11 m/s、8.43 m/s(图 5-131)。最终，在红色预警降雨条件下，泥石流沟最大泥水位模拟结果见图 5-132。该校核

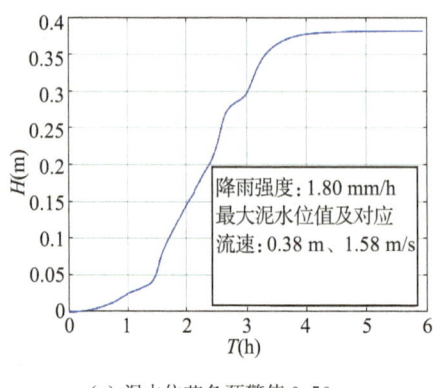

(a) 泥水位蓝色预警值 0.50 m 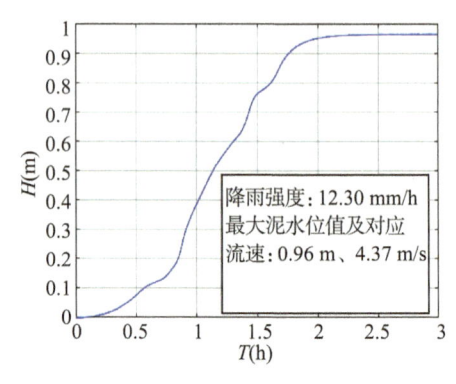　　　　　　　(b) 泥水位黄色预警值 1.00 m

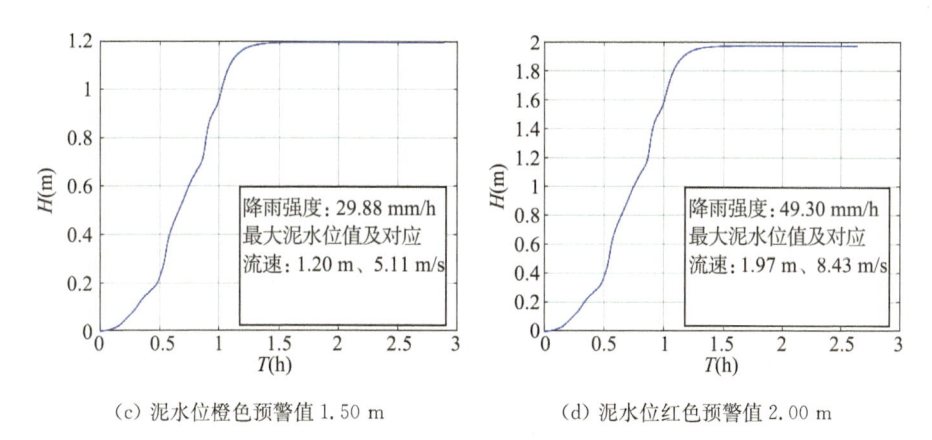

(c) 泥水位橙色预警值 1.50 m　　　　　　(d) 泥水位红色预警值 2.00 m

图 5-131　渭子沟 2# 断面蓝色预警、黄色预警、橙色预警、红色预警降雨强度阈值反演结果

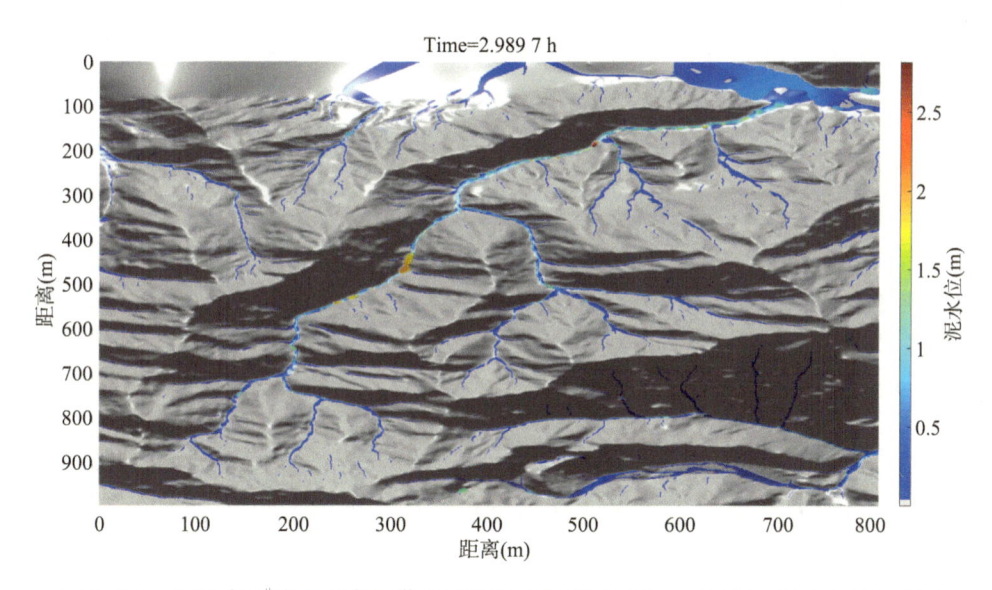

图 5-132　渭子沟 2# 断面红色预警降雨强度阈值下(49.30 mm/h)最大泥水位模拟结果

值用于对设定值的反演进行校核,若设定值在此处的反演小于校核值,则可采用反演值作为预警设定值;若设定值在此处的反演大于校核值,则采用此处的校核值,再次对仪器布设位置处的各项监测参数进行反演,力求更好地提高当地防灾减灾能力。

第 6 章

典型专业监测点建设

6.1 大小湾滑坡

6.1.1 自然地理及社会经济状况

6.1.1.1 位置与交通

大小湾滑坡地处舟曲县城关镇,滑坡体位于白龙江左岸。勘查区范围为大小湾滑坡及滑坡的影响范围,自滑坡后部至白龙江江畔。勘查区东西平均宽 328 m,南北平均长 1 741 m,面积 0.53 km²(图 6-1)。

大小湾滑坡距舟曲县城约 2.6 km,滑坡前缘直达白龙江江畔,由国道 G345 通往县城。早期 G345 国道自白龙江左岸大小湾滑坡前缘通过,因滑坡变形破坏严重,国道时常受损,后修建新国道自白龙江右岸通过。目前,大小湾滑坡前缘处的老国道部分地段损毁严重,仅有极少车辆及农用三轮车通行。

6.1.1.2 气象水文

1. 气象

勘查区属北亚热带向北温带的过渡区,受大气环流和地形影响,具有垂直气候分带明显和干湿季分明两大特点。年内气候受季风控制,随着海拔的升高,高山与河谷气候垂直变化明显,高山寒暑交替明显,四季分明,河谷冬无严寒、夏无酷暑。降水少而不均,冬春干燥,夏秋多雨,降水主要集中在 5—9 月份(图 6-2)。

区内气温变化较小,昼夜温差不大,多年平均气温 12.9 ℃,最高 7 月平均气温 23.0 ℃,最低 1 月平均气温 1.7 ℃,受地理位置、地形和植被的共同影响,境内气候西南温暖潮湿,东北阴凉干燥,河谷区气温明显高于山区。据 2017 年收集的舟曲县气象站统计资料,年平均

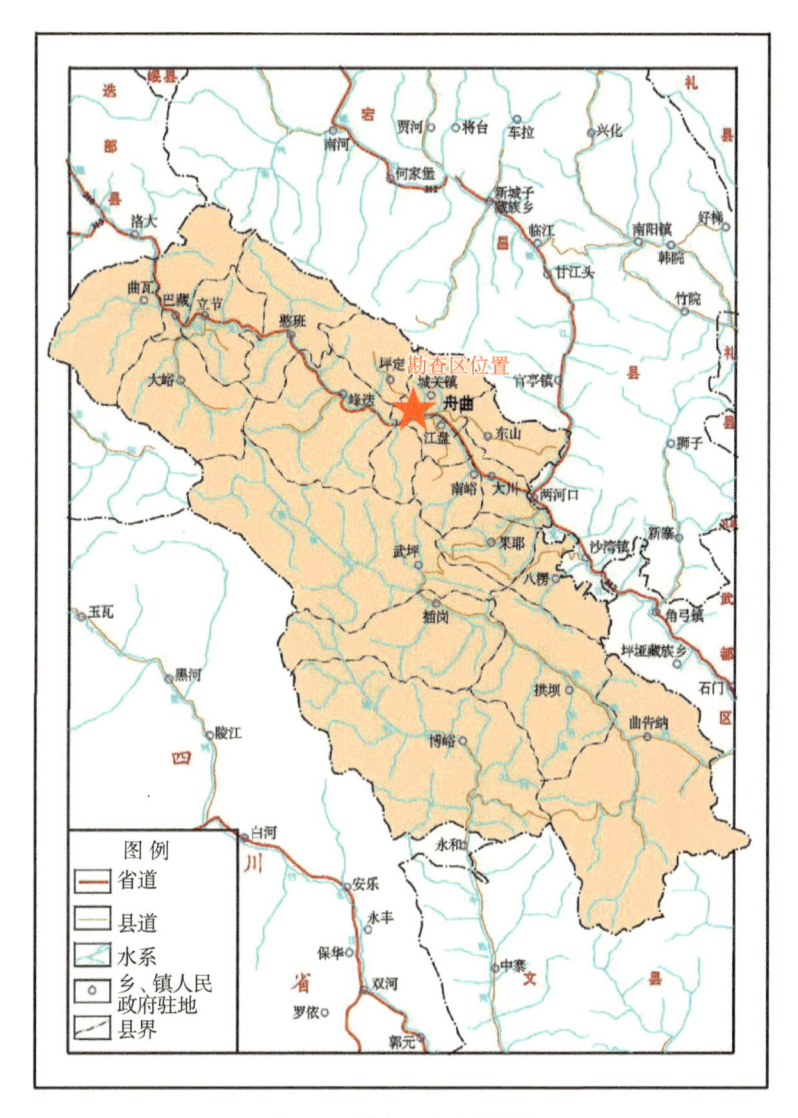

图 6-1 勘查区交通位置图

降水量为 400～800 mm,日最大降雨量为 96.7 mm,1 小时最大降雨量为 77.3 mm;历年最大积雪深度 3.0 cm,最大冻土深度 66.0 cm。

舟曲县县境降水分布差异很大,西南多于东北,山区多于河谷。西南部高山区年降水量在 900 mm 以上,西北部高山区年降水量在 800 mm 左右,中部海拔 1 500～1 800 m 地区,年降水量为 540～640 mm;东南部年降水量 1 100～1 400 m(图 6-3)。降水季节分布不均,春秋两季降水量相当,各占年降水量的 25.1% 和 24.7%,夏季平均降水量为 219.8 mm,占年降水量的 49.2%,冬季仅为 4.9 mm,占年降水量的 1.1%。

2019 年,受厄尔尼诺现象的影响,舟曲全县夏季暴雨及长历时降雨比往年平均值明显偏多,据舟曲县东山气象站资料,2019 年 5 月初至 7 月中旬,舟曲县东山镇累计降水量已达 439.9 mm,较往年平均值偏多两成,其中,最大降水量在 6 月,当月累计降水量达 147.9 mm。强而频繁的降水是引发区内滑坡的主要因素之一。

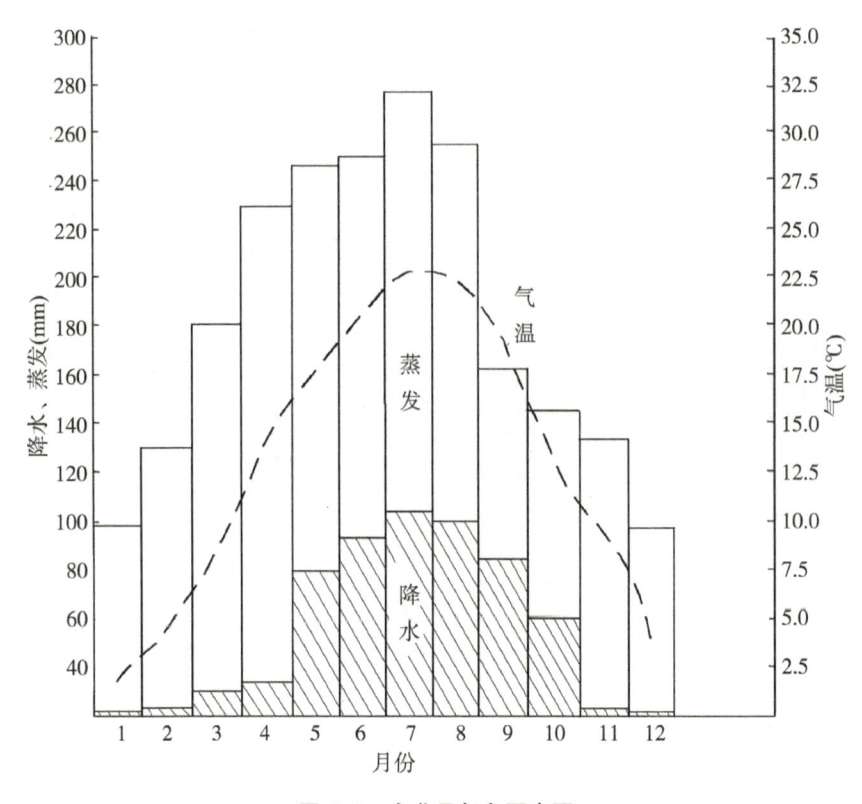

图 6-2 舟曲县气象要素图

2. 水文

大小湾滑坡发育于白龙江左岸山体,前缘即为白龙江河谷。白龙江属长江流域嘉陵江水系,发源于西倾山与岷山之间的郎木寺,属嘉陵江上游一级支流,于舟曲县西北尕瓦山入境,向东南方向径流,舟曲县境内干流总长 70.7 km,自然落差 420 m,大小支流 22 条,流域面积 1 330.20 km²。经县城水文站多年实测,白龙江多年平均径流量 20.55 亿 m³;最大流量 7 405 m³/s,发生在 2005 年 10 月 2 日;最小径流量 15.25 m³/s,测于 2001 年 3 月 13 日;最大流速 3.41 m/s,测于 1976 年 8 月 29 日发生特大洪水时。

滑坡区域处于西北高东南低凹槽状条带地形的低洼地段,三面环山,滑坡体下部右侧有 1 处顺滑坡体走向的长流水沟,根据现场调查,长流水沟流量约为 0.3 m³/s,流速为 2.7 m/s。

6.1.1.3 社会经济状况

舟曲县隶属甘南藏族自治州,辖 15 个镇、4 个乡、197 个行政村、373 个自然村,总人口 11.66 万人。县境东北和中部白龙江沿岸及半山地区的城关、东山、峰迭、大川四个镇人口较多,藏汉杂居,汉族由中向西渐稀;南部拱坝河、博峪河流域多林区为藏族聚居区,人口稀少,且多居于半山坡地。舟曲县是国家级扶贫重点县、"5·12"特大地震和"8·8"舟曲特大山洪泥石流地质灾害重灾县、国家级三大地质灾害多发县、全国自然灾害频发县,也是距甘肃省会兰州最偏远的民族县。

图 6-3　舟曲县多年降雨量等值线图

"十二五"期间,在全县人民共同努力下,灾后重建完成,经济社会长足发展,生态环境逐步恢复,人民生活条件不断改善。2018年全县实现地区生产总值172 060万元,完成固定资产投资19.04亿元,城乡居民人均可支配收入分别达24 490元、7 402元。

舟曲县主要农作物有小麦、玉米、马铃薯、荞麦、蚕豆、谷子、糜子、高粱、水稻、青稞等。区内经济发展极不平衡,白龙江河谷区相对发达,山区贫穷落后。随着近年农业产业结构的调整,林、牧业的比重有所增长,但受到山高坡陡、耕植条件差等自然条件的限制,加之对森林的乱砍滥伐,区内环境遭到严重破坏,水土流失严重,土地日益贫瘠,严重制约了当地农业发展,形成生产方式落后的家户制经济模式。

工业在舟曲县经济中所占比重较低,主要有食品加工、印刷、木材加工、农机修造、棉花加工及针织、水泥、采矿冶炼、煤矿、水电、建筑等。个体企业、乡镇企业处于举足轻重的地位,其产值占全县企业总产值的72%,占全县工农业总产值的22.56%,但个体企业分散经营,规模小,生产力相对落后。

截止到2018年,舟曲县已探明有色金属、黑色金属和非金属共10多种,主要有煤、铁、金、锑、铜、锌、锰、石灰岩、大理石等,其中铁、锑等矿储量分别在2 000万t以上。

舟曲县有林地面积12.27万ha,天然林活立木蓄积量1 700万 m³,是甘肃省优良的天然用材林分布区之一。经济林产品主要有花椒、核桃、柿子、石榴等,年产量超 700 t。中药材品种较多,名贵中药材有纹党、当归、红芪、大黄、柴胡、天麻等 70 余种,年产超 1 000 t。可食性山野菜资源有薇菜、蕨菜、刺五加等 80 余种,年产量达 7 500 t。食用菌有香菇、木耳、羊肚菌等 130 多种,年产超 50 t。随着旅游业的兴起,舟曲县凭借其丰富的森林资源开发生态旅游,现有国家级森林公园——沙滩国家森林公园、翠峰山、拉尕山等自然景观,成为舟曲县新的经济增长点。

6.1.2 地质环境概况

6.1.2.1 地形地貌

舟曲县地处青藏高原东缘,西秦岭西翼与岷山山脉交汇地带,属构造、侵蚀中高山山地。勘查区位于舟曲县东北部,白龙江右侧,地势总体西高东低,山顶最高海拔 2 522 m,坡脚海拔 1 328 m,最大相对高差达 1 194 m,地形起伏大,为强烈上升的侵蚀构造地形。白龙江自西向东流经滑坡前缘,谷道狭窄,坡陡流急。受构造侵蚀和流水冲蚀的共同作用,勘查区地貌形态可划分为侵蚀构造高中山和侵蚀堆积河谷阶地两类。

(1) 侵蚀构造高中山

侵蚀构造高中山分布于勘查区北部,约占勘查区总面积的 90%,是孕育滑坡的主要地形地貌区,海拔 1 328～2 522 m,山坡坡度 35°～70°(图 6-4),受构造控制和残坡积物长期剥落堆积的影响,坡脚处堆积形成了较厚的坡麓地带,形成上部陡峭、中下部较缓的地形,山体总体走势以北西—南东方向为主。山体上部基本无植被覆盖,基岩出露,下部坡麓地带植被类型以矮草为主,覆盖率约 20%。

图 6-4 勘查区侵蚀构造高中山地貌

(2) 侵蚀堆积河谷阶地

侵蚀堆积河谷阶地分布于勘查区南部,约占勘查区面积的 10%,为斜坡体前缘白龙江河谷阶地地带。该段白龙河谷宽 25～46 m,河道右岸为基岩山坡,坡体表层覆盖薄层的残坡积物,植被覆盖率约40%;河道左岸为大小湾滑坡堆积体,覆盖于河流阶地漫滩之上,致使此段河流阶地、漫滩均未出露。

6.1.2.2 地层岩性

勘查区属秦岭地层分区,地层出露主要为泥盆系(D)、石炭系(C)和第四系(Q)地层。现就勘查区地层由老到新分述如下:

1. 泥盆系中统(D_2)

该地层分布于勘查区西南部,北西—南东向呈条带状展布,与下伏地层呈不整合接触或断层接触。地层岩性为泥盆系中统古道岭组灰岩、千枚岩、板岩等,岩层产状149°∠70°。表层岩体风化较为强烈,节理裂隙发育,多呈大块状,崩塌发育,坡脚倒石堆明显。在滑坡左侧缘处有出露,在滑坡体内的部分多被滑坡堆积体覆盖,无露头。

2. 石炭系下统(C_1)

该地层分布于勘查区东部,北西—南东向呈条带状展布,与下伏地层呈不整合接触或断层接触。地层岩性为石炭系下统灰白、深灰色中厚层、块状灰岩,上部夹粉砂岩等,岩层产状150°∠66°。表层岩体风化较为强烈,节理裂隙发育,崩塌发育,坡脚处多散落大小石块。

3. 第四系(Q)

(1) 晚更新世风积黄土(Q_3^{eol})

该地层在勘查区北部山梁分布,厚度变化较大,一般在1~7 m,岩性以粉质黏土为主,含少量中细砂,疏松多孔,垂向节理发育,表面多植物根系。

(2) 全新统滑坡堆积物(Q_4^{del})

该地层分布于勘查区大部分地段,主要为新老滑坡堆积物。滑体物质成分以碎石土为主,局部夹杂含砾粉土,由于沉积年代久,结构相对密实,岩芯多呈块状。

滑体物质成分上部以碎石土为主,呈黄褐色,碎石含量占65%~75%,主要成分为灰岩及炭质板岩风化残积物,粒径级配不一,平均6~9 cm,最大约11 cm,多呈棱—次棱状,局部夹杂有灰岩块石,粒径多为1 m,最大粒径达2~3 m,其余为黄土状粉土,占25%~35%,两者杂乱堆积,无层次,岩芯多呈散状、块状,干燥—稍湿,结构松散。滑体中下部以灰黑色炭质板岩碎屑为主,局部夹杂粒径2~4 cm的角砾,岩芯多呈短柱状,稍湿—湿,结构较为致密。滑坡堆积物中夹杂有炭质板岩泥化形成的黑色含砾黏土,滑床部分为碎石土及黄褐色的含砾黏土,碎石土多由黄褐色灰岩碎石、块石和炭质板岩碎屑混杂堆积体组成,干燥,结构较为密实,压实程度高,岩芯呈块状—短柱状。黄褐色含砾黏土稍湿,致密,遇水易软化。

(3) 全新统冲洪积物(Q_4^{al+pl})

该地层多分布于勘查区南部白龙江右岸的河谷平坦地段,为白龙江Ⅰ级阶地及漫滩,白龙江左岸勘查区范围内的白龙江冲洪积地层被滑坡体覆盖,未见出露。该套地层的物质主要由砂、卵砾石层组成,砂、卵砾石层分选一般,磨圆度一般,较为松散。

(4) 全新统崩塌堆积物(Q_4^{col})

该地层分布于勘查区南北两侧,滑坡边界壁陡峭山体段,为崩塌堆积体,呈倒石堆状堆积于坡脚,物质成分以碎石、块石为主,杂乱,松散,母岩成分主要为灰岩、板岩。

(5) 全新统残坡积物（Q_4^{dl+el}）

该地层分布于勘查区南北两侧山前相对平坦地段及部分缓坡、山梁上，为残坡积碎石土，厚度 0.5～1.5 m，碎石含量较高，较为松散，颗粒杂乱。

6.1.2.3 岩土体类型及工程地质特征

1. 岩体类型及工程地质特征

根据区域地质资料分析和本次勘查，勘查区岩体按照岩石强度、结构以及成因类型可划分为中薄层较软炭质板岩、千枚岩岩组，层状中等岩溶化半坚硬灰岩岩组。

（1）中薄层较软炭质板岩、千枚岩岩组

该岩组位于滑坡中后部及滑坡前部，出露于滑坡左右两侧缘边界，岩性以炭质板岩、千枚岩、薄板状灰岩为主，岩体裂隙发育，软硬相间，抗压强度为 120～140 MPa，软化系数为 0.39～0.52，其中炭质板岩遇水软化、泥化。

（2）层状中等岩溶化半坚硬灰岩岩组

该岩组分布于滑坡左侧缘后部及滑坡中部—中前部的两侧缘边界处，由石炭系和二叠系组成，岩性主要为中薄层到厚层灰岩、厚层块状灰岩、中厚层块状致密纯灰岩，夹少量板岩、千枚岩。岩组岩体干抗压强度为 70～128 MPa，软化系数为 0.7～0.94，力学强度较高，岩溶程度较弱。

2. 土体类型及工程地质特征

（1）碎石土、含砾黏土混杂堆积类土

该土体由滑坡堆积物、残坡积物、崩塌堆积物组成，主要为滑坡堆积体。其中新滑坡堆积体表层结构松散，其土体呈组合特征，上部多为松散的碎石土，土体多呈黄褐色，粒径大小悬殊，结构多零乱，部分可辨层次，松散，干燥—稍湿，孔隙大，透水性强，压缩性低；下部多为含砾黏土及炭质板岩碎屑，结构较为致密，灰黑色，丝绢光泽，含水量较高，手搓后呈粉末状或泥状，强度较低，属易滑地层。老滑坡堆积体结构相对密实，多由碎石土组成，局部夹杂炭质板岩碎屑，天然重度为 19.7～26.6 kN/m³，承载力特征值为 250～300 kPa。

（2）双层结构的粉土、粉质黏土、砂砾卵石类土

该土体分布于白龙江河谷Ⅰ级阶地及河漫滩，上部粉土稍密—中密，厚度为 1～8 m，承载力特征值为 100～110 kPa；中下部砾卵石呈中密，承载力特征值在 400 kPa 左右。

6.1.2.4 地质构造与新构造运动

1. 地质构造

舟曲县处于两个不同大地构造单元内。以洋布梁子—大年一线为界，南部属松潘—甘孜褶皱系的东北部分，活动性小，褶皱、断裂均不甚发育；北部属秦岭东西向构造带的迭山逆冲推覆构造带，活动强烈，走向断层发育，在长期地质构造发展过程中均表现出沿北西构造线方向形成大致互相平行的挤压带。勘查区内地处秦岭东西向构造带的西延部分，构造活动十分强烈，形成了沿北西向展布的大致平行的断裂和褶皱带（图 6-5）。

舟曲县境内断裂以秦岭东西褶皱带内最发育，有北西、北东及近南北向三组，以北西向断层为主，构成方向大致平行的断层带。现分南北两带叙述：

第6章 典型专业监测点建设

图 6-5 舟曲县区域构造略图

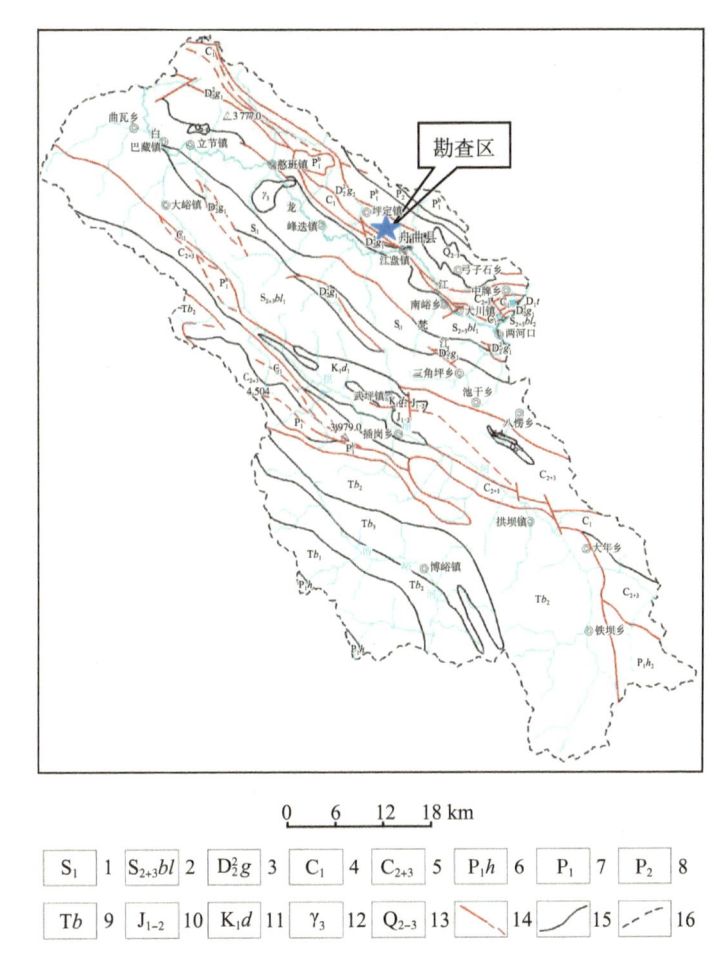

1. 志留系下统；2. 志留系中上统白龙江群；3. 泥盆系中统古道岭组；4. 石炭系下统；5. 石炭系中上统；
6. 二叠系下统黑河组；7. 二叠系下统；8. 二叠系中统；9. 三叠系博峪河组；10. 侏罗系下中统；11. 白垩系下统；
12. 斑状花岗岩；13. 第四系；14. 断层、推测断层；15. 地质界线；16. 调查区边界

（1）南部断裂带

南部断裂带以洋布梁子—大年、大峪坪—朱家山断层为主，规模大，对地层分区、岩浆活动都有明显控制作用，以逆断层为主，向南西倾斜，倾角较小。

（2）北部断裂带

北部断裂带以坪定—化马断层为主，构成北西、南东向断裂带。其特点是沿主干断裂的南侧发育较多的次一级分支断层，组成一个"人"字形的断裂组。另外，还有北东向与近南北向两组断裂，规模较大的有各岭磨上—尕布平推断裂、武坪和洋布正断层。

具体就勘查区而言，大小湾滑坡主要受坪定—化马断裂的控制，坪定—化马断裂是光盖山—迭山南麓断裂的分支断裂之一。该断裂西起九原，经坪定南靖边、舟曲县城西向东至中牌、化马一带，东延至励志坝，全长约 55 km，总体走向 NW300°～310°，倾向 NE，倾角 50°～80°，舟曲县城东至大川北一带，断裂带走向渐变为近 EW 向，再向东至中牌，断裂走向 NEE70°～80°，化马以东断裂带走向又转向 NWW310°。其上盘为泥盆系中统古道岭组板

岩、千枚岩、变质砂岩,夹薄层灰岩;下盘为石炭统中厚层状灰岩,中夹炭质千枚岩、板岩等,石炭系产状紊乱。在区域构造上,石炭统为光盖山—迭山南麓断裂带中断夹块。该断裂破碎带宽500~1 500 m,由2条次级分支断层组成,带内断层泥、断层构造发育,局部可见泉水出露。断层性质以挤压逆冲为主,表现为走滑逆冲断裂兼有挤压的特征,走滑速率为1.4 mm/a;垂直于断层方面表现为挤压特征,挤压速率为1.4 mm/a,现今活动性明显,包括大小湾滑坡在内的区内巨型、大型滑坡基本都受坪定—化马断裂控制(图6-6)。

大小湾滑坡体位于坪定—化马断裂带北端,断裂带分割地层,控制影响山体走向,使山体表现为断块发育,破坏强烈,形成典型的构造破坏带,受断裂活动的影响,滑坡体岩土体破碎、松散,且后缘两侧高陡山体崩塌、落石现象发育,大量崩落的块石体堆积于相对平缓的滑体上,增加了下滑力。

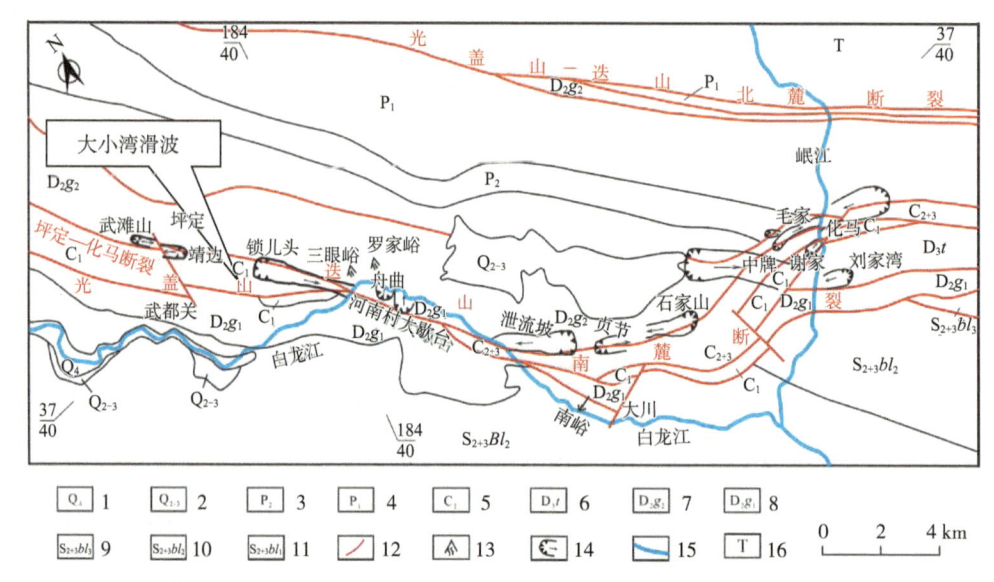

1. 全新统;2. 中上更新统;3. 中二叠统;4. 下二叠统;5. 中上石炭统;6. 下泥盆统;7. 上泥盆统铁山组;8. 中志留统古道岭组上段;9. 中志留统古道岭组下段;10. 中上志留统白龙江群上段;11. 中上志留统白龙江群下段;12. 断裂;13. 泥石流;14. 滑坡;15. 河流;16. 三叠统

图6-6 坪定—化马断裂控制的滑坡分布

2. 新构造运动与地震

新构造运动在本区十分活跃,表现为山地的强烈隆升和河流的急剧下切,形成典型的高山峡谷地貌。沿白龙江两岸分布的河流阶地,高出河床达百余米,堆积于河谷区的老泥石流堆积体被切割,形成阶梯状堆积台地,这些都是新构造运动活动的具体表现。

勘查区位于青藏北部地震区南北地震带、舟曲—武都地震亚带(据甘肃省地震危险区划图)。据舟曲县志,早在汉惠帝七年(前188年)就有羌道(今舟曲)山崩,死亡甚众的地震描述,从明嘉靖三十四年(1555年)至清光绪十年(1884年)仅地震引发的滑坡、崩塌有十数次,给当地人民造成深重灾难。1985年6月24日8时42分,舟曲西北发生5.5级地震。1987年1月8日2时19分6秒,迭部发生5.8级中强地震,有感范围超过12 000 km²,震中在迭山主峰久波隆附近,舟曲震感明显。

2008年5月12日,震惊世界的"5·12"四川汶川地震给舟曲县域各城镇造成了人员伤亡、房屋损毁、公共设施破坏等较为严重的损失。地震使本已风化破碎的基岩更加松散,增加了地质灾害的易发程度,对承灾对象的威胁明显增加。更为严重的是,地震引发了次生灾害,使地质灾害危险程度加剧,对舟曲县人民群众生命及财产构成严重威胁。

根据《中国地震动参数区划图》(GB 18306—2015),勘查区地震动峰值加速度为 0.20 g(相当于抗震基本烈度参数Ⅷ度),地震动加速度反应谱特征周期为 0.45 s。

6.1.2.5 水文地质条件

勘查区山高陡峻,大小湾滑坡整体为西北高东南低,滑坡前缘直对白龙江,自然地貌条件从总体上控制着地下水的赋存和径流,山坡汇集的基岩裂隙水沿坡面汇入松散的滑坡堆积体内并沿坡体向前缘地带流动,最终汇入白龙江河谷形成松散卵石孔隙水,构成一个相对独立的水文地质单元,山坡完整基岩面和滑坡下伏基岩、胶泥状滑面构成含水体系的隔水底板,坡体上的松散堆积体及两侧基岩孔隙构成区内含水地层。根据地下水赋存条件和水动力特征,可将勘查区内地下水划分为松散岩类孔隙水和基岩裂隙水两大类型。

1. 松散岩类孔隙水

(1) 滑坡堆积体孔隙水

滑坡堆积体孔隙水主要赋存于滑坡堆积体中,大小湾滑体物质组成在剖面上分为上下两层,上层为碎石土,土体松散,为灰岩碎石、块石及粉土,具有架空的大空隙,易于地表水的入渗和径流;下层为灰黑色灰岩、炭质板岩、千枚岩碎屑,致密,软塑,饱和,属相对隔水层。滑坡堆积体孔隙水主要在上层中运移,其补给是以大气降雨和后缘两侧基岩陡壁的岩溶裂隙水为主。同时,在调查中发现,滑坡体右侧有 1 处长流水沟,地下水在运移过程中,沿泉眼溢出处排泄,并在滑坡体上冲蚀形成长流水沟,故滑坡体地下水接受大气降水及岩溶裂隙水的侧向补给,沿滑坡体中的碎石土层自高处向低处径流,在低洼处或隔水层埋深较浅处以泉水的形式排出地表,然后在松散碎石土处又渗入滑体转化为地下水继续向低处径流,最终在坡脚处入渗至松散的碎石土层中,以潜流的形式继续向低处径流汇入白龙江。滑坡体土层中的地下水化学类型为 $SO_4^{2-} \cdot HCO_3^- — Mg^+ \cdot Ca^{2+}$ 型水。地下水中 SO_4^{2-} 含量为 364.03~465.84 mg/L,Ca^{2+} 含量为 95.79~107.01 mg/L,矿化度为 609~786 mg/L,pH 值为 7.65~7.68,水中 Cl^- 含量为 3.55 mg/L。

(2) 河谷松散孔隙水

地下水主要接受大气降水、滑坡松散岩类孔隙水的潜流补给及江水的补给,以潜流的形式排入白龙江。含水层为河漫滩,阶地下部多砂砾卵石,颗粒均匀,磨圆度好,泥沙含量少,地下水富水性较强,单井出水量大于 500~1 000 m³/d,矿化度小于 0.5 g/L,属 $HCO_3^- — Ca^{2+} \cdot Mg^{2+}$ 型水。

2. 基岩裂隙水

含水层主要由石炭系、泥盆系灰岩、千枚岩等组成,地下水赋存于基岩风化裂隙内,为潜水。地下水接受大气降水补给,沿裂隙网络运移,在含水层被切割或受阻以后以泉的形式在滑坡段的地势低洼处溢出,或间接补给其他类型地下水,工作区为中等富水区或弱富水区,地下水径流模数小于 6 L/(s·km²),矿化度为 0.5~2 g/L,属 $HCO_3^- — Ca^{2+}$ 型水或 $HCO_3^- — Ca^{2+} — Mg^{2+}$ 型水。

6.1.2.6 人类工程活动

本区人类工程活动对地质环境的影响较小,主要表现在以下几个方面。

(1) 削坡修路

勘查区紧邻舟曲县城,是舟曲县通往西边各县(区)的必经之路,此段的白龙江左岸为基岩山坡,右岸为滑坡堆积体,相对较缓,早期的国道G345从滑坡前缘切坡修建,横穿滑坡体前缘,致使本就松散的滑坡堆积体稳定性进一步下降,沿路发生多处垮塌、滑塌。

(2) 陡坡耕种

由于大小湾滑坡长期处于蠕滑状态,滑坡体上未出现修筑房屋的现象,但周边村民耕地极少,在滑坡的相对缓坡段多进行耕植活动,使地表裸露,土壤持水能力下降,致使降水快速下渗,同时耕植过程中的集中灌溉等活动,使得滑坡体内部局部地带富水性增加,在滑坡体内形成软化层从而导致斜坡不稳定。

6.1.3 滑坡特征

6.1.3.1 滑坡基本情况

大小湾滑坡位于舟曲县城关镇咀疙瘩村,距舟曲县城2.6 km,为一处老滑坡H上发育的次级滑坡体。该滑坡发育于坪定—化马断裂带西端,滑坡体的主滑方向与断裂带走向形成42°左右交角,属坪定—化马断裂带控制的断裂带滑坡。老滑坡上发育次一级滑坡H_1,在H_1中部的滑坡堆积体上发育有2处新滑坡(H_{1-1}、H_{1-2}),在滑坡H_{-1}上又发育次一级的小滑坡H_{1-1-1}。老滑坡整体平面形态呈不规则长条形,长4.5 km,宽0.3~0.7 km,滑坡后部为分水岭山梁,两侧均为基岩山体,前缘至白龙江左岸岸边,滑坡边界清晰(图6-7)。根

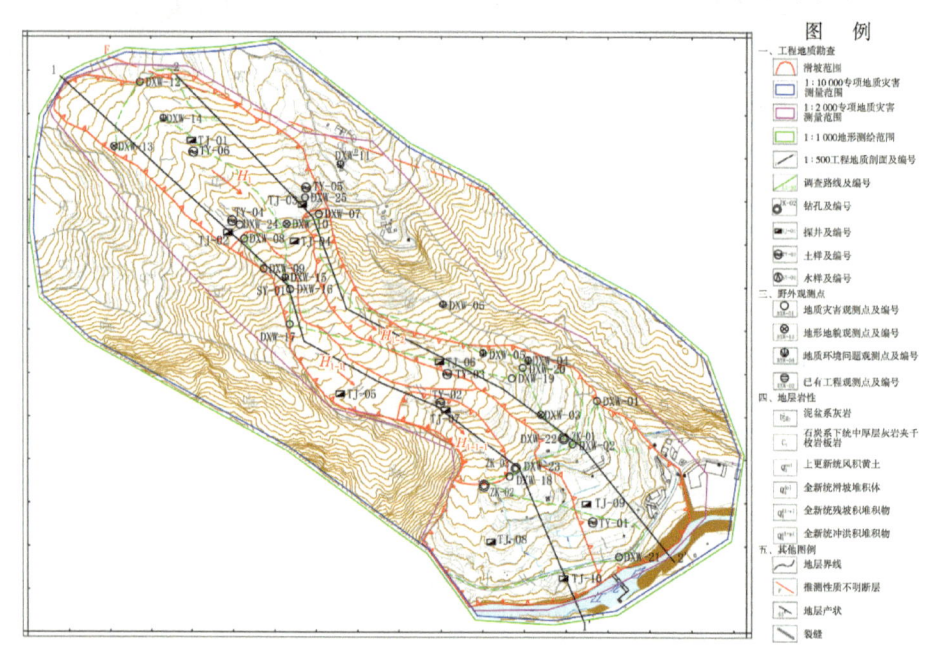

图 6-7 大小湾滑坡老滑坡平面形态

据现场调查走访,大小湾老滑坡 H 多年来从未发生过较大的变形破坏,在"5·12"地震中,老滑坡未有复苏迹象,故本次勘查主要围绕目前变形破坏较为严重的滑坡 H_1 开展。

6.1.3.2 滑坡形态特征及边界条件

1. 滑坡 H_1 形态特征及边界条件

大小湾滑坡 H_1 是在老滑坡 H 上发育的次一级滑坡,其后壁位于老滑坡中下部,平面形态呈不规则的反"S"形,剖面形态呈折线形,滑动方向整体为北西—南东,滑坡在运移过程中滑动方向发生变化,自上而下的主滑方向分别为 131°、167°、113°、128° 及 167°,沿滑动方向最大长度 1 791 m,滑坡体上部受两侧基岩控制较窄,下部在白龙江左岸散开,形成较宽的滑坡堆积体,滑体宽 169~579 m。根据钻孔揭露,滑坡 H_1 滑体最厚处大于 50 m,根据相关资料,推测该滑坡体厚度为 34.4~70 m,故滑坡体整体方量约为 3 134.25 万 m^3,为一处特大型牵引式滑坡。

滑坡 H_1 的边界明显,滑坡后壁因滑坡的滑动形成明显的下错陡崖,陡崖高 18~23 m(图 6-8),左右两侧缘为基岩山体,部分地段为坡积体,同时,在滑坡体的两侧缘发育有明显的平行于滑坡滑动方向的冲沟地形,滑坡体上也有多条平行于滑坡滑动方向的冲沟,其中滑坡右侧缘冲沟内有长流水,滑坡左侧缘冲沟内有季节性及降雨性流水(图 6-9、图 6-10)。滑坡中后部左右两侧分别发育有两处次级滑坡 H_{1-1}、H_{1-2}。

图 6-8　滑坡 H_1 后壁

图 6-9　滑坡左侧缘边界冲沟

甘肃省地质灾害专业监测示范与研究

图 6-10　滑坡右侧缘边界冲沟

2. 滑坡 H_{1-1} 形态特征及边界条件

滑坡 H_{1-1} 发育于滑坡 H_1 的中部右侧，是在滑坡 H_1 堆积体上发育的次一级滑坡，平面形态近似于反"S"形，剖面形态呈直线形，滑动方向自上而下分别为 167°、113°、128° 及 167°，沿滑动方向最大长度 636 m（图 6-11），滑坡体上部较窄，因滑坡滑动形成槽状地形，中下部较上部逐渐变宽，滑坡前缘为整个滑坡体最宽处。滑体宽 60～371 m，滑坡整体坡度 20°，滑坡体厚度为 26～64 m，滑坡方量约为 515.16 万 m³，为一处大型牵引式滑坡。

滑坡 H_{1-1} 的后壁高 18 m，坡度 38°（图 6-12），左右侧壁均因滑坡变形，形成陡立的悬崖，侧壁高 8～16 m，发育于滑坡 H_1 堆积体之上，形成凹槽状地形。滑坡体上部未发现地表水，其中下部有泉眼向外溢出，在坡体上形成地表水，流量约为 0.3 m³/s，流速为 2.7 m/s。滑坡前缘为老国道，因滑坡变形致使老国道部分垮塌。在滑坡 H_{1-1} 的中部，发育有次一级的滑坡 H_{1-1-1}。

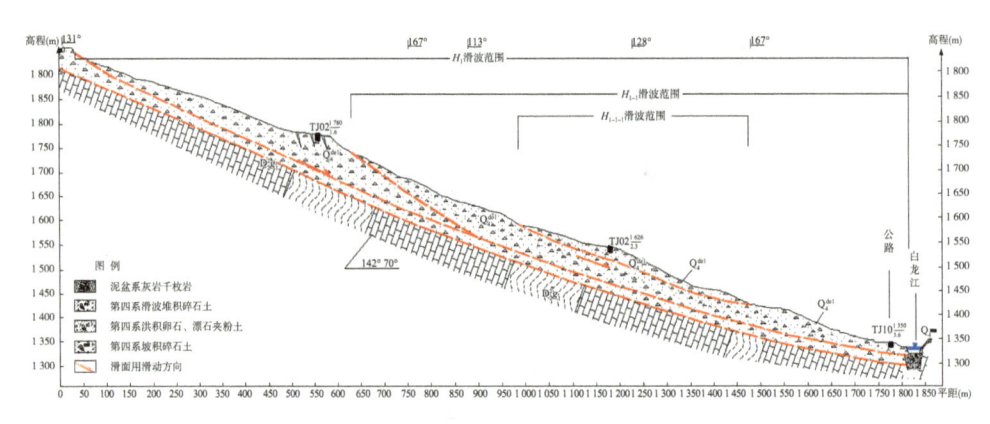

图 6-11　滑坡 H_{1-1} 纵剖面图

图 6-12　滑坡 $H_{1\text{-}1}$ 后壁及右侧壁

3. 滑坡 $H_{1\text{-}2}$ 形态特征及边界条件

滑坡 $H_{1\text{-}2}$ 发育滑坡 H_1 的中下部左侧区域,是在滑坡的堆积体中发育的次一级滑坡,平面形态近似于"S"形,剖面形态呈直线形,滑动方向自上而下分别为 161°、127°、109°及 140°,沿滑动方向最大长度 627 m(图 6-13),滑坡体整体形态与 $H_{1\text{-}1}$ 相似,均为上部较窄,因滑坡滑动形成槽状地形,中下部较上部逐渐变宽,滑坡前缘为整个滑坡体最宽处。滑体宽 47~248 m,滑坡体上部较陡,平均坡度 29°;下部较缓,平均坡度 15°,滑坡整体坡度 23°,滑坡体厚度为 35~60 m,滑坡方量约为 501.6 万 m³,为一处大型牵引式滑坡。

滑坡 $H_{1\text{-}2}$ 的后壁高 33 m,坡度 39°(图 6-14),左右侧壁均因滑坡变形,形成陡立的悬崖,侧壁高 9~19 m,发育于滑坡 H_1 堆积体之上,形成凹槽状地形。

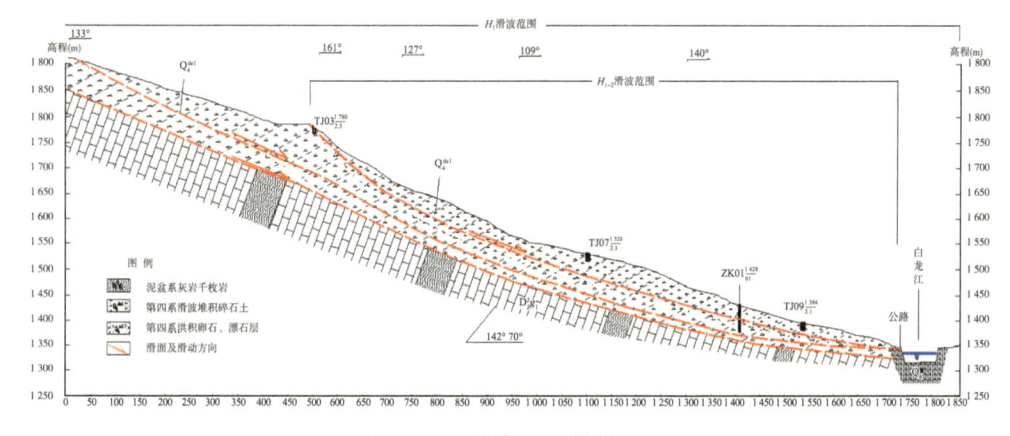

图 6-13　滑坡 $H_{1\text{-}2}$ 纵剖面图

图 6-14　滑坡 H_{1-2} 后壁

4. 滑坡 H_{1-1-1} 形态特征及边界条件

滑坡 H_{1-1-1} 发育于滑坡 H_{1-1} 的中部,是在滑坡的堆积体中发育的次一级滑坡,平面形态近似于三角形,剖面形态近弧形,滑动方向自上向下分别为 139°、187°,沿滑动方向最大长度 303 m,滑体平均宽 84 m,滑坡体呈上陡下缓的形态,上部坡度 30°,下部坡度 19°,整体坡度 25°(图 6-16)。根据钻孔揭露,滑坡厚度为 18.2～19.6 m,滑坡方量约为 48.36 万 m³,为一处中型牵引式滑坡。

滑坡 H_{1-1-1} 的后壁高 14.7 m,坡度 40°(图 6-16),左右侧壁均形成陡崖地形,高 13～18 m,滑坡体在长期的滑坡活动和流水冲蚀下发育形成 2 条冲沟,冲沟长 300 m,沟道形态为"V"字形,沟底宽 1～2 m,沟坡坡度 53°。

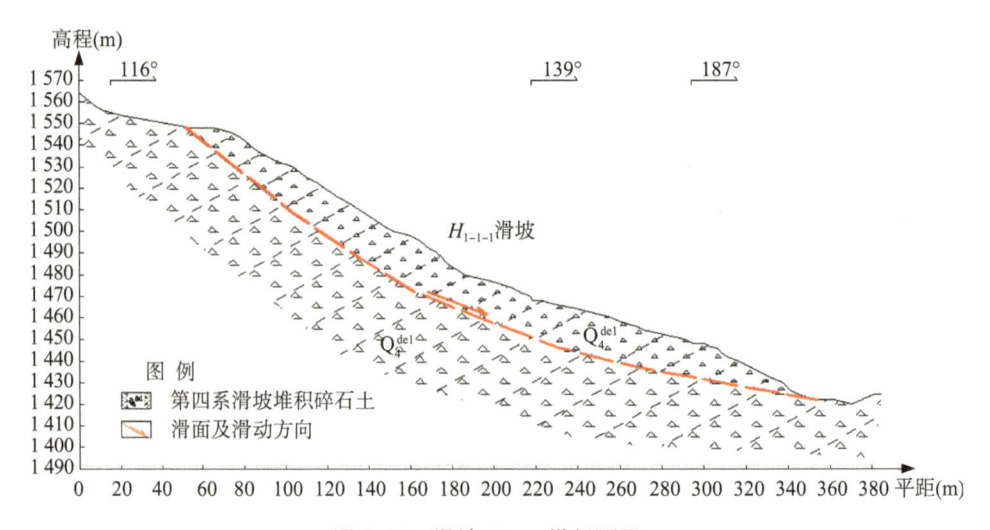

图 6-15　滑坡 H_{1-1-1} 纵剖面图

图 6-16　滑坡 H_{1-1-1} 后部形态

6.1.3.3　滑坡物质组成特征

1. 滑坡 H_1 物质组成

滑坡 H_1 是在老滑坡 H 的滑坡堆积体上发育的次一级滑坡,本次勘查工作所进行的 3 个钻孔均在滑坡 H_1 上布设,位于滑坡前部。

根据实际调查及钻孔揭露,滑坡 H_1 的组成物质均为碎石土,但在不同区域位置,呈现出不同物质组成特征。滑坡 H_1 堆积碎石土可分为两类,一类碎石土位于滑坡 H_1 的右侧部分,为黑灰色碎石土,碎石含量为 70%~90%,其余为灰黑色或黄褐色粉质黏土填充。碎石岩性为炭质板岩、千枚岩、灰岩等,碎石粒径为 0.2~1.5 cm,呈稍湿—潮湿,松散—稍密;一类碎石土位于滑坡 H_1 左侧部分,为杂色碎石土,碎石含量为 70%~90%,其余为黄褐色粉土填充。碎石岩性主要为灰岩,含少量板岩,碎石粒径为 3~15 cm,可见夹杂粒径大于 20 cm 的块石,呈干燥—稍湿,松散—稍密。

2. 滑坡 H_{1-1} 物质组成

滑坡 H_{1-1} 发育于滑坡 H_1 中部右侧,滑坡前缘至白龙江左岸岸边,是在 H_1 的滑坡堆积体上发育的次一级滑坡。根据调查,滑坡 H_{1-1} 的组成物质主要为滑坡堆积碎石土,颜色为灰黑色,临近长流水沟道附近的碎石土稍湿—潮湿,其余地段碎石土较为干燥—稍湿,碎石含量多为 70%~90%,岩性为炭质板岩、千枚岩及灰岩,碎石粒径以 2~10 cm 居多,部分地段可见大于 20 cm 的块石,地表可见部分粒径在 1 m 以上的崩塌滚落的巨石。钻孔 ZK3 中在 48.7~50 m 处揭露了滑坡 H_{1-1} 的滑带,滑带土厚 1.3 m,呈黑灰色黏土,夹杂少量角砾,塑性较好,强度较低,岩芯呈短柱状,稍密—中密,稍湿,透水性差(图 6-17)。

3. 滑坡 H_{1-2} 物质组成

根据调查,滑坡 H_{1-2} 的组成物质主要为滑坡堆积碎石土,颜色为土黄色—黄褐色,松散—稍密,干燥—稍湿,碎石含量多为 50%~80%,其余为粉土填充,岩性为灰岩及板岩,碎石粒径以 2~10 cm 居多,部分地段可见大于 20 cm 的块石及粒径在 1 m 以上的崩塌滚落的巨石(图 6-18)。

图 6-17　滑坡 H_{1-1} 滑带土(ZK3)

图 6-18　滑坡 H_{1-2} 物质

4. 滑坡 H_{1-1-1} 物质组成

根据钻孔 ZK3 揭露,滑坡 H_{1-1-1} 的组成物质主要为滑坡堆积碎石土,自上而下可分为 5 层不同类型的碎石土体。0～7 m 为杂色碎石土,碎石岩性为灰岩、炭质板岩、千枚岩等,碎石粒径 2～15 mm,松散,干燥,碎石含量为 70%～85%,其余为粉土填充;7～8 m 为黑灰色碎石土,碎石岩性主要为千枚岩、碳质板岩,碎石含量为 55%,粒径以 10～20 mm 为主,其余为粉黏土及砂土填充;8～14.4 m 为灰白色碎石土,碎石岩性为灰岩,松散,干燥,碎石粒径多为 5～12 mm,碎石含量为 50%～70%,含 20% 左右砾石,其余为粉土填充。此段物质反映出原始灰岩曾在此深度发生过剧烈摩擦,从而形成以碎石为主、砾石粉土含量相对较高的物质特征,推测可能发生过浅表层滑动或扰动。14.4~18.3 m 处为土黄色及灰黑色碎石土,碎石含量达 80%,其余为粉质黏土填充,碎石粒径多为 0.5~2 cm,稍湿,岩性呈短柱状。在 18.3~19 m 处钻孔揭露了滑坡 H_{1-1-1} 的滑带,滑带土厚 1.7 m,呈黑灰色黏土,夹杂少量角砾,塑性较好,强度较低,岩芯呈短柱状,稍密—中密,稍湿,透水性差。

6.1.3.4 滑坡变形破坏特征

1. 滑坡 H_1 变形破坏特征

滑坡 H_1 为发育在老滑坡 H 上的次级滑坡,其变形破坏特征主要表现为滑坡 H_1 部分地段蠕滑变形,并且发育形成 H_{1-1}、H_{1-2} 两个次级滑坡。H_1 滑坡体上发育多条与滑坡主滑方向平行的冲沟,冲沟均呈"V"字形,沟道深 3~10 m,沟底宽 1~2 m,沟坡坡度为 45°~52°,沟道多为季节性或降雨性流水沟,平时多为干沟,在滑坡体右侧下部,有 1 条长流水沟,流量约为 0.3 m³/s,流速为 2.7 m/s。冲沟两岸多出现向沟内的沟岸垮塌现象,沿沟岸两侧多出现与沟道走向一致的裂缝,裂缝宽多在 1.4~4 cm,长 2~16 m。滑坡上冲沟多发育成为次一级滑坡的边界。

滑坡体中上部、中部及前缘均发育了多条近似垂直于滑坡主滑方向的裂缝,裂缝宽多为 3~10 cm,延伸长度为 10~30 m,裂缝可探及深度为 1.8~2.7 m,裂缝密集发育是滑坡 H_1 变形破坏的另一重要特征(图 6-19)。

图 6-19 滑坡 H_1 体上裂缝发育

2. 滑坡 H_{1-1} 变形破坏特征

滑坡 H_{1-1} 发育于滑坡 H_1 中部右侧,滑坡体变形破坏特征较为明显。滑坡后部坡肩处发育多条走向 41°~63° 的拉张裂缝,裂缝宽 2~14 cm,长 2.4~15.8 m(图 6-20),滑坡体已发生滑动,形成凹槽状滑体,滑坡侧缘发育走向 112°~138° 的剪切裂缝,裂缝长 1.8~6.6 m,呈羽状分布。滑坡前缘受白龙江冲刷,在侧向侵蚀下变形明显,坡脚处的老国道部分地段裂缝密集,发生坍塌、垮塌,致使老国道错断(图 6-21)。滑坡两侧缘擦痕明显,擦痕方向指向滑坡运移方向(图 6-22)。滑坡体的凹槽中发育 1 条自滑坡后部到前缘的冲沟,冲沟中下部有泉水溢出形成地表水,冲沟两侧沟坡坡度较陡,多为 45°~52°,在沟内水流的冲刷下,沟岸两侧坍塌现象明显。

图 6-20　滑坡 H_{1-1} 坡肩处裂缝 　　　　　　　图 6-21　滑坡 H_{1-1} 前缘变形破坏

图 6-22　滑坡 H_{1-1} 侧缘擦痕

3. 滑坡 H_{1-2} 变形破坏特征

滑坡 H_{1-2} 发育于滑坡 H_1 中下部左侧区域,滑坡体变形破坏特征较为明显。滑坡后部坡肩处发育多条走向 66°～83°的拉张裂缝,裂缝宽 2.5～16 cm,长 3.1～18.8 m(图 6-23)。滑坡体后部已发生滑动,不断有土体自后壁坍塌滑落,形成凹槽状滑体(图 6-24),滑坡侧缘发育走向 293°～318°的剪切裂缝,裂缝长 0.8～2.9 m,呈羽状分布。滑坡前缘受白龙江冲刷,在侧向侵蚀下变形明显,坡脚处的老国道部分地段裂缝密集,发生坍塌、垮塌,致使老国道错断(图 6-25)。

图 6-23　滑坡 H_{1-2} 坡体裂缝 　　　　　　　图 6-24　滑坡 H_{1-2} 后壁滑塌

图 6-25　滑坡 H_{1-2} 前缘垮塌

4. 滑坡 H_{1-1-1} 变形破坏特征

H_{1-1-1} 滑坡发育于滑坡 H_{1-1} 中部,为正在活动的新滑坡,坡体变形破坏特征较为明显。目前滑坡已发生滑动,后壁出露,两侧缘也发生了滑动,侧缘界线明显。滑坡体上发育了多处裂缝、冲沟,将坡体进行了切割,滑坡体中前部滑塌明显,出露多处新鲜面,坡脚临空面较大,稳定性较差,不断有碎块石自坡体上向下溜滑。

6.1.4　滑坡稳定性评价

根据勘查,大小湾滑坡为一处老滑坡,在其上发育了次一级滑坡 H_1,在滑坡 H_1 上发育了两处次级滑坡 H_{1-1}、H_{1-2},在滑坡 H_{1-1} 上又发育了次一级滑坡 H_{1-1-1},目前滑坡体上各分级分块滑坡均有独立且明显的后壁和侧缘,部分次级滑坡坡顶发育有拉张裂缝,且滑坡体上还发育有小型滑坡、坍塌。据此,本次采取斜坡稳定性判别表(表 6-1)判别其稳定性,判别结果见表 6-2。

表 6-1 斜坡稳定性野外判别表

斜坡要素	稳定性差	稳定性较差	稳定性好
坡脚	临空,坡度较陡且常处于地表径流的冲刷之下,有发展趋势,并有季节性泉水出露,岩土潮湿,饱水	临空,有间断季节性地表径流流经,岩土体较湿,斜坡坡度在15°～45°	斜坡较缓,临空高差小,无地表径流流经和继续变形的迹象,岩土体干燥
坡体	平均坡度>40°坡面上有多条新发展的裂缝,其上建筑物、植被有新的变形迹象,裂隙发育或存在易滑软弱结构面	平均坡度在15°～40°,坡面上局部有小的裂缝,其上建筑物、植被无新的变形迹象,裂隙较发育或存在软弱结构面	平均坡度<15°,坡面上无裂缝发展,其上建筑物、植被没有新的变形迹象,裂隙不发育,不存在软弱结构面
坡肩	可见裂缝或明显位移迹象,有积水或存在积水地形	有小裂缝,无明显变形迹象,存在积水地形	无位移迹象,无积水,也不存在积水地形

表 6-2 各滑坡稳定性判别结果一览表

编号	稳定性判别要素			稳定性	各工况下发生灾害的可能性
	坡脚	坡体	坡肩		
H_1	临空,坡度较陡,处于白龙江冲刷之下,垮塌现象严重,岩土体在白龙江浸润下潮湿	平均坡度22°,坡体局部发育次级滑坡,发育多条新裂缝,变形迹象明显	发育平行于坡向的裂缝,局部存在积水地形	稳定性较差	在自然状态下发生灾害的可能性较小,在强震及降雨下发生局部失稳的可能性大
H_{1-1}	临空,坡度较陡,处于白龙江冲刷之下,垮塌现象严重,岩土体在白龙江浸润下潮湿	平均坡度20°,坡体局部发育次级滑坡,发育多条新裂缝,变形迹象明显	有较为密集的拉张裂缝,局部存在积水地形	稳定性差	在自然状态下发生灾害的可能性较大,在强震及降雨下发生局部失稳的可能性大
H_{1-2}	临空,坡度较陡,处于白龙江冲刷之下,垮塌现象严重,岩土体在白龙江浸润下潮湿	平均坡度23°,岩土体松散,坡体上发育多条新裂缝	有较为密集的拉张裂缝,局部存在积水地形	稳定性差	在自然状态下发生灾害的可能性较大,在强震及降雨下发生局部失稳的可能性大
H_{1-1-1}	临空,坡度较陡,垮塌现象严重,岩土体在地表水浸润下潮湿	平均坡度25°,岩土体松散,坡体滑塌现象发育	发育平行于坡向的裂缝,存在积水地形	稳定性差	在自然状态下发生灾害的可能性较大,在强震及降雨下发生局部失稳的可能性大

6.1.5 滑坡发展趋势及危害预测

6.1.5.1 滑坡发展趋势

根据滑坡定性及定量评价结果,滑坡 H_1 整体基本稳定,但三处次级滑坡 H_{1-1}、H_{1-2}、H_{1-1-1} 的稳定性较差,有发生滑动的可能性,在暴雨、地震等不良工况的影响下,极易发生变形破坏,整体发生滑动,故滑坡后期的发展预测为次级滑坡 H_{1-1}、H_{1-2}、H_{1-1-1} 可能发生滑动,致使 H_1 滑坡的前缘整体临空,极大的临空面使得滑坡 H_1 失去侧向支持,发生牵引式滑动。而滑坡 H_1 处于老滑坡 H 的中下部,目前是老滑坡的阻滑段,一旦滑坡 H_1 发生整体破坏,势必牵引老滑坡发生滑移,从而导致滑坡的整体失稳。

6.1.5.2 灾情险情

大小湾初次滑坡发生时间较早,未造成人员伤亡及财产损失,最近一次较大规模明显变形滑动发生于1990年,主要发生在 H_{1-1} 段,造成耕地的永久性破坏,财产损失约50万元,未造成人员伤亡,滑坡前缘次级滑坡 H_{1-2} 处于蠕动变形阶段,对前缘道路及挡墙、居民房屋造成损害,财产损失约300万元,无人员伤亡,综上所述,大小湾滑坡灾情等级为中型。经此次现场调查,次级滑坡 H_{1-1} 及 H_{1-2} 现处于欠稳定状态,滑坡前缘及后缘均出现裂缝、局部滑塌等不同程度的变形迹象,在大强度降雨及前缘白龙江不断侧蚀的条件下,有可能发生较大规模的变形破坏,次级滑坡 H_{1-1} 的滑动将增加次级滑坡 H_{1-2} 后缘荷载,次级滑坡 H_{1-1-1} 滑动将直接威胁坡脚道路、居民生命财产安全,同时造成白龙江局部堵塞,将对滑坡上游水电站、对岸S313省道、下游煤炭配送中心及附近居民的生命财产安全造成威胁,经调查统计,威胁人数约150人,威胁资产约6 000万元,险情等级为大型。

6.1.5.3 已有工程

该滑坡未进行过较大规模的专项治理工程,在滑坡前缘坡面修建有混凝土排水渠(截面尺寸为0.5 m×0.5 m),排泄局部雨水及地下水;道路内侧修建有浆砌石挡土墙,只能对道路产生一定程度的防护作用,不能对滑坡产生影响。

6.1.6 滑坡监测仪器布设

6.1.6.1 监测设备的选取

在大小湾滑坡上布设地监测仪器,重点用于监测滑坡地表及地下的变形情况,辅助性地监测滑坡土壤的含水率情况及滑坡影像,选取的监测仪器为GNSS监测仪、裂缝位移计、深部位移计、雨量计、含水率监测仪及视频监测仪。

(1) GNSS监测仪

共布设5套GNSS监测仪,对滑坡地表水平及垂向变形情况进行监测,其中1套为基站,4套为测站,基站布设在滑坡范围以外的稳定区域,测站布设在滑坡完整块体之上。

(2) 裂缝位移计

根据地质灾害体上裂缝分布发育特征及裂缝位移方向,利用裂缝位移计对灾害体裂缝进行位移监测,是对滑坡地表变形的监测手段。在大小湾滑坡上布设有2套裂缝位移计,选取滑坡变形较为剧烈处、裂缝较为密集的区段进行布设。

(3) 深部位移计

在滑坡体上布设深部位移计2套,本次布设的深部位移计为固定式,通过钻探工作判断出滑坡的滑带所在位置,利用已完成的钻孔布设深部测斜管,在滑带所在位置安装深部位移监测传感器,对滑坡深部的水平及垂直位移变化情况进行监测,分析灾害体变形活动状态。

(4) 含水率监测仪

共布设 3 套监测仪器对滑坡体土体中的含水率进行监测。含水率变化通常导致土体自重、黏结力和内摩擦角的变化,影响土质滑坡、泥石流等灾害体稳定性。对滑坡体的含水率进行监测,可以作为辅助性的监测手段,结合 GNSS 监测手段和信息综合分析灾害体活动性和稳定性。

(5) 视频监测仪

在大小湾滑坡上布设视频监测仪 1 套,针对地质灾害典型部位、关键区域等开展实时视频监测,通过网络将现场视频图像实时传输到监控中心,直观了解灾害体变形活动状况。

(6) 雨量计

在大小湾滑坡上布设雨量计 1 套,用于对滑坡区域的降雨情况进行监测,选取滑坡稳定区域,周边开阔、信号条件较好的区域进行安装。

6.1.6.2 总体部署

(1) GNSS 监测仪

根据监测仪器部署原则,GNSS 基站选取在滑坡左侧、滑坡体以外的稳定基岩山梁上,周边地形开阔,信号条件和光照条件满足要求。GNSS 测站尽量兼顾各分级分次滑坡,分别布设在滑坡 H_1 后部、滑坡 H_{1-1} 中部、滑坡 H_{1-2} 中部及下部的滑坡体上,最远测站距 GNSS 基站直线距离 1 900 m,具备安装条件。GNSS 测站均位于大小湾滑坡之上,处于滑坡扰动变形区域内,通过 GNSS 监测仪可以对此区域内滑坡体的水平、垂直变形情况进行监测,也可以对滑坡的变形滑移方向进行监测,其数据可反映出大小湾滑坡整体的变形情况。

(2) 裂缝位移计

在大小湾滑坡体上共布设了 2 套裂缝位移计,结合现场踏勘情况,选取了滑坡体 H_{1-1} 及 H_{1-2} 后部裂缝密集发育的地段,作为裂缝位移计的安装位置,可以在一定程度上反映出滑坡 H_{1-1} 和 H_{1-2} 向后缘牵引变形的情况。

(3) 深部位移计

本次在大小湾滑坡上布设了 2 套深部位移计,位于滑坡 H_{1-1-1} 和 H_{1-2} 的下部,监测这两处滑坡的滑带变形情况。

(4) 含水率监测仪

含水率监测仪作为辅助监测仪器,本次共布设了 3 套,与 GNSS 监测仪毗邻布设,监测埋深 0.3 m、0.6 m 及 0.9 m 处的土壤含水率变化情况,对两处地表位移监测起到辅助监测的作用。

(5) 视频监测仪

视频监测仪器布设在大小湾滑坡对面,白龙江右岸的坡体上,选取稳定的基岩山梁处进行仪器布设,将大小湾滑坡的滑坡体尽可能多地纳入视频监测的范围内。

(6) 雨量计

选取了滑坡中部左侧的咀疙瘩村布设 1 套雨量计,该处位于滑坡体之外,地质条件较为

第 6 章 典型专业监测点建设

稳定,周围开阔,无遮挡,可有效监测该区域的降水情况。

大小湾滑坡监测设备布置如图 6-26 所示。

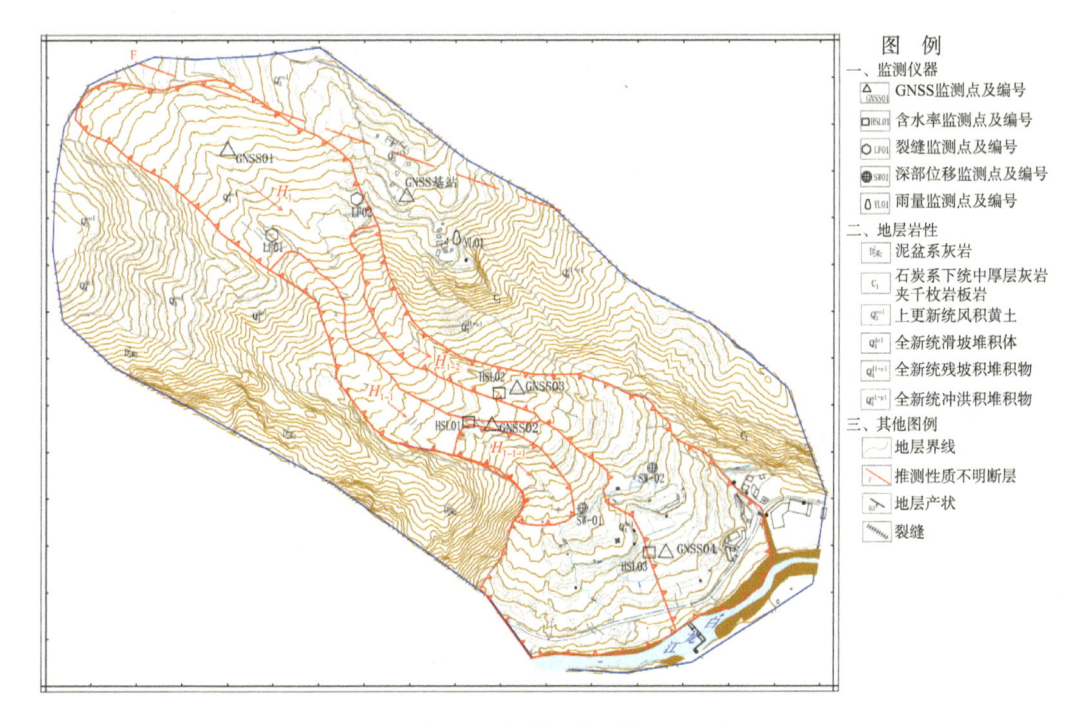

图 6-26 大小湾滑坡监测设备布置图

6.1.6.3 监测设备施工

大小湾滑坡安装了 GNSS 监测仪、裂缝位移计、深部位移计、雨量计、含水率监测仪及视频监测仪,共计 14 套,其中 GNSS 监测仪 5 套、裂缝位移计 2 套、深部位移计 2 套、含水率监测仪 3 套、雨量计 1 套、视频监测仪 1 套。监测设备的施工自 2021 年 2 月开始,至 2021 年 4 月完成野外安装施工,随后进入设备调试阶段。

监测设备的施工包括野外土建施工及设备安装调试两个部分,由监测设备安装中标单位北京江伟时代科技有限公司负责实施。

1. 野外土建施工

项目组会同北京江伟时代科技有限公司相关负责人,在大小湾滑坡现场进行技术交底,确认仪器安装地点,对各监测仪器布设点的勘查施工条件、通信条件、电源条件、日照情况及建站安全进行核实。北京江伟时代科技有限公司随即开展了施工准备工作,成立了现场工作组,统计了土建工作所需的各种材料及配件,并将钢管、水泥等重要材料进行了采购和向特种材料检验单位进行了报验,联系大小湾滑坡所在地的村组干部,完成了占地及青苗补偿工作,组织了土建施工队伍。

各监测仪器的土建施工基本相同,在仪器安装地点开挖 600 mm×600 mm×800 mm 土坑,并浇筑 C30 混凝土基桩,基桩上面表面积 400 mm×400 mm,基桩下面表面积 400 mm×400 mm,基桩埋入地面 600 mm,在基桩上预埋四个 M16×1 000 mm(螺纹长

173

50 mm)螺栓,并配齐 M16 螺母、M16 平垫、M16 弹垫,预埋螺栓的埋设平面尺寸为 300 mm×300 mm 正方形,螺栓露出水泥的部分为 50 mm,基桩一面朝南便于太阳能电池板采光。基桩完成浇灌后,镗平水泥基础表面及侧面,保证水泥墩无蜂眼,完成后用塑料布掩盖,待 5~7 d 水泥基础完全干透成型后再进行立杆安装。

2. 设备安装调试

野外土建施工完成,且混凝土基桩养护晾干后,进行设备安装工作。在基桩已预埋的螺栓上安装立杆,要求立杆顺直稳固、安装到位,在立杆上安装相应的监测仪器及太阳能板等配件,并完成各设备的蓄电池、电子模块等设备的安装。各设备安装完成后,现场进行初步调试,测试仪器能否正常通电运行,为室内调试及数据上传做好准备。

6.1.7 监测数据分析

自 2021 年 4 月 10 日安装完成大小湾滑坡的雨量计后开始监测,监测周期为 4 h,有降雨时自动加密至 10~30 min。至 10 月 31 日,监测到大小湾区域降水量 506.5 mm,其中单月降雨量最大在 7 月,全月总计降雨量 147.0 mm,单日降雨量最大在 2021 年 7 月 15 日,降雨量为 55.5 mm。详见表 6-3 和图 6-27。

表 6-3　大小湾滑坡雨量计数据统计表

序号	时间	每月雨量值(mm)	累计雨量值(mm)
1	2021 年 4 月	32.5	32.5
2	2021 年 5 月	72.0	104.5
3	2021 年 6 月	45.0	149.5
4	2021 年 7 月	147.0	296.5
5	2021 年 8 月	42.0	338.5
6	2021 年 9 月	93.0	431.5
7	2021 年 10 月	75.0	506.5

图 6-27　大小湾滑坡雨量计监测统计图

在大小湾滑坡上安装有 3 套含水率监测仪,自 2021 年 4 月 3 日完成安装后开始监测,监测周期为 4 h,至 10 月 31 日,3 套含水率监测仪已收集数据 4 437 组。其中,位于 H_{1-1} 滑坡中部及下部的含水率监测仪 01、含水率监测仪 03 显示出,埋深 30 cm、60 cm 及 90 cm 的各含水率探头所监测到的土壤含水率差别较小,最大差值小于 4%,且土壤含水率曲线斜率差别小,含水率升降基本同频同步,体现出该处土壤固结程度差,具有较好的透水性。

含水率监测仪 02 的监测数据显示出与含水率监测仪 01 及含水率监测仪 03 不同的变化特征,通过含水率监测仪 02 的监测数据可以看出,位于滑坡 H_{1-2} 的含水率监测仪 02 所监测到的土壤含水率,在 30 cm 埋深处基本在 9%～15%,60 cm 埋深处基本在 4.75%～11%,90 cm 埋深处保持在 1.4%～4%,土壤含水率随埋深的加深而降低的趋势明显。

在土壤含水率波动方面,30 cm 埋深的土壤含水率监测波形强于 90 cm 埋深的土壤含水率,数据曲线斜率差别明显,反映出滑坡 H_{1-1} 处的土壤物质固结程度好于另外两处监测区域,降水的下渗程度也低于另两处监测区域。详见图 6-28 至图 6-30。

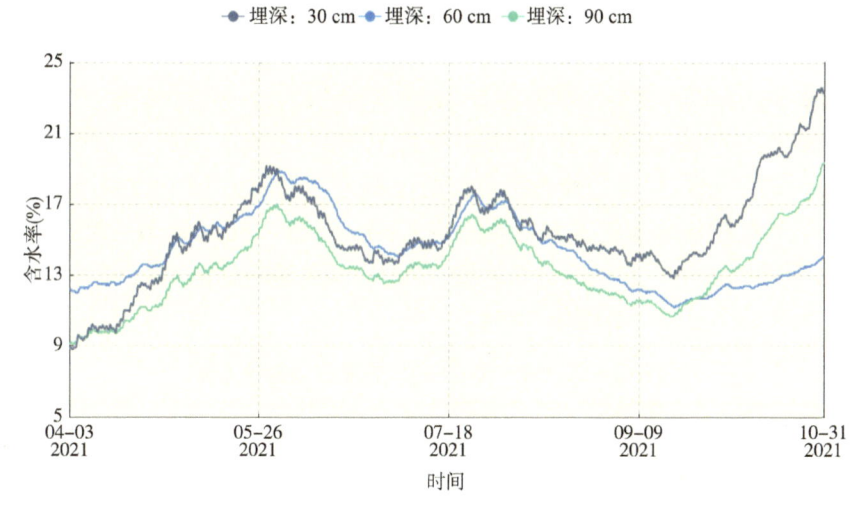

图 6-28 大小湾滑坡含水率监测仪 01 监测数据图

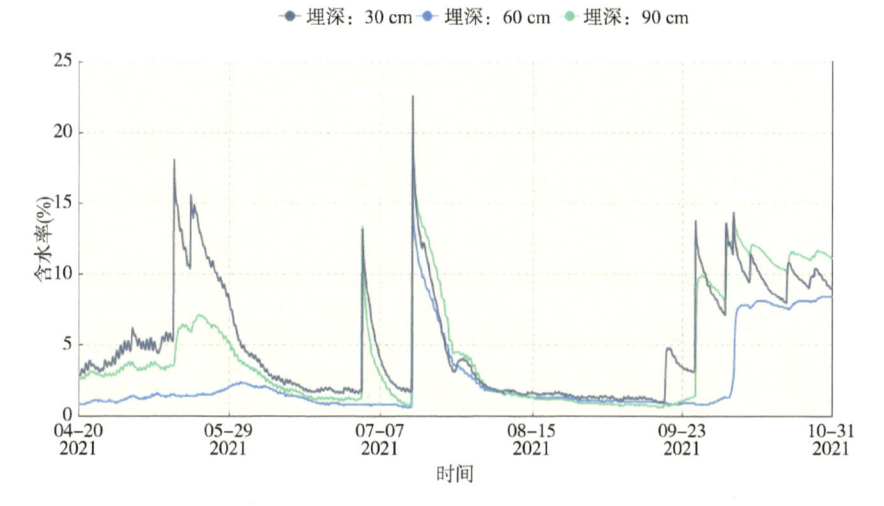

图 6-29 大小湾滑坡含水率监测仪 03 监测数据图

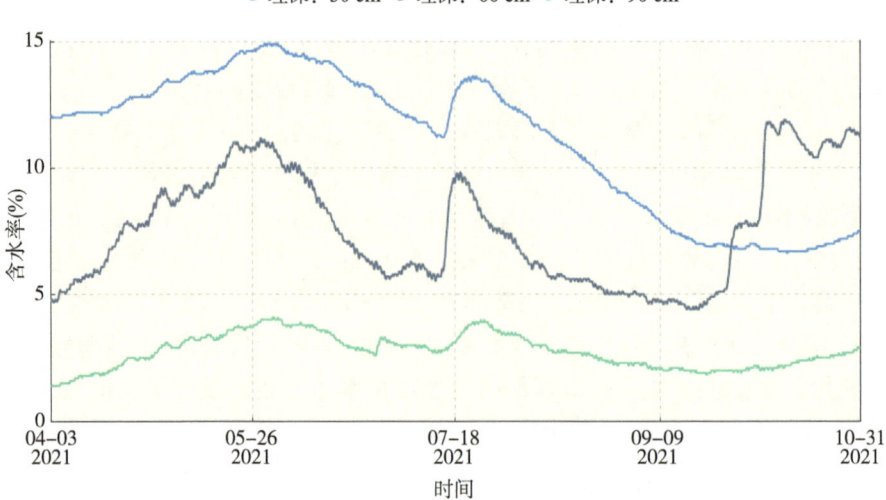

■— 埋深：30 cm ■— 埋深：60 cm ■— 埋深：90 cm

图 6-30　大小湾滑坡含水率监测仪 02 监测数据图

　　大小湾滑坡安装了 5 套 GNSS 监测仪，其中 1 套基站、4 套测站，用于监测滑坡块体的位移变化情况。GNSS 监测仪自 2021 年 4 月 12—15 日安装完毕后开始监测，监测周期为 1 h，至 10 月 31 日，累计位移变化最大的仪器为位于滑坡 H_1 上的 GNSS01，水平方向累计位移为 972.7 mm，垂直方向累计位移为 348.4 mm；变化最小的仪器为位于滑坡 H_{1-1} 下部的 GNSS04，水平方向累计位移为 294.4 mm，垂直方向累计位移为 45.7 mm。详见表 6-4 至表 6-7、图 6-31 至图 6-34。

表 6-4　大小湾滑坡 GNSS01 监测仪监测数据表

序号	时间	水平位移值(mm)	垂直位移值(mm)
1	2021 年 4 月	69.4	−12.4
2	2021 年 5 月	152.0	−58.6
3	2021 年 6 月	133.4	−63.7
4	2021 年 7 月	152.6	−46.0
5	2021 年 8 月	170.6	−80.2
6	2021 年 9 月	137.2	−43.6
7	2021 年 10 月	157.5	−43.9
合计		972.7	−348.4

表 6-5　大小湾滑坡 GNSS02 监测仪监测数据表

序号	时间	水平位移值(mm)	垂直位移值(mm)
1	2021 年 4 月	52.1	−16.2
2	2021 年 5 月	91.4	−21.6

续表

序号	时间	水平位移值(mm)	垂直位移值(mm)
3	2021年6月	89.0	−20.6
4	2021年7月	78.4	−22.1
5	2021年8月	90.8	−16.1
6	2021年9月	77.0	−20.2
7	2021年10月	75.0	−16.7
合计		553.7	−133.5

表6-6　大小湾滑坡GNSS03监测仪监测数据表

序号	时间	水平位移值(mm)	垂直位移值(mm)
1	2021年4月	38.4	−7.4
2	2021年5月	66.3	−5.9
3	2021年6月	59.5	−4.6
4	2021年7月	58.6	−10.1
5	2021年8月	60.2	−2.7
6	2021年9月	52.8	−7.9
7	2021年10月	53.8	−6.2
合计		389.6	−44.8

表6-7　大小湾滑坡GNSS04监测仪监测数据表

序号	时间	水平位移值(mm)	垂直位移值(mm)
1	2021年4月	19.4	−12.7
2	2021年5月	55.4	−1.8
3	2021年6月	48.2	2.1
4	2021年7月	50.4	−16.1
5	2021年8月	43.0	4.6
6	2021年9月	39.3	−12.9
7	2021年10月	38.7	−8.9
合计		294.4	−45.7

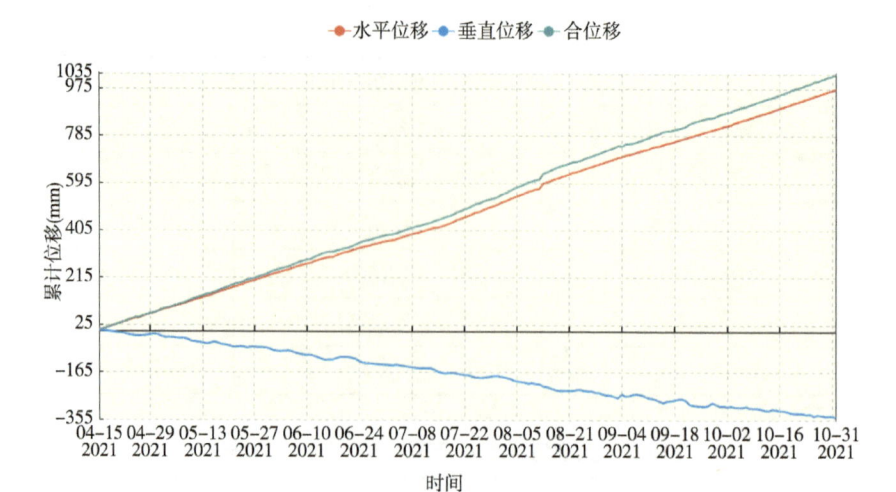

图 6-31　大小湾滑坡 GNSS01 监测仪监测数据图

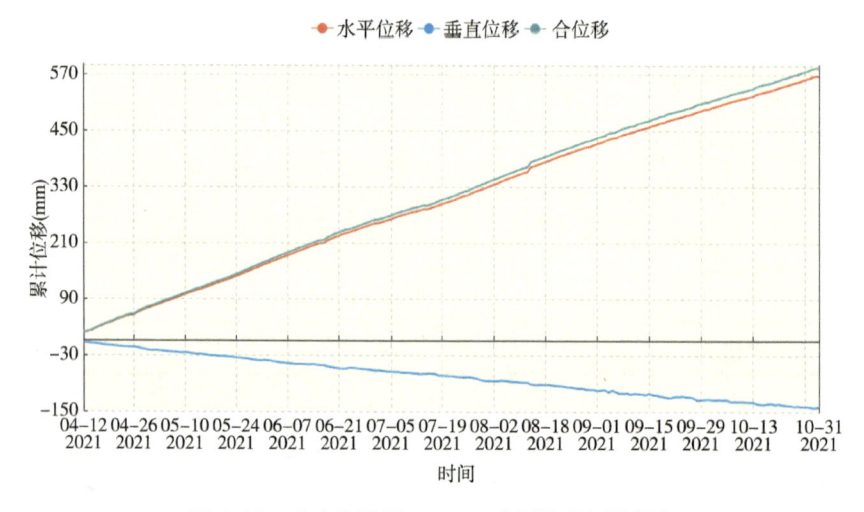

图 6-32　大小湾滑坡 GNSS02 监测仪监测数据图

图 6-33　大小湾滑坡 GNSS03 监测仪监测数据图

图 6-34　大小湾滑坡 GNSS04 监测仪监测数据图

大小湾滑坡的裂缝位移计 01、裂缝位移计 02 分别安装在 H_{1-1} 滑坡及 H_{1-2} 滑坡后缘拉张裂缝之上，监测仪器自 2021 年 4 月 1 日安装完毕后开始监测，监测周期为 4 h，至 10 月 31 日，两处裂缝位移计监测的累计位移分别为 12.3 mm 及 19.5 mm，整体变化幅度较小。

大小湾滑坡共安装 2 套深部位移计，其中深部位移计 01 位于滑坡 H_{1-1-1} 前部，仪器配置 3 个监测探头，埋深分别为 10 m、19 m、30 m。深部位移计 02 位于滑坡 H_{1-2} 前部，仪器配置 3 个监测探头，埋深分别为 11 m、18 m、35 m。深部位移计 01 因前期选点处滑坡变形较大，成孔后仪器无法放入孔中，后另选点进行安装，仪器自 2021 年 6 月 17 日安装完成后开始监测，监测周期为 4 h，至 10 月 31 日，监测数据显示，变形最大位于埋深 30 m 处，水平方向累计位移 5.28 mm，垂直方向累计位移 14.97 mm。详见表 6-8、图 6-35。

深部位移计 02 自 2021 年 4 月 15 日安装完成后开始监测，监测周期为 4 h。至 10 月 28 日，监测数据显示，变化量最大的探头位于埋深 18 m 处，其水平方向累计位移量为 40.16 mm，垂直方向累计位移量为 28.4 mm。详见表 6-9、图 6-36。

表 6-8　大小湾滑坡深部位移计仪 01 监测数据表

埋深	时间	水平方向累计位移(mm)	垂直方向累计位移(mm)
10 m	2021 年 6 月	−0.17	−0.32
	2021 年 7 月	1.58	−1.67
	2021 年 8 月	−1.11	0.67
	2021 年 9 月	1.31	1.73
	2021 年 10 月	2.06	2.79
	合计	3.67	3.2

续表

埋深	时间	水平方向累计位移(mm)	垂直方向累计位移(mm)
19 m	2021年6月	0.35	−0.87
	2021年7月	0.02	−5.23
	2021年8月	−0.26	−1.51
	2021年9月	−0.12	−0.96
	2021年10月	−0.74	0.42
	合计	−0.75	−8.15
30 m	2021年6月	−0.71	2.74
	2021年7月	0.86	5.43
	2021年8月	1.76	2.28
	2021年9月	1.31	1.73
	2021年10月	2.06	2.79
	合计	5.28	14.97

表6-9 大小湾滑坡深部位移计02监测数据表

埋深	时间	水平方向累计位移(mm)	垂直方向累计位移(mm)
11 m	2021年4月	0.14	−1.67
	2021年5月	−8.86	7.84
	2021年6月	0.08	−1.55
	2021年7月	−0.01	−1.92
	2021年8月	0.07	−0.02
	2021年9月	0.11	0
	2021年10月	0.14	−0.12
	合计	−8.33	2.56
18 m	2021年4月	0.05	−0.01
	2021年5月	−37.74	29.37
	2021年6月	0.05	0.14
	2021年7月	−2.49	−1.1
	2021年8月	0.08	0.08
	2021年9月	−0.13	0.04
	2021年10月	0.02	−0.12
	合计	−40.16	28.4
35 m	2021年4月	0.1	−0.13
	2021年5月	1.92	−2.48
	2021年6月	0.05	−0.35
	2021年7月	−0.05	−0.82
	2021年8月	−0.23	−0.38
	2021年9月	−0.09	−0.34
	2021年10月	0.06	−0.24
	合计	1.76	−4.74

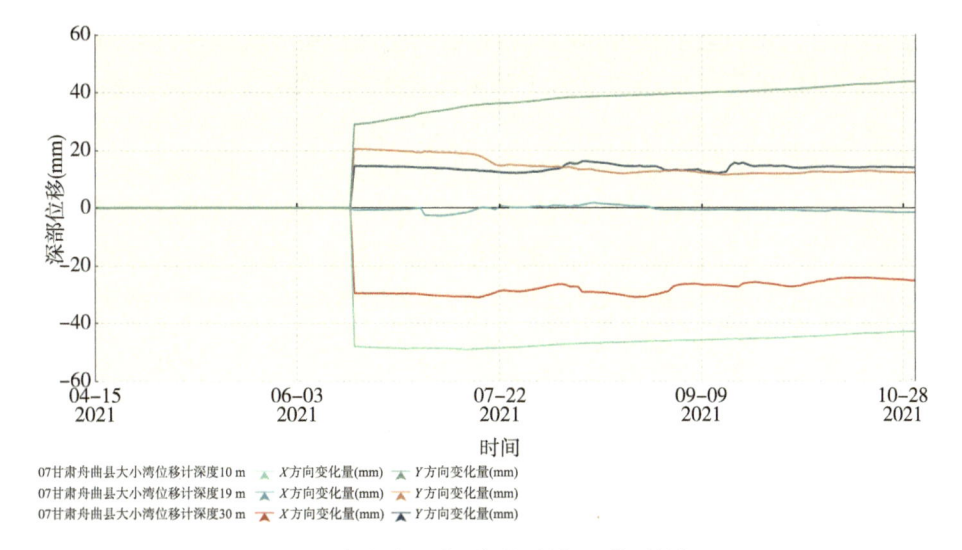

图 6-35　大小湾滑坡深部位移计 01 监测数据图

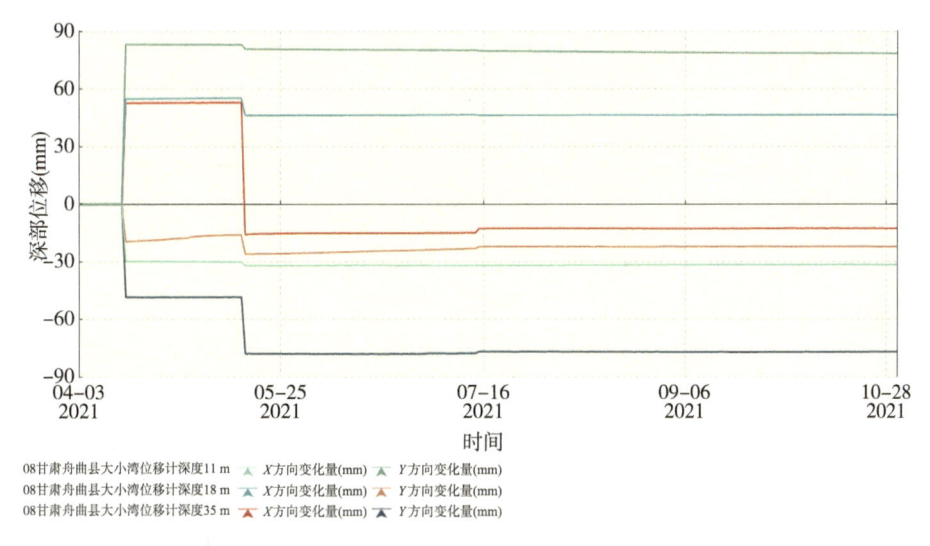

图 6-36　大小湾滑坡深部位移计 02 监测数据图

综合大小湾滑坡所安装的雨量计及土壤含水率监测仪监测数据,将两类仪器的监测曲线叠加(图 6-37),可明显地显示出当日降水量大于 19 mm 时,土壤含水率有明显反应,含水率数值显著增加,尤其是埋深 30 cm 处的监测探头,基本随降水同步发生近直线形的增长趋势,其他埋深的监测探头则会出现反应滞后,并缓慢增加,在曲线图上则表示为上升曲线的斜率较小。当每日降水量小于 16 mm 时,各埋深的含水率波动幅度明显降低,仅发生小幅度的数据变化。

大小湾滑坡安装的 4 套 GNSS 测站处,在本次监测过程中,均发生了位移变化,其中变化最大的为位于滑坡 H_1 中后部的 GNSS01,其次为位于滑坡 H_{1-1} 中部的 GNSS02,再次为位于滑坡 H_{1-2} 中部的 GNSS03,变化最小的为位于 H_{1-2} 下部的 GNSS04,各 GNSS 监测仪所监测的位移变化均较大,表明大小湾滑坡整体处于变形过程中,各分级滑坡存在差异性破坏。综合四处GNSS监测仪的监测数据,推断大小湾滑坡各分级块体目前均处于等速变形阶段,滑坡H_1的变形速率明显高于其他几处滑坡块体,结合实际踏勘情况,H_1前部为H_{1-1}及H_{1-2}滑坡的后壁,两处次级滑坡均已发生大范围的明显滑坡,致使滑坡后壁陡立,形成临空面,从而使上部的滑坡H_1失去支撑,并牵引上部滑坡失稳。GNSS02至GNSS04安装处发生不同程度的变形破坏,其中GNSS02处滑坡的变形幅度大于GNSS03及GNSS04处,表明滑坡H_{1-1}的变形破坏程度强于滑坡H_{1-2},安装于同一滑坡体上的GNSS03监测到的位移变化大于GNSS04,表明滑坡H_{1-2}的中后部变形强度大于前部。四处GNSS监测仪的监测数据真实反映了大小湾滑坡的孕灾过程,与现场勘查情况一致。

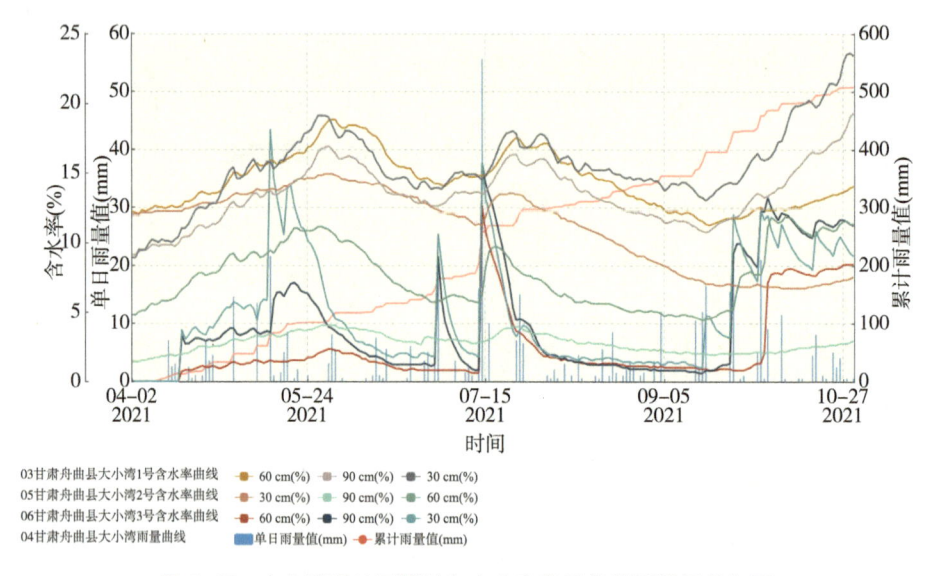

图6-37 大小湾滑坡雨量计与含水率监测仪监测数据叠加图

安装深部位移计的两处滑坡均发生了不同程度的位移变化,深部位移计02的整体变化更为明显,在不同深度上,埋深18 m处的监测探头变化最大,由此可判断滑坡H_{1-2}目前的主要滑动位置在此深度附近。在5月15—16日,深部位移计02各深度的监测数据均发生了较大变化,由此可判断,在此期间滑坡H_{1-2}发生了一次明显滑动,并被监测仪器如实反映出来。

大小湾滑坡发育于白龙江左岸,坡脚紧邻白龙江,在本次监测周期内,监测数据反映出该滑坡处于明显的匀速滑动阶段,各滑坡分级块体均形成了一定程度的变形破坏,尤其在滑坡H_1中后部,变形明显,已形成牵引式滑动,一旦该块体失稳滑动,会直接压覆在滑坡H_{1-1}及滑坡H_{1-2}之上,对两处滑坡进行加载,进而形成滑坡整体滑动,坡体前缘滑入白龙江,可能雍堵白龙江,对下游的舟曲县城造成巨大威胁,故应对此滑坡进行长期的有效监测,为滑坡风险研判提供技术支持。

6.2 甘家沟泥石流

6.2.1 自然地理及社会经济状况

6.2.1.1 位置与交通

汉王镇位于陇南市武都区东南部白龙江左岸,距城区 13 km,东接郭河乡,南邻桔柑镇,西连城关镇,北与龙凤乡相接,境内兰渝铁路、G75 武罐高速公路、G212 国道横穿而过,交通便利(图 6-38)。

甘家沟位于汉王镇北侧山区,沟口至沟脑有简易乡村道路连接,坡大弯急,道路狭窄,只可通行越野车,交通不便。

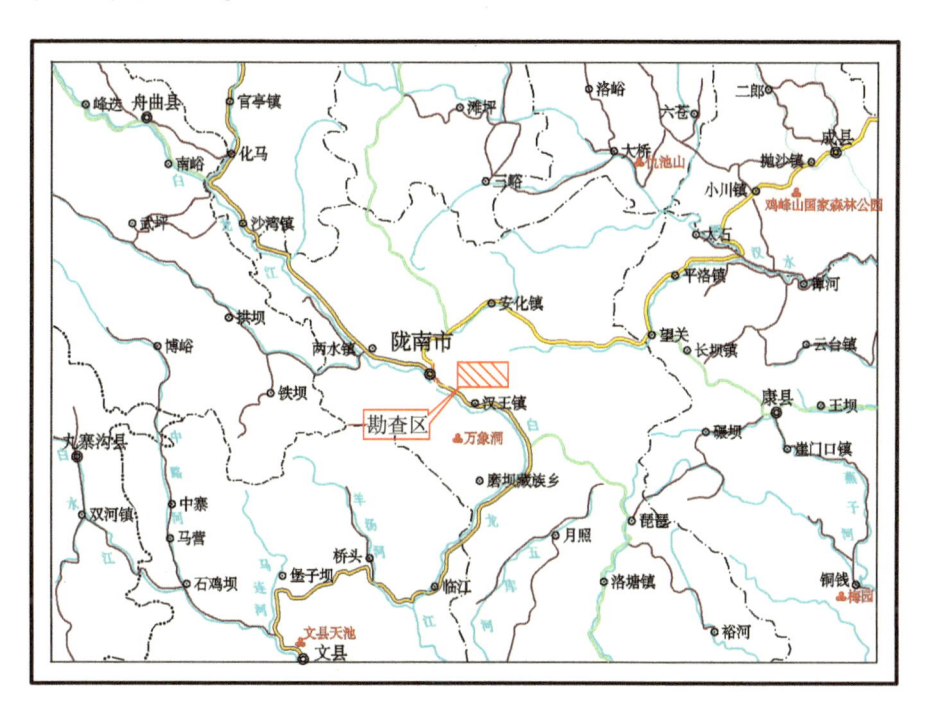

图 6-38 勘查区交通位置图

6.2.1.2 气象水文

1. 气象

甘家沟流域地处亚热带北部边缘,属过渡带季风山地气候,受境内高山深谷地形的影响,气候垂直差异明显,降水随海拔增高呈上升趋势。总的气候特征是冬春干燥,夏季缺雨,秋季多雨,易洪易涝。据武都区气象站资料,该区平均温度为 14.6 ℃,最冷 1 月平均气温 2.9 ℃,最热 7 月平均温度 34.8 ℃,年极端最低 −8.1 ℃,年极端最高 40 ℃;相对湿度 61%,9 月相对湿度最大,为 72%;历年平均蒸发量 1 740.0 mm,月蒸发量最大为 7 月的

230.0 mm,最小为 1 月的 56.6 mm;最大冻土深度为 11 cm。

区内多年平均年降水量为 487.2 mm(表 6-10),其中最大年降水量为 689.3 mm,出现在 1984 年;最小年降水量为 270.5 mm,出现在 1997 年。降水年内分配不均,其中 5—9 月降水量占全年降水总量的 75%～85%,且多以大雨或暴雨形式出现。大雨一般发生在 5—9 月,自 1939 年以来,降水强度为 25～50 mm/d 的大雨平均每年 2～3 次;暴雨一般发生在 7—8 月,降水强度为 50～75 mm/d 的暴雨和降水强度大于 75 mm/d 的大暴雨每 10 年约有 2～3 次。连续 24 h 最大降雨量 90.5 mm,1 h 最大降雨量 40.0 mm,10 min 最大降雨量 16.2 mm。该流域沟谷纵横,降水偏少,但降雨集中、暴雨多等特点,为泥石流的形成提供了足够的水动力条件和充沛的水源。武都区气象站年内气象要素详见图 6-39。

表 6-10　武都站多年平均降水量统计表

项目	逐月降水量												合计
	1月	2月	3月	4月	5月	6月	7月	8月	9月	10月	11月	12月	
降水量(mm)	2.2	2.9	14.2	38.0	61.0	64.1	93.2	90.2	77.7	34.9	7.9	0.9	487.2
占比(%)	0.5	0.6	2.9	7.8	12.5	13.2	19.1	18.5	15.9	7.2	1.6	0.2	100

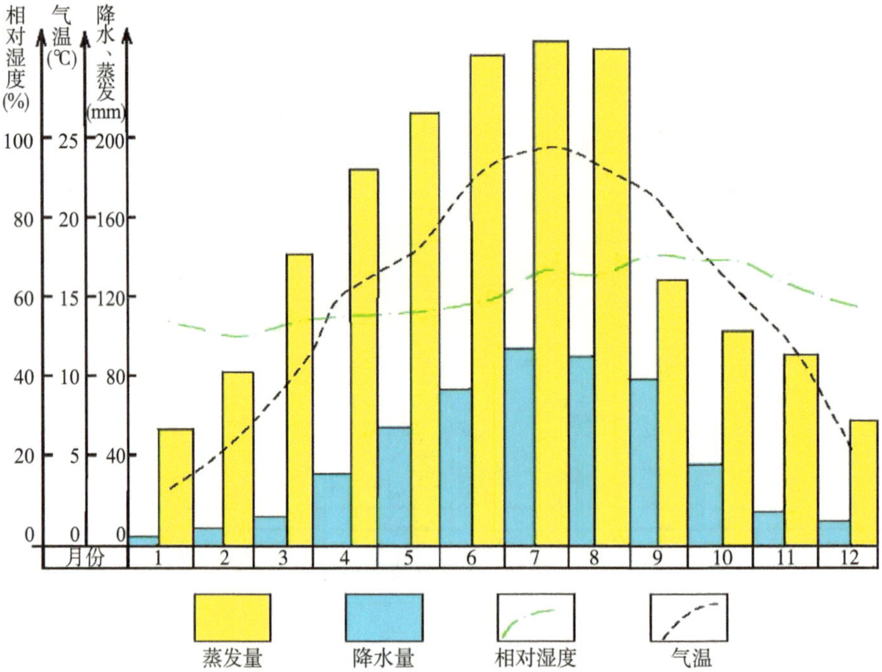

图 6-39　武都区气象站年内气象要素图

2. 水文

该区属长江流域嘉陵江水系,区内河流主要为白龙江,甘家沟属白龙江左岸一级支流。白龙江属嘉陵江一级支流,也是嘉陵江上游最大支流,发源于甘南州碌曲县境内的郭尔莽梁北朗木寺,经舟曲、宕昌流入武都区,全长 553 km,干流 280 km,流域面积 2 410 km³。根据白龙江武都水文站实测资料,多年平均流量为 141.2 m³/s,径流量为 41.44 亿 m³/a,区内河段平均最小流量为 30.5 m³/s,最大实测流量 1 920 m³/s(1984 年),一般为 250 m³/s,平均纵坡为 3.18‰;输沙总量 1 060 万 t/a,最大可达 6 670 万 t/a(1984 年),侵蚀模数 820 t/(km²·a)。沿江两岸水土流失严重,特别是城关镇一段河床比较平缓,大量泥沙淤积,河床逐年升高,威胁城区。白龙江河岸现高于城内新市街口 1.32 m,形成"水比城高"的严重局面。

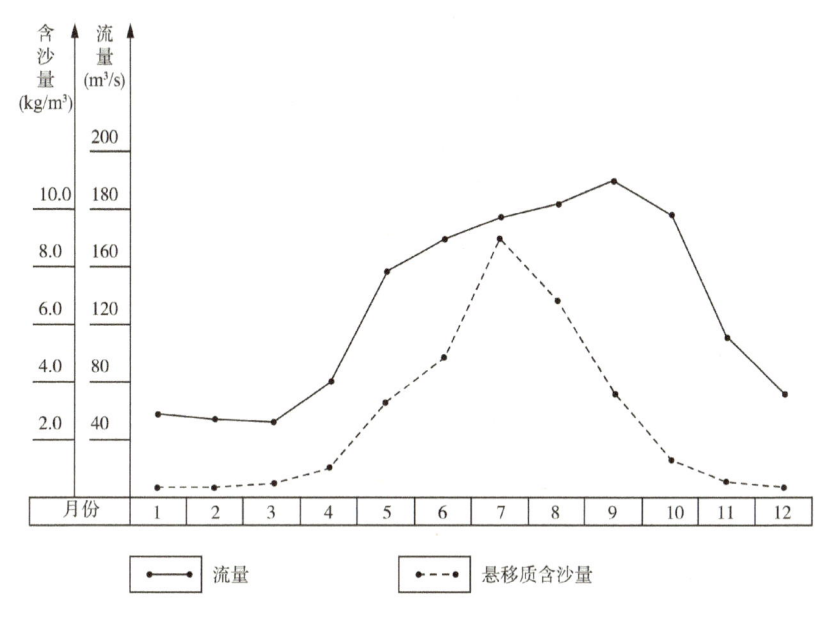

图 6-40　武都水文站流量、悬移质含沙量曲线图

甘家沟为常年流水沟谷,发源于柏林镇五角坪村,穿越龙凤乡,经汉王镇甘家沟,从汉王街村前流入白龙江。该沟植被差,每到雨季,常有泥石流流下,现被列为重点治理的山沟之一。甘家沟主沟长 16.46 km,流域面积为 42.93 km²,沟槽比降为 70‰,山坡平均坡度为 25°。根据武都区水务局调查,多年平均侵蚀模数为 35 400 t/(km²·a),属剧烈侵蚀区。

甘家沟与白龙江呈锐角相夹,入江角度约为 70°,汇流处白龙江河床宽 260 m、深 20 m,河床平均纵坡为 3.18‰。

3. 社会经济状况

勘查区位于陇南市武都区,武都区下辖 10 乡、26 镇、4 个街道办事处,643 个村,58 个社区,是陇南市政治、经济、文化和交通中心。武都区常住人口为 54.52 万人,土地总面积为 4 649.33 km²。其中城镇人口为 25.58 万人,占总人口的 46.91%。区内人口分布极不均匀,白龙江及其支流北峪河河谷一带人口密度大,南部山区人口密度小。全区平均人口密度为 121.2 人/km²,其中武都区城关镇人口密度为 2 422.3 人/km²,为全区之最;裕河镇人口密度为 18.4 人/km²,为全区最小。

2021 年,武都区地区生产总值 154.23 亿元,同比增长 7.3%;固定资产投资 45.77 亿元,同比增长 5.18%;大口径财政收入 15.12 亿元,同比增长 13.9%;社会消费品零售总额 79.48 亿元,同比增长 18.1%;城镇居民人均可支配收入 30 627 元,同比增长 6.8%;农村居民人均可支配收入 9 803 元,同比增长 11.9%。

6.2.2 地质环境概况

6.2.2.1 地形地貌

甘家沟位于陇南山地中部,属南秦岭高中山侵蚀、风化和构造活动强烈的山地,山高坡陡,沟谷纵横,梁峁起伏,坡面支离破碎。该沟流域面积42.93 km²,形态呈葫芦状,南北长11 km,东西宽6.4 km,最高点杜山村、安门子一带海拔2 292 m,入河口最低点海拔960 m,相对高差达1 332 m。甘家沟流域地貌分区图见图6-41。

区内地貌类型按其地质构造及成因特征可划分为构造侵蚀中山区和侵蚀堆积河谷地貌,其中构造侵蚀中山区又可进一步划分为高中山区、中山区及低中山区三部分。

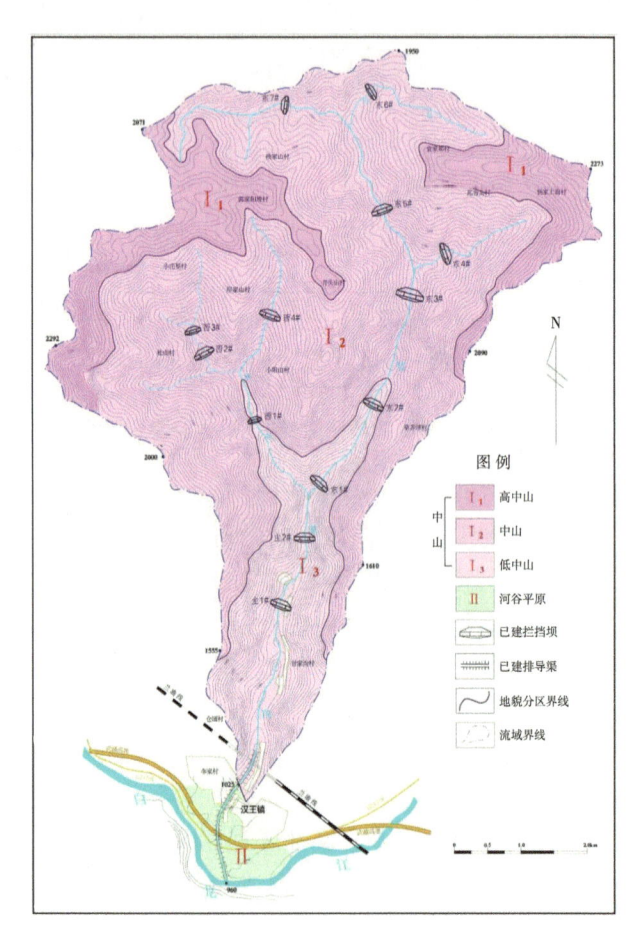

图 6-41 甘家沟流域地貌分区图

构造侵蚀高中山区(I_1):分布于流域东侧及西侧的沟脑地带,海拔为2 000～2 292 m,山脊走向呈南北向,顶部平坦呈垄岗状、长条状展布,山顶及相对平缓部位多为黄土覆盖,厚5～20 m,山坡坡度为10°～50°。

构造侵蚀中山区(I_2):分布于流域中上游小阳山村以北的广大地区,海拔为1 500～1 980 m,山脊走向呈东西向,山坡坡度为20°～30°,底部沟谷两侧坡度较陡,几近直立,区内沟谷发育,切割深度为 180～300 m,沟床比降为 4.6%～9.3%,沟谷形态为"V"形,局部地段呈峡谷状。

构造侵蚀低中山区(I_3):分布于流域下游,海拔为 1 000～1 480 m,山坡坡度为 20°～30°,坡面多为台地,黄土覆盖。区内冲谷发育,切割深度为 30～80 m,因地层岩性的缘故,冲沟沟岸陡直,滑坡坍塌极为发育,沟谷形态为"U"形。

侵蚀堆积河谷地貌:由冲洪积形成的河床、漫滩及多级阶地和泥石流洪积扇组成,分布于白龙江河谷地段及甘家沟沟口地段Ⅰ、Ⅱ级阶地,其中白龙江Ⅰ级阶地在甘家沟沟口处,由于与泥石流交错沉积,形态已不完整,Ⅱ级阶地陡坎高 10～20 m,阶地宽 100～450 m;甘家沟沟口内分布的Ⅰ级阶地陡坎高 1～6 m、宽 10～30 m,Ⅱ级阶地陡坎高 8～20 m、宽 50～400 m,受人工改造现已成为耕地与居民居住区。

6.2.2.2 地层岩性

区内出露地层主要由志留系及第四系组成(图 6-42)。现由老至新分述如下:

图 6-42 甘家沟勘查区地质图

1. 志留系(S)

区内志留系分布于主沟及支沟沟岸两侧中下部,岩性主要有板岩、炭质板岩、砂质板岩、千枚岩等。薄层状,炭质含量高,挠曲、裂隙、错断非常发育,岩体破碎,易风化,大部分岩石风化成 5～10 cm 的块石、片石以至粉末。板岩与千枚岩软硬相间,加之小断层十分发育,并在山地上升作用下,在沟道中形成多级跌水。

2. 新近系(N)

区内新近系分布于甘家沟主沟沟脑一带,岩性为红色泥岩、砂质泥岩和同色砂砾岩、砾岩不等厚互层,具水平层理泥钙质充填胶结,致密,较硬,与下伏地层呈不整合接触。在区内常为滑坡的底面,出露地段也常为崩塌危岩体。

3. 第四系(Q)

区内第四系分布广泛,主要由以下五类岩性组成,且以马兰黄土及重力堆积物占主导地位。

(1) 马兰黄土(Q_3^{eol}):广泛分布于流域内的梁、峁、塬上。披覆于志留系千枚岩之上,厚度在 7~50 m,沉积层理不明显,垂直节理发育,以粉质黏土为主,质硬,破碎后呈块状,为深黄至浅红色。在大部分沉积层上部还覆盖有较晚期的风成和水成黄土,但地层界线不甚清楚。黄土抗水性和抗侵蚀性差,遇水易软化,具有湿陷性。

(2) 冲洪积物(Q_3^{apl}):分布于沟口至已建主 1#坝一带,具有二元结构,上层以粉土为主,含少量砾石,层厚 1~4 m,下层为角砾石层,层厚 3~20 m。

(3) 残-坡积物(Q_4^{el-dl}):分布于已建东 1#坝以上的主沟及支沟沟谷两侧坡面上。发育在炭质板岩、千枚岩、砂质板岩等易风化地层上,多呈粉末状,厚度较薄,一般小于 5 m,大部分地段小于 1 m。在主沟的中下游基岩出露处,由风化的岩屑形成岩屑坡,高度可达 20~50 m,常由坡面冲刷和坡脚侵蚀引起坍塌,是泥石流固体物质来源之一。

(4) 重力堆积物(Q_4^{del}):主要为滑坡、崩(坍)塌堆积物,广泛分布于主沟及支沟沟谷两侧的谷坡上。其中,滑坡以黄土滑坡、黄土-基岩滑坡为主,滑体规模大小不同,岩性由黄土和板岩组成,结构松散破碎,沿沟道呈带状分布,总面积 14.19 km²,约占流域面积的 33%,是区内泥石流主要的固体物质补给源。

(5) 泥石流堆积物(Q_4^{set}):主要分在甘家沟沟口堆积扇及主沟道内,其中,在主、支沟上游集中分布于已建拦挡坝部位,呈串珠状。堆积扇部位因与白龙江阶地交错沉积,岩性为黄土状粉土、灰白色砾卵石及砂土,具有三元结构。沟床岩性多为碎石,成分以板岩为主,粒径为 200~400 mm,最大为 2 200 mm,分选性差,棱角—次棱角状。

6.2.2.3 岩土体类型及工程地质特征

根据甘肃省工程地质图,勘查区属阿尼玛卿山—西秦岭工程地质区,西秦岭南部高山、中山山地稳定—不稳定工程地质亚区。

1. 岩体工程地质类型

软弱碎屑岩岩组:该岩组由新近系泥岩组成,岩性为红色泥岩、砂质泥岩和同色砂砾岩、砾岩不等厚互层,具水平层理泥钙质充填式胶结,岩组结构疏松,遇水后易崩解,易风化剥蚀。在区内常为滑坡的底面,出露地段也常为崩塌危岩体。

软弱—较坚硬薄层状板岩岩组:该岩组由志留系岩层组成,岩性主要有千枚岩及板岩等,岩组岩石干抗值为 45.6~77.8 MPa,湿抗值为 22~54 MPa,软化系数为 0.38~0.78。岩体力学强度各向异性,差异很大,板岩等遇水易软化、泥化,风化强烈,层理、节理的存在使斜坡易产生蠕滑—弯曲、蠕滑—拉裂变形破坏,形成大规模滑坡体,并为泥石流的形成提供丰富的固体松散物质。

2. 土体工程地质类型

勘查区土体根据其成因类型和土体结构可分为一般土和特殊土两大类型。

(1) 一般土

①碎石单层土体：分布于主、支沟沟床中，主要为泥石流堆积物。成分以板岩为主，粒径为 200～400 mm，最大为 2 200 mm，分选性差，棱角一次棱角状，承载力特征值为 200～300 kPa。

②粉土、砂性土、卵砾石多层土体：分布于沟口堆积扇上，与白龙江阶地交错沉积，成分以变质砂砾岩、板岩、石英岩为主，松散，承载力特征值为 400 kPa。

③粉土、角砾卵石双层土体：分布于甘家沟下游一、二级阶地上，上部黄土状粉土多为水成黄土，呈稍密—中密，承载力特征值为 80～100 kPa；下部角砾卵石呈中密，承载力特征值为 400 kPa。

(2) 特殊土

①黄土：主要为马兰黄土，在流域内梁、峁上广泛分布，是流域内滑坡发育的主要地层。土质均匀，孔隙较大，天然容重为 12.94～14.41 kN/m³，孔隙比为 1.112～1.320，液限为 16.4%～18.7%，内摩擦角为 25°～27°，承载力为 80～120 kPa，干容重为 11.47～12.54 kN/m³，湿陷性系数为 0.026～0.084，属轻微—强烈湿陷性黄土。

②滑坡、崩（坍）塌松动混杂土：由滑坡、崩滑堆积物组成，土石混杂，结构松散，物理力学性质差异很大。

6.2.2.4 地质构造与新构造运动

1. 地质构造

甘家沟流域属南秦岭褶皱带武都山字型构造西翼白龙江复背斜，地层从志留系到第四系均有出露，其中志留系为一套海相浅变质碎屑岩和碳酸盐岩地层，分布较为广泛。武都山字型构造由弧顶向南突出的一系列弧形褶皱及断层组成。白龙江复背斜，褶皱紧密，基本对称，于志留纪末期加里东运动开始形成，华里西运动加剧了它的变化。武都城区西北上古代地层全部上升，西秦岭地槽区继续下沉形成了武都大断裂。地槽的全面回返和剧烈褶皱，造成了大规模的断层产生和岩浆活动，并伴随出现了各种形态的断陷盆地。从侏罗纪起开始了陆相碎屑岩沉积。白龙江复背斜南翼的洋布梁子—大年断层组及北翼的葱地—铁家山断层组都是印支运动的产物。同时强烈的印支运动使区域性近东西构造线改变方向，形成了一个弧顶向南突出的山字型构造，并对隆起较早的老地层形态起到了强化和破坏作用。燕山运动和喜山运动，使断层附近的侏罗、白垩、新近系地层遭到破坏，局部地段有褶皱断裂产生。新生代以来山地经受了强烈的外营力作用，山顶基本夷平，夷平面以下为沟溪、河流深切的河谷。

2. 新构造运动

本区新构造运动以差异升降运动为主要特征。第四纪以来受喜山运动的影响，武都西部地区卷入青藏高原总体隆升，使山地的海拔达到 3 500 m 以上，其他地区则以升降运动为主，形成高山、深谷的特殊地貌，水文网深切，白龙江河谷形成了八级阶地，高差达 350 m。甘家沟沟谷下切形成"V"字形，高差达 1 332 m，褶皱、断裂发育，沟谷中多见跌水、陡坎。甘家沟沟口发育有三级阶地,主沟谷两侧滑坡、崩(坍)塌发育,坡面重力侵蚀强烈,沟岸不断扩展,体现出了发育旺盛期的沟谷特征和区内新构造运动较活跃的特点。勘查区构造纲要图见图6-43。

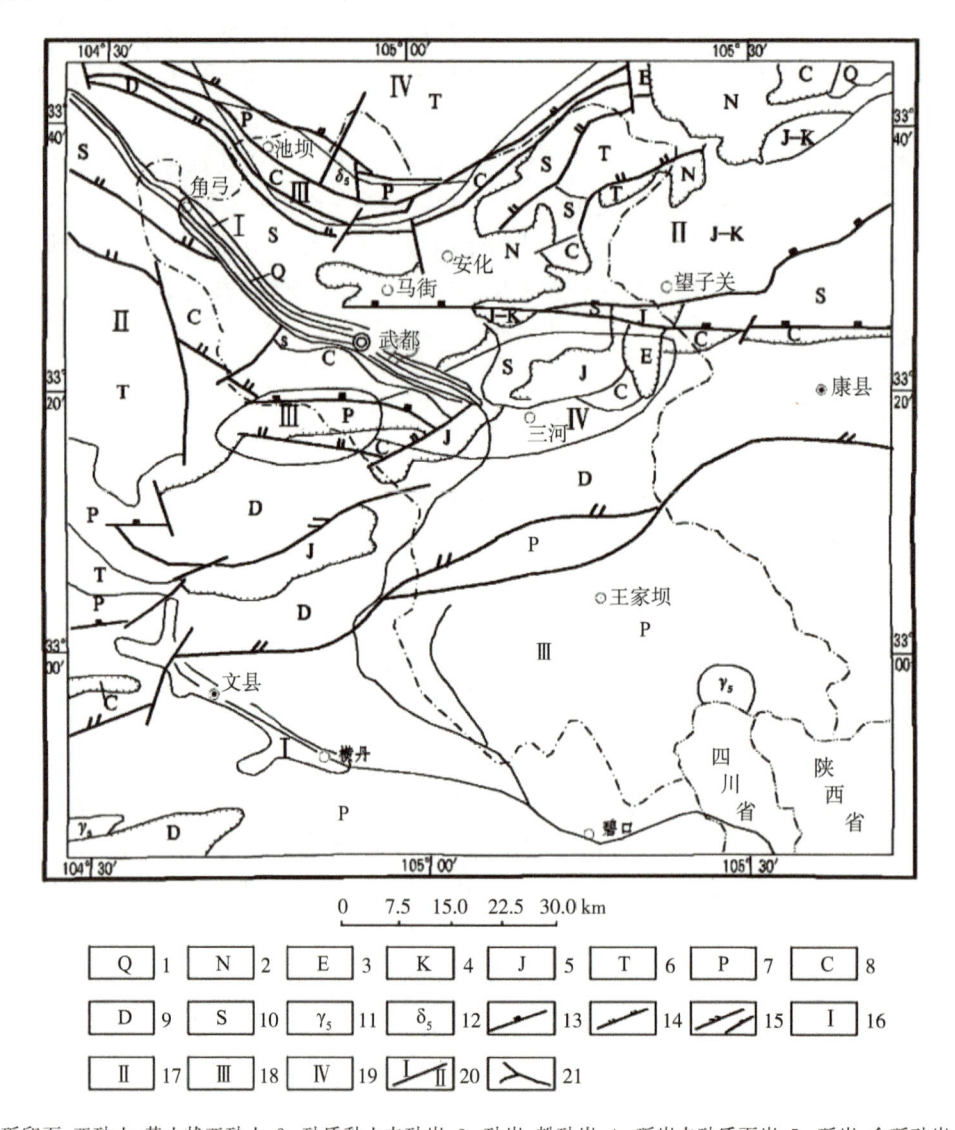

图6-43 甘家沟勘查区构造纲要图

1. 砂砾卵石、亚砂土、黄土状亚砂土;2. 砂质黏土夹砂岩;3. 砂岩、粉砂岩;4. 砾岩夹砂质页岩;5. 砾岩、含砾砂岩;6. 灰岩、板岩夹粉砂岩;7. 变质砂岩、千枚岩;8. 灰岩、千枚岩、板岩;9. 灰岩、砂岩夹千枚岩;10. 千枚岩、板岩夹薄层灰岩;11. 闪长岩;12. 黑云母花岗闪长岩;13. 纬向构造体系压性断裂;14. 山字型构造体系压性断裂;15. 山字型构造体系压扭性断裂;16. 河谷地形;17. 高中山地形;18. 岩溶夷平面;19. 溶蚀峰丛;20. 地貌分区界线;21. 水系

3. 地震

甘家沟处于我国著名的南北地震带的中段,即天水—武都地震带,并受邻近松潘—平武地震带的强烈影响,区内历史地震频发,是我国大陆地震活动近年来最强烈的地区之一,其地震烈度为Ⅶ～Ⅷ度,设计基本地震加速度为0.20 g,地震动反映谱特征周期为0.40 s。

自公元前 186 年以来,影响本区的破坏性地震共发生 35 次,仅文字记载的 7 级以上地震达 15 次,其中 1879 年 7 月 1 日发生的 7.5 级地震最为严重。自 1975 年以来,这一地区构造活动明显增加,如 1976 年 8 月 16 日和 8 月 20 日松潘两次 7.2 级地震、1987 年 1 月 8 日迭部 5.9 级地震、1987 年 10 月 25 日礼县 5.0 级地震等,说明了这一地震断裂带潜在的震情;2008 年 5 月 12 日汶川地震在流域内造成大量的滑坡、崩塌等灾害,同时导致了许多老滑坡的复活,频发的地震是甘家沟地质灾害发育的主要原因。

6.2.2.5 水文地质条件

根据地下水赋存条件、运移特征,将本区地下水划分为基岩裂隙水和河(沟)谷松散岩类孔隙水。

(1) 基岩裂隙水:主要赋存于志留系千枚岩、板岩裂隙中,水量贫乏,地下水径流模数为 $6\sim9$ L/(s·km^2)。地下水接受大气降水补给,沿裂隙网络系统运移,在含水层被切割或受阻后以泉的形式溢出,转化为地表水,或间接补给其他类型地下水。区内基岩裂隙水水质较差,矿化度为 $0.85\sim2.5$ g/L。

(2) 河(沟)谷松散岩类孔隙水:分布于白龙江河谷阶地及主、支沟道中,呈带状分布,岩性为砂土、碎石土,潜水含水层厚度在 $1\sim3$ m,渗透系数为 $90\sim120$ m/d,水位埋深一般小于 3 m,矿化度小于 0.5g/L,属 HCO_3^-—Ca^{2+}—Mg^{2+} 型水。主要接受大气降水、地表水入渗补给及基岩裂隙水侧向补给,排泄方式主要是沿含水层向下游径流。

6.2.2.6 植被与土壤

1. 植被

区内植被在山区多为天然草,在山前和河谷平原为人工林。天然草大部分分布于主沟西侧的山体中上部以及各支沟的沟脑地带,草种类型为蒿类、菊科、禾本科草,植被覆盖率为 10%~30%,其中流域中部的草舌坪—小阳山以及沟口—白龙江一带植被覆盖率小于 10%。人工林分布于沟谷内的村庄周围,以针阔叶混合林为主,树种主要为核桃、花椒、侧柏、刺槐和杨树等,其覆盖率约 50%。总体来说,流域内主沟上游及下游的东侧植被覆盖率相对较高,中游大部分植被覆盖率相对较低。

2. 土壤

勘查区内的土壤类型主要为冲积土、黄绵土、灌淤土和石质土等。

冲积土:分布于沟口白龙江漫滩及一级阶地,同时主沟河床两侧也有分布。具有明显河漫滩相沉积的二元结构,尚没有脱离河流泛滥的冲积物覆盖的影响,表土层有明显的近期薄层沉积层理。有机质表聚不明显,雨季前一年一季的种植或生长稀疏的自然植被,难以形成腐殖质层,表层有机质含量与质地有关,一般小于 6 g/kg,沙质冲积土多小于 5 g/kg。pH 值呈中性。

黄绵土:分布于主沟谷两侧黄土梁、峁山麓中。该类土呈粒状、团块状结构,疏松多孔,土质绵酥,侵蚀较强,耕层比较薄,一般在 15 cm 左右,有的陡坡耕地不足 10 cm,腐殖质组成以富里酸为主,氮素含量低,但有效性差,锌、锰较缺,保肥能力较弱。流域内改造的水平梯田较少,坡耕地占大多数,既不适合种植农作物,还加剧了水土流失,因此坡度大于 15°的坡耕地正被逐步退耕还牧还林,种植花椒、核桃等经济树种。

灌淤土:分布于白龙江两侧二级以上阶地,沟谷内一、二级阶地也有零星分布,这类土是在引用含大量泥沙的水流进行灌溉,灌水落淤与耕作施肥交叠作用下形成的。土壤性状比较均匀一致,有砖瓦、陶瓷、兽骨及煤屑碎片等人为侵入体散布。土壤质地一般为壤质土,垂直方向变化很小,上下两个自然层次之间粒级分选不明显。有机质及 N(氮)、P(磷)、K(钾)养分含量较高,土层深厚,疏松多孔,肥力高,更兼地形平坦,光热条件好,灌溉便利,故具有广泛的适宜性,可种植小麦、水稻、各类蔬菜等。

石质土:分布于流域内山坡中下部,属发育于基岩风化的残积母质土,以物理的碎屑风化为主,多砾质。没有剖面发育,土层薄弱,阳坡稍厚。土壤质地疏松,易于侵蚀,地表水土流失严重。地面植被稀少,仅生长地衣、苔藓等低等植物及一些耐旱耐瘠的草本和灌丛,覆盖率为 5%～20%。

6.2.2.7 人类工程活动

本区主要的人类工程活动可概括为以下四个方面。

(1) 毁林开荒、陡坡垦殖

勘查区耕垦指数大,且大多为陡坡耕地。大量的坡耕地在夏田成熟后被翻耕疏松,致使坡面结构破坏。另外,过度的乱砍、乱伐使得天然林草植被严重毁坏,水土流失日趋严重,加剧了土壤侵蚀和泥石流灾害的发生。

(2) 城市垃圾不合理堆放

在人口密集区,如沟口汉王镇及流域下游甘家村等地,不断向沟谷倾倒居民生活垃圾,不做任何安全处理,特别是甘家沟入河口一带,长年累月堆积的生活垃圾厚度超过 3 m。此外,水泥厂、输气站等企业顺沟弃倒的废渣、垃圾堆积于沟道及沟口一带,严重堵塞沟道,既降低了沟道行洪能力,又增加了泥石流松散固体物质的来源,加大了泥石流灾害的强度。

(3) 采石活动

甘家沟沟口下游建有一座石灰厂,有良好的开采条件,在开采过程中大量矿渣随意堆放在山坡坡脚,人为形成大量松散固体物质,为泥石流的形成提供了物质基础。再者,采石活动破坏了地表植被及自然地形地貌,导致岩土体松散,也为泥石流的形成提供了物质基础。

(4) 已有治理工程

甘家沟在 1995 年进行过工程治理,在沟内建设了 13 座拦挡坝,全部采用浆砌块石砌筑;在沟口至白龙江入河口地带布置排导沟,总长 2 000 m,主要采用沉积泥沙填筑,局部地段用浆砌块石加固。本次调查发现,1995 年实施的治理工程,除主沟 2# 坝、东 6# 坝外,其他尚存的拦挡坝均已满库,已有拦挡坝拦蓄了大量的泥沙,不但保护了沟口村民的安全,同时降低了向白龙江的输沙量,工程运行期间,未发生过堵江灾害。但该工程距今已有 20 多年,年久失修,或副坝破坏,或坝基外露,或溢流口冲毁,均遭受不同程度的损坏,存在拦挡坝设计库容不足,其上游松散固体物源较多,现有防治工程很难满足要求。若不及时修缮,拦挡坝一旦溃决,其所拦挡的泥沙又会成为新的泥石流物源。同时拦挡坝群的设计淤满期限为 7 年,大部分库容被淤满,仅主沟 2# 坝尚有 2/3 库容,东 6# 坝尚有 1/3 库容,坝群剩余库容不足以削减下一次泥石流的洪峰,只能起到拓宽沟道和抬高局部侵蚀基准面的作用。2008年汶川地震波及甘家沟流域,原本已被拦挡坝稳定的滑坡重新复活,流域内松散物储量基本恢复到治理前的规模,若在强降雨条件下,所形成的泥石流的危害性和破坏性将不亚于治理前。

甘家沟沟口排导措施主要为近几年村民自发修建的浆砌块石护岸,由于没有统一规划,呈断断续续分布,墙高多1~3 m,大部分地段基础被泥石流掏蚀,墙体残破不堪,质量差异明显,不能起到泥石流排导的作用。

6.2.3 泥石流形成条件

6.2.3.1 地形条件

甘家沟流域主沟长16.46 km,纵比降为70‰,山坡平均坡度为25°,山坡平均长度为720 m。甘家沟流域各特征详见表6-11、表6-12、表6-13。

表6-11 甘家沟流域特征分区统计表

沟名	区段编号	面积(km^2)	沟道长度(km)	最高点海拔(m)	最低点海拔(m)	高差(m)	平均纵比降
甘家沟	I_1	42.93	16.46	2 110	960	1150	0.070
东一沟	I_2^1	2.47	3.99	2 246	1 720	526	0.132
东二沟	I_2^2	4.15	3.38	2 273	1 592	681	0.201
西沟	I_2^3	14.21	5.42	2 292	1 240	1 052	0.194
西一沟	I_2^3-1	7.21	3.18	2 292	1 476	816	0.257
西二沟	I_2^3-2	3.48	2.60	2 150	1 476	674	0.259

表6-12 甘家沟沟道特征分区统计表

沟名	区段编号	区段	面积(km^2)	沟道长度(m)	最高点海拔(m)	最低点海拔(m)	高差(m)	平均纵比降
甘家沟主沟	I_1^1	沟脑	3.62	4 180	2 110	1 720	390	0.093
	I_1^2	主沟上游	4.20	2 470	1 720	1 592	128	0.052
	I_1^3	主沟中游	6.50	3 770	1 592	1 420	172	0.046
	I_1^4	主沟下游	6.66	4 520	1 420	1 025	395	0.087
	II	堆积扇	1.12	1 520	1 025	960	65	0.043
甘家沟支沟	I_2^1	东一沟	2.47	3 990	2 246	1 720	526	0.132
	I_2^2	东二沟	4.15	3 380	2 273	1 592	681	0.201
	I_2^3-1	西一沟	7.21	3 180	2 292	1 476	816	0.257
	I_2^3-2	西二沟	3.48	2 600	2 150	1 476	674	0.259
	I_2^3-3	西沟下游	3.52	2 240	1 496	1 240	256	0.114

表 6-13 甘家沟山坡、沟床特征分区统计表

沟名	区段编号	区段	山坡长度(m) 最大	最小	一般	山坡坡度(°) 最大	最小	一般	沟道形状	沟床宽度(m) 最大	最小	一般
甘家沟主沟	I_1^1	沟脑	1 284	135	631	41.6	10.6	30	V	14	1.5	7
	I_1^2	主沟上游	1 102	630	813	20.3	18.8	20	V	28	3.2	10
	I_1^3	主沟中游	1 041	627	904	31.2	22.5	25	V	56	2.6	13
	I_1^4	主沟下游	1 543	506	852	31.5	23.6	27	U	122	8.7	30
甘家沟支沟	I_2^1	东一沟	533	321	401	21.9	18.6	20	V	12	2.4	3
	I_2^2	东二沟	1 250	630	769	22.5	17.4	20	V	16	1.2	5
	I_2^3-1	西一沟	1 463	570	790	43.1	19.6	31	V	38	0.5	12
	I_2^3-2	西二沟	1 025	246	518	30.0	13.7	22	V	40	2.5	18
	I_2^3-3	西沟下游	1 288	593	822	33.6	21.3	27	V	32	4.8	16

甘家沟流域内山高坡陡,沟谷纵横,梁峁起伏,沟谷深切,沟脑不断溯源侵蚀致使沟谷下切迅速,使得主沟及支沟发育极为强烈。流域共发育25条支沟,总长为30.37 km,呈树枝状分布于流域的中上游,其中长度大于1 km的支沟10条,长度为21.71 km;小于1 km的支沟15条,长度为8.66 km,沟壑密度为7.0 km/km²。详见表6-14。

甘家沟流域地形统计分区图见图6-44,山坡特征统计图见图6-45。

表 6-14 甘家沟主沟、支沟分区统计表

沟名	区段编号	区段	面积 (km²)	支沟数量(条) 长度≥1 km	长度<1 km	合计	支沟长度(km) 长度≥1 km	长度<1 km	合计	沟壑密度 (km/km²)
甘家沟主沟	I_1^1	沟脑	3.62	2	1	3	2.09	0.24	2.33	0.64
	I_1^2	主沟上游	4.20		4	4		2.37	2.37	0.56
	I_1^3	主沟中游	6.50		1	1		0.59	0.59	0.09
	I_1^4	主沟下游	6.66		5	5		2.32	2.32	0.35
甘家沟支沟	I_2^1	东一沟	2.47	1		1	3.99		3.99	1.62
	I_2^2	东二沟	4.15	2	2	4	4.39	0.91	5.30	1.28
	I_2^3-1	西一沟	7.21	3	2	5	7.24	2.23	9.47	1.31
	I_2^3-2	西二沟	3.48	1		1	2.60		2.60	0.75
	I_2^3-3	西沟下游	3.52	1		1	1.40		1.40	0.40
总计			41.81	10	15	25	21.71	8.66	30.37	0.73

第 6 章　典型专业监测点建设

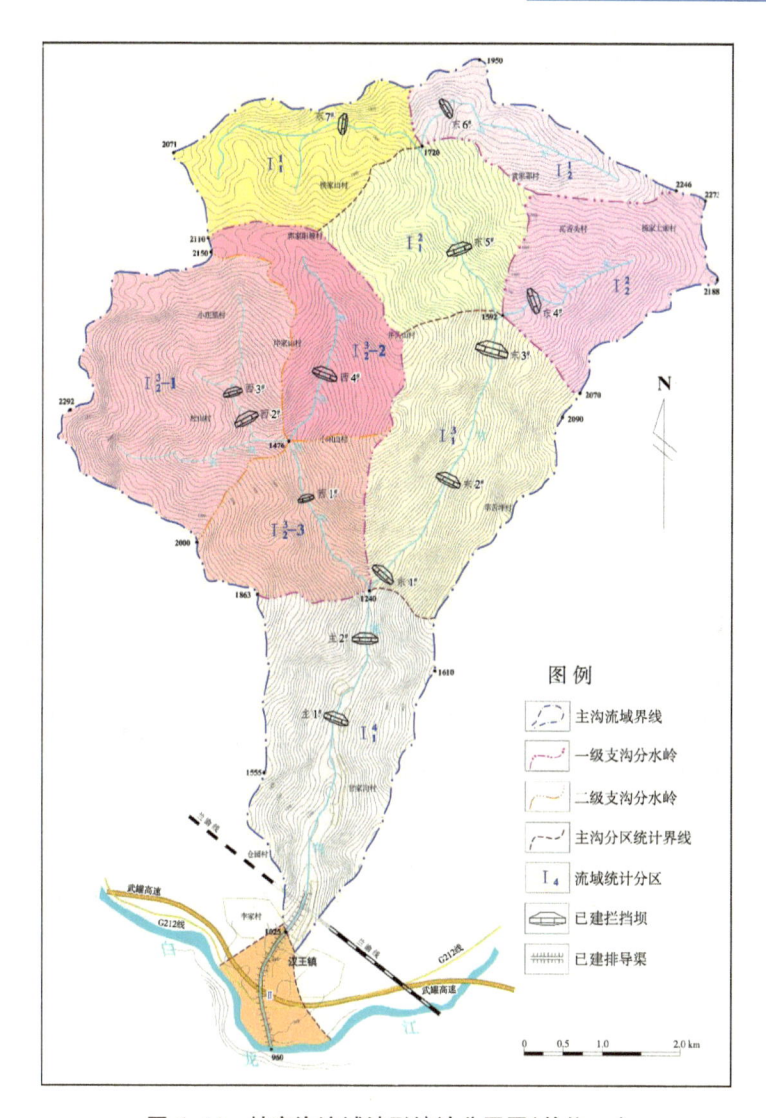

图 6-44　甘家沟流域地形统计分区图(单位:m)

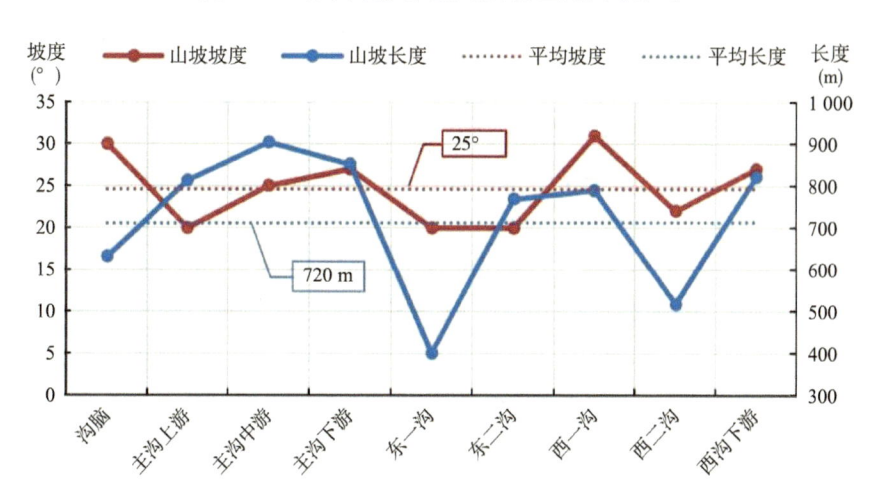

图 6-45　甘家沟流域山坡特征统计图

1. 主沟条件

甘家沟主沟沟脑位于郭家阳坡村一带，地形以黄土梁峁为主，最高点海拔为 2 110 m，切割深度为 160～240 m，沟床纵比降为 93‰，沟床宽度为 1.5～14 m，沟谷切割强烈，断面形态呈"V"形，沟床基岩裸露，跌水陡坎发育，一般陡坎高 5～12 m。两岸山坡长度为 0.1～1.3 km，山坡坡度为 10°～40°，局部地段直立。坡面植被覆盖率低，平均小于 20%。

主沟切割深度为 300～400 m，沟床纵比降为 52‰，沟床宽度为 3.2～28 m，沟谷形态呈"V"形，沟床下切强烈，但因东 3# 坝和东 5# 坝的拦蓄，沟道内沉积有大量泥石流堆积物，颗粒多以块石、碎石为主，砾、砂、粉粒等含量较少。沟谷两侧山坡长度为 0.6～1.1 km，山坡坡度为 18°～20°，冲蚀岸呈直立或近直立。两岸植被覆盖率右岸优于左岸，右岸覆盖率为 10%～30%，左岸覆盖率小于 10%。

甘家沟主沟沟脑及主沟道情况详见图 6-46 至图 6-50。

图 6-46 甘家沟沟脑（镜向 330°） 　　图 6-47 甘家沟上游主沟道（镜向 180°）

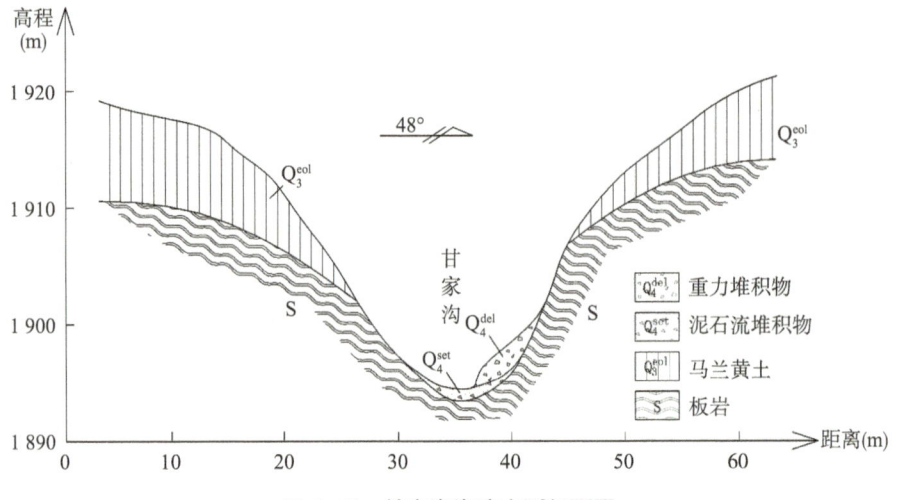

图 6-48 甘家沟沟脑实测剖面图

图 6-49　甘家沟中游主沟道(镜向 200°) 　　　　图 6-50　甘家沟下游主沟道(镜向 0°)

中游地带切割深度为 420～560 m,沟床比降为 46‰,沟谷形态在东 1#坝至东 2#坝一带呈"U"形,沟床宽度为 30～56 m;在东 2#坝以上呈"V"形,沟床宽度为 2.6～18 m。沟床岩性因已建拦挡坝的拦蓄,在不同的地段有所变化。在东 1#坝和东 2#坝回淤线范围内,沟床岩性为泥石流堆积物,颗粒多以块石、碎石为主,砾、砂、粉粒等含量较少;在东 3#坝下游超出东 2#坝回淤线的地段,沟床基岩裸露,跌水陡坎极为发育。中游地带沟谷两侧山坡长度为 0.6～1.0 km,山坡坡度为 20°～30°,冲蚀岸呈直立或近直立,两岸植被覆盖率随坡面岩性不同变化较大,总体来看右岸优于左岸,左岸覆盖率小于 10%;右岸在东 1#坝至东 2#坝一带覆盖率小于 10%;东 3#坝至东 2#坝一带覆盖率为 10%～30%。中游实测剖面图详见图 6-51。

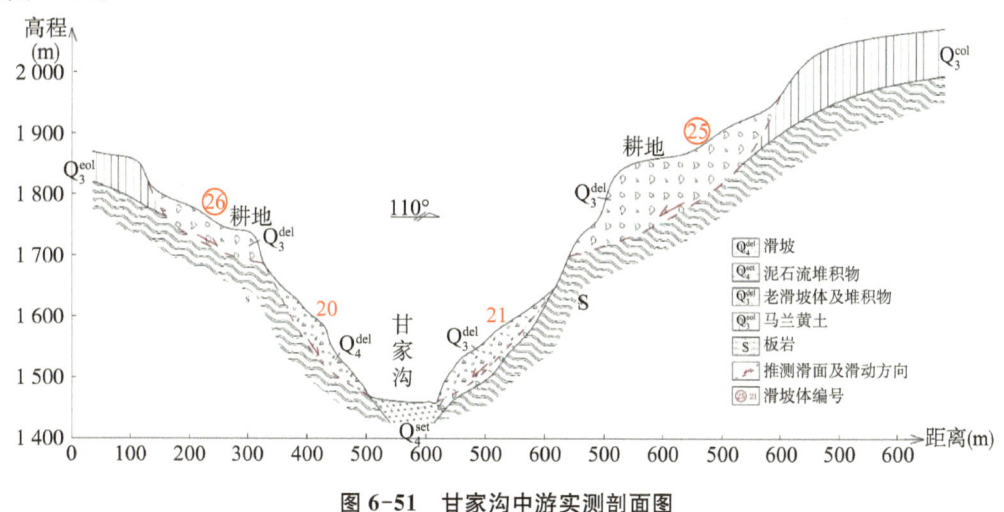

图 6-51　甘家沟中游实测剖面图

下游地带切割深度为 280～500 m,沟床比降为 87‰,沟谷形态呈"U"形,沟床宽度为 8.7～122 m,沟床岩性为泥石流堆积物,颗粒多以碎石、砾石为主,粉粒等小颗粒充填。沟谷两侧山坡长度为 0.5～1.5 km,山坡坡度为 23°～31°。甘家沟村至沟口一带发育两级阶地,Ⅰ级阶地陡坎高 1～6 m、宽 10～30 m,Ⅱ级阶地陡坎高 8～20 m、宽 50～400 m。两岸植被覆盖率随村庄的分布变化较大,总体植被覆盖率为 10%～30%,在村庄一带局部覆盖率可达 60%。下游实测剖面图详见图 6-52。

图 6-52　甘家沟下游实测剖面图

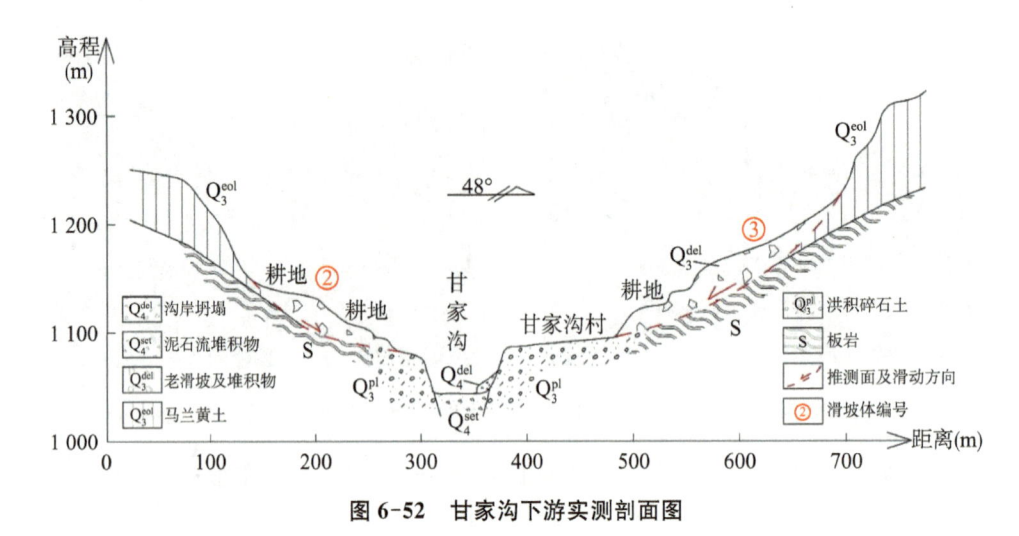

2. 支沟条件

甘家沟流域共有 25 条支沟，其中较大的一级支沟有东一沟、东二沟及西沟三条，同时西沟又有西一沟和西二沟两条支沟。

（1）东一沟

东一沟位于主沟沟脑东侧，呈近东西向与主沟锐角交汇，流域呈狭长形态，似柳叶形，面积为 2.47 km²。该支沟上游发育 1 条长度大于 1 km 的冲沟。东一沟总长度为 3.99 km，切割强烈，切割深度为 120～180 m，流域最高点海拔为 2 246 m，与主沟交汇处的海拔为 1 720 m，相对高差为 526 m，沟床纵比降132‰，沟谷形态呈"V"形，由于南侧沟坡发育一处滑坡，堆积物堵塞沟道，致使沟床宽度在 8～12 m，最窄处不足 3 m。两侧沟坡坡度为 18°～22°，沟坡长度为 0.3～0.5 km，沟口开阔、平坦，沟床基岩裸露，沟口因东 5# 坝回淤，沉积有泥石流堆积物，但厚度不大。流域植被覆盖率为 10%～20%。东一沟中游实测剖面图详见图 6-53。

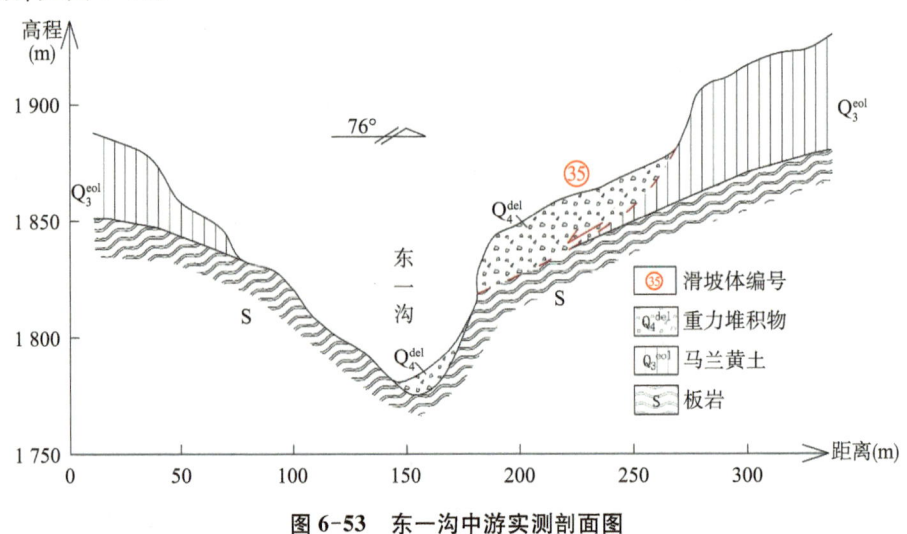

图 6-53　东一沟中游实测剖面图

(2) 东二沟

东二沟位于主沟中上游分界处,呈南西向与主沟垂直交汇,流域形态呈不规则五角形,面积为 4.15 km²。该支沟上游发育 4 条冲沟,长度大于等于 1 km 的有 2 条,长度小于 1 km 的有 2 条。东二沟总长度为 3.38 km,切割强烈,切割深度为 200~360 m,流域最高点海拔为 2 273 m,与主沟交汇处的海拔为 1 592 m,相对高差为 681 m,沟床纵比降为 201‰,沟谷形态呈"V"形。东二沟溯源侵蚀强烈,沟脑处因侵蚀发育一处老滑坡,同时沿沟两岸发育大面积的滑坡及沟岸坍塌,堆积物堵塞沟道,致使沟床宽度一般为 10~16 m,最窄处仅 1.2 m,滑坡及沟岸坍塌在两岸的分布受下伏岩层的产状影响,由于板岩产状南倾,滑坡多集中分布在右岸,左岸在风化及侧向侵蚀的作用下,多发育沟岸坍塌。两侧沟坡受岩性控制,左岸陡于右岸,左岸坡度一般为 22°,右岸坡度一般为 17°,沟坡长度为 0.6~1.3 km。沟床基岩裸露,跌水陡坎极为发育,沟口开阔、平坦,因东 3#坝回淤,沉积有泥石流堆积物,但厚度不大。流域植被覆盖率小于 10%。东二沟中游实测剖面图详见图 6-54。

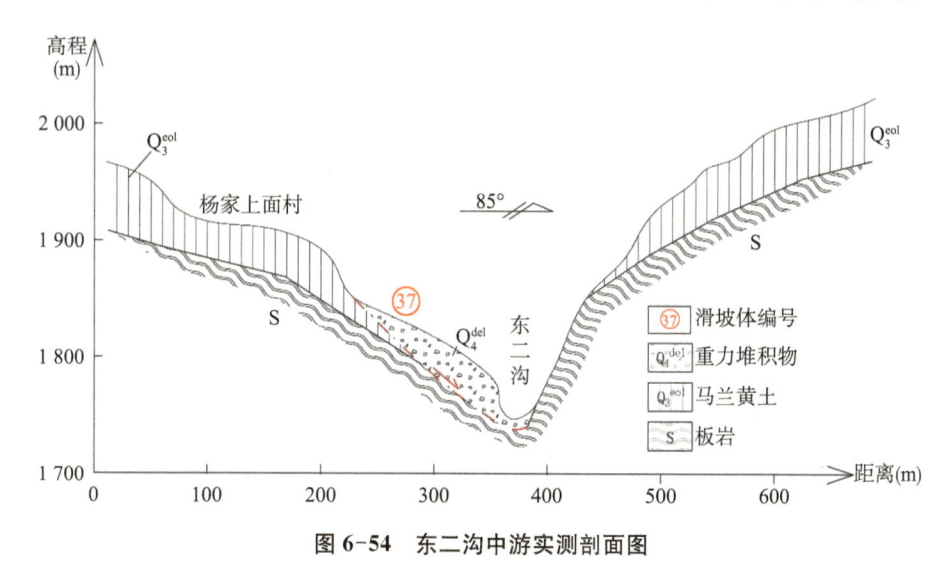

图 6-54 东二沟中游实测剖面图

(3) 西沟

西沟位于甘家沟流域西侧,呈南东向与主沟锐角交汇,流域呈桑叶形,面积为 14.21 km²,总长度为 5.42 km,切割强烈,切割深度为 200~540 m,流域最高点海拔为 2 292 m,与主沟交汇处的海拔为 1 240 m,相对高差为 1 052 m,沟床纵比降为 194‰。沟谷形态呈"V"形。西沟溯源侵蚀强烈,沟脑处因侵蚀发育两处老滑坡,同时沿沟两岸发育大面积的滑坡及沟岸坍塌,堆积物堵塞沟道,致使沟床宽度一般为 12~18 m,最窄处仅 0.5 m。两侧沟坡坡度为 22°~31°,沟坡长度为 0.4~1.3 km,大部分地段沟床基岩裸露,仅在西 1#坝上游,拦蓄有较厚的泥石流堆积物。与主沟交汇处沟道蜿蜒曲折,沟岸陡直,沟床狭窄,基岩裸露,跌水陡坎发育。西沟流域在梁峁处覆盖率不足 10%,其他地段一般为 10%~30%。西沟上游实测剖面图详见图 6-55。

西一沟位于西沟上游西侧,面积为 7.21 km²,总长度为 3.18 km,切割深度为 240~400 m,流域最高点海拔为 2 292 m,与西沟交汇处的海拔为 1 476 m,相对高差为 816 m,沟床纵比降为257‰。西一沟发育5条次一级支沟,长度大于等于1 km的有3条,长度小于1 km的有2条。沟谷形态呈"V"形,沟床基岩裸露,沟床宽为0.5～38 m,两侧沟坡坡度为19°～43°,沟坡长度为0.5～1.5 km,沟岸坍塌发育。因10#与12#滑坡对冲挤压西沟主沟道,其与西沟交汇处的地形开阔、平坦,沉积有泥石流堆积物,厚度超过15 m。西一沟流域植被覆盖率差,沟坡梁峁处覆盖率不足10%,其他地段一般为10%～20%。

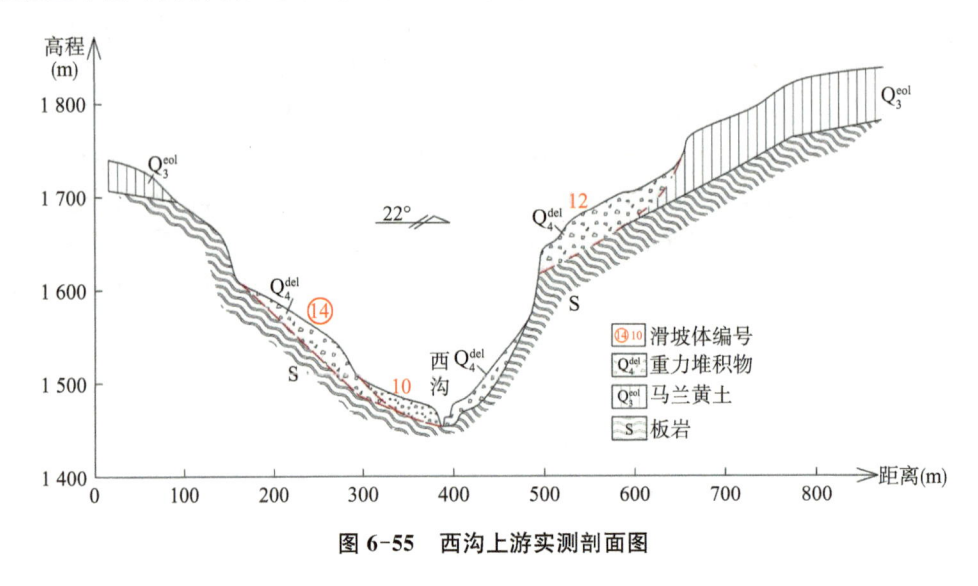

图 6-55　西沟上游实测剖面图

西二沟位于西沟上游东侧,面积为3.48 km²,总长度为2.60 km,切割深度为200～360 m,流域最高点海拔为2 150 m,与西沟交汇处的海拔为1 476 m,相对高差为674 m,沟床纵比降为259‰。西二沟发育1条次一级支沟,长度大于等于1 km。沟谷形态呈"V"形,沟床基岩裸露,沟床宽为2.5～40 m,两侧沟坡坡度为13°～30°,沟坡长度为0.2～1.0 km,下游沟岸滑坡密布,上游沟岸坍塌发育。其与西沟交汇处的地形开阔、平坦,沉积有泥石流堆积物,厚度不大。西二沟两岸总体植被覆盖率为10%～30%,左岸有岸家山村,由于村庄密集,局部植被覆盖率可达70%。西二沟中游实测剖面图详见图6-56。

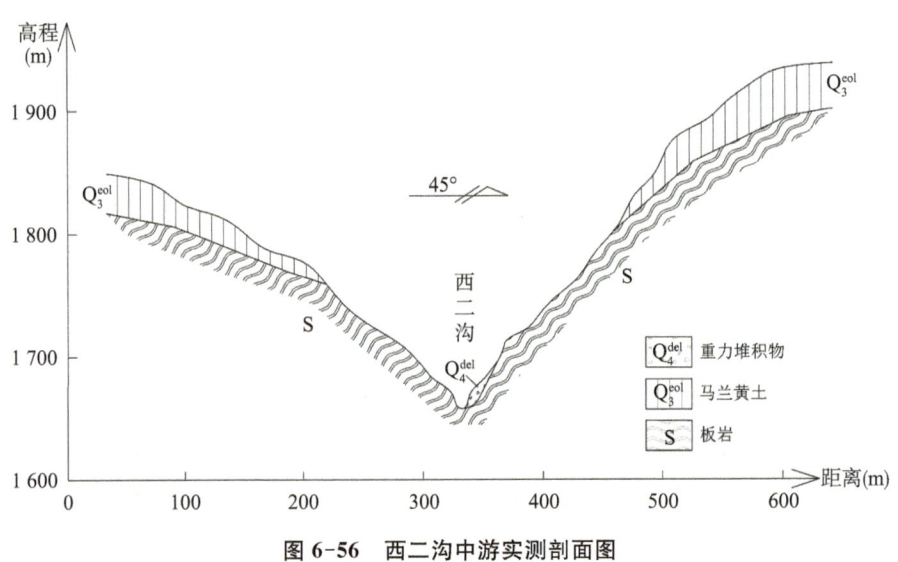

图 6-56　西二沟中游实测剖面图

综上所述，甘家沟流域山高坡陡，沟谷切割强烈，沟壑密布，沟道纵比降较大，充分显示其地形条件有利于泥石流的形成和发展；并有利于降水在短时间内汇集，冲蚀沟道滑坡堆积物及支沟堆积物，在主沟道集中形成汇流，冲刷主沟道松散物质使其能量和规模迅速加大，为规模较大泥石流的形成创造了基本条件。

6.2.3.2 松散固体物质补给条件

甘家沟流域新构造运动强烈，长期处于上升状态，沟道急剧下切，加之小断裂、褶皱发育，地层岩性又为较软弱的板岩，风化强烈，流域内的松散固体物质十分丰富。根据调查，松散物源主要为滑坡、崩塌、坍塌及沟道堆积四种，其中滑坡补给是其最主要的物源。滑坡发育于主沟及支沟的沟岸两侧，呈带状分布，按形成时间的早晚，可划分为形成较早的老滑坡和近期沟岸冲刷形成的新滑坡。滑坡体规模大小各部不同，老滑坡类型多为大型黄土-基岩混合滑坡，剪出口较高，前缘临空面较陡，悬挂于沟岸中上部，稳定性较差，在后期流水冲刷下，前缘又形成次一级的新滑坡。新滑坡类型多为中、小型的坡积层滑坡，发育于沟岸底部，前缘伸入河床，堵塞沟道，在流水切割下形成陡直的临空面，稳定性差。崩塌集中分布于西沟下游两岸，均为岩质崩塌，该段岩体十分破碎，岩体在小断裂、层理等节理的切割下，多呈碎块状，倒石堆堆积于沟道中，堵塞沟道严重。沟岸坍塌分布于甘家沟村及东二沟上游和西沟沟脑一带，甘家沟村一带阶地发育，阶地陡坎直立，地层松散，在流水的侧向侵蚀下易发生坍塌；东二沟上游和西沟沟脑一带沟岸岩性为板岩，炭质含量高，风化强烈，加之沟道急剧下切，坍塌极为发育。沟道堆积主要分布在东 1# 坝下游至沟口地段，该区段沟床较宽，沟道纵比降变缓，沟道内沉积有大量的泥石流堆积物，同时甘家沟村以下地段，由于生活垃圾及建筑弃土的随意堆放，沟道堆积物也十分丰富。

1. 滑坡、崩塌

（1）滑坡

甘家沟流域共发育大小滑坡67处，总面积为 14.19 km²，占流域面积的33%，发育密度为 1.56 处/km²，总体积为 26 148.18 万 m³。其中，老滑坡38处，体积为 21 761.86 万 m³；新滑坡29处，体积为 4 386.32 万 m³。

区内滑坡按形成时间的早晚，可划分为形成较早的老滑坡和近期沟岸冲刷形成的新滑坡，按岩性可分为黄土-基岩混合滑坡、坡积层滑坡和黄土滑坡三种类型。其中，老滑坡岩性组成多为黄土滑坡及黄土-基岩混合滑坡，悬挂分布于沟岸两侧中上部，同时主支沟沟脑因溯源侵蚀也有分布，规模以大、中型居多，受后期的切割和侵蚀，大多数滑坡体前缘具有较好的临空条件。新滑坡岩性组成多为坡积层滑坡及黄土-基岩混合滑坡，多分布于老滑坡前缘，规模受坡度及岩性影响，大小不一，总体来看，以黄土-基岩混合滑坡为主的新滑坡，规模大，中型居多，坡度较缓；以坡积层滑坡为主的新滑坡，规模多为小型，坡度较陡。新滑坡前缘伸入沟床，对沟道堵塞严重。滑坡情况详见图6-57至图6-61。

图 6-57　21#老滑坡照片（镜向70°） 　　　　图 6-58　10#老滑坡照片（镜向220°）

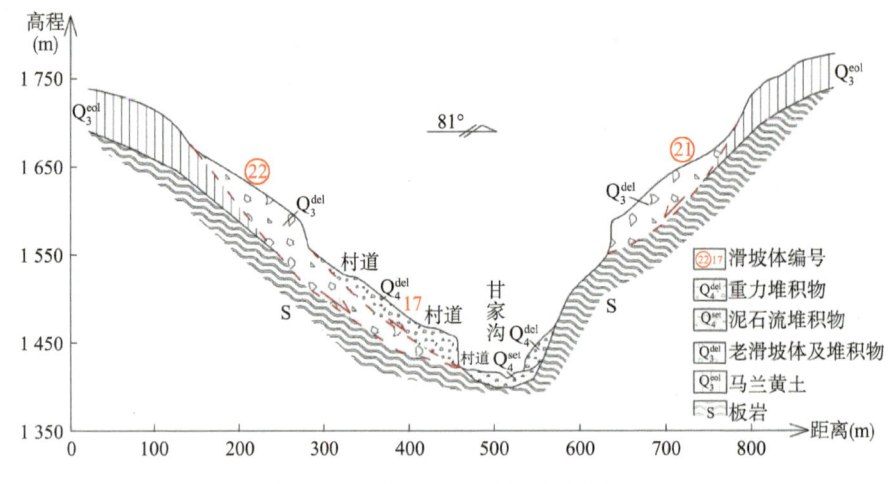

图 6-59　主沟典型滑坡实测剖面图

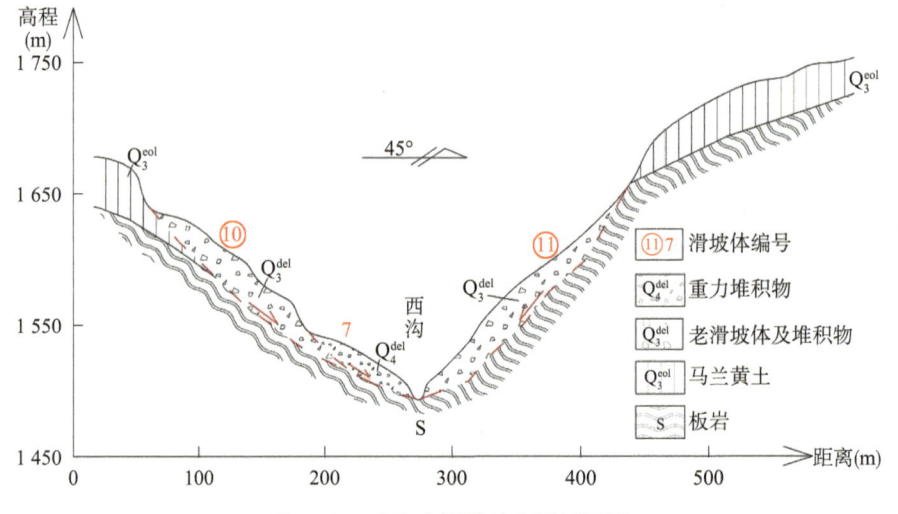

图 6-60　支沟典型滑坡实测剖面图

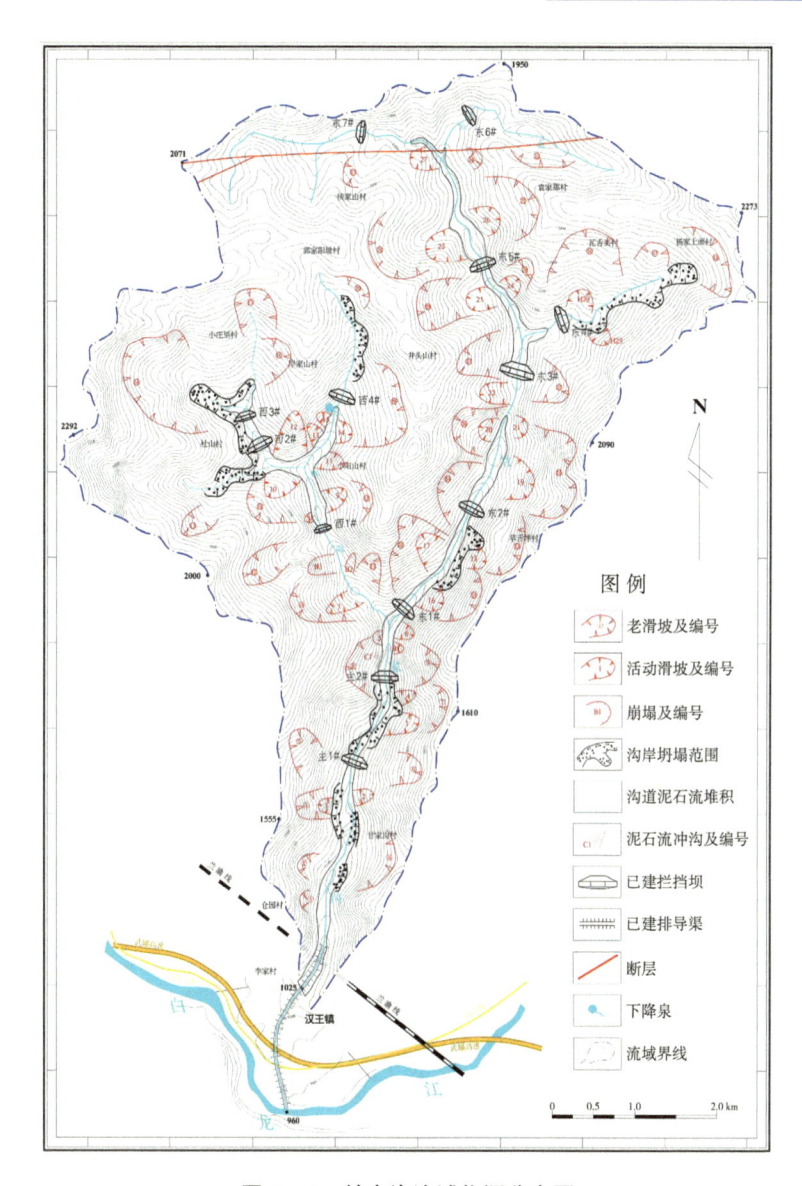

图 6-61 甘家沟流域物源分布图

（1）滑坡成因分析

区内滑坡发生的成因可归纳为：特殊的地质环境和复杂的外动力地质作用。

①本区构造运动强烈，断裂及褶皱等构造裂隙发育，岩体多被切割成块体。

②新构造运动强烈，自第三纪以来，长期处于上升状态，山地平均每百年升高 1.6～1.8 mm，上升明显，沟谷急剧下切，山坡陡峻，为滑坡的发育创造了临空条件。

③区内广泛分布黄土和志留系板岩，黄土具有大孔隙且垂直节理发育，属不稳定地层，下部板岩炭质含量高，易风化，遇水抗剪强度降低，形成滑动面，从而促使滑坡的发生。

④本区滑坡形成的主要诱发因素是地震和降水。据调查分析，区内黄土-基岩混合滑坡多发生在集中式、高强度降水之后，如小阳山一带的老滑坡均为 1984 年 8 月 3 日暴雨之后复活的，2008 年 5 月 12 日汶川地震也在流域诱发大量的滑坡。

⑤本区植被覆盖率低,也是促使滑坡发生发展的重要因素之一。

(2) 滑坡与泥石流的转化形式

滑坡向泥石流的转化主要取决于滑体的稳定性和水动力条件。本区新滑坡在雨季或突发性暴雨水动力条件下,会不断发生滑塌、坍塌或大规模滑动,向泥石流转化,老滑坡在平衡条件破坏后,前缘形成次一级新滑坡或发生整体滑动,最终转化为泥石流向下游运移。区内滑坡体直接转化泥石流的形式主要有四种:

①滑坡体直接进入沟谷堵塞沟道,逐渐被沟谷地表水体冲蚀搬运,滑坡体在水动力条件下将迅速转化为泥石流,该类转化形式主要以新滑坡为主,前缘伸入河道的老滑坡也以这种形式转化。

②缓慢冲蚀进入沟谷。区内稳定性较差的黄土-基岩混合滑坡,由于滑坡体松散,沿裂隙或松散带形成冲沟,经后期的雨水冲刷或其他外动力地质作用,逐渐进入沟道,或形成多级小滑坡,分期进入沟谷,该类转化形式主要为剪出口较高、悬挂于沟岸中上部的老滑坡。

③滑坡发展成坍塌、滑塌后转化成泥石流。在沟谷两侧,受沟中流水不断的侧向侵蚀,滑坡体前缘往往受重力作用形成滑塌或坍塌,逐渐将滑坡体送入沟道,不断为泥石流提供物质,该类转化形式主要为以坡积层滑坡为主的新滑坡。

④以面状侵蚀形式进入沟谷。区内比较稳定的老滑坡,在较长时间内缺乏整体移动条件,便以水土流失形式补给泥石流。

(3) 滑坡体转化成泥石流固体物质的储量

在滑坡体中有多少物质转化为泥石流的固体物质被搬运至下游,或其后备储量的多少是泥石流防治工作的关键。

根据对本区 67 个滑坡体的实测、计算统计,区内老滑坡总体积为 21 761.86 万 m³,新滑坡为 4 386.32 万 m³,滑体堆积物总量为 26 148.18 万 m³,可能转化为泥石流的固体物质储量为 10 081.22 万 m³,这些固体物质进入沟谷的形式如前所述,其时间和每一次的储量随动力因素和强度范围及时空而发生变化。详见表 6-15。

表 6-15 甘家沟流域滑坡统计表

灾害类型	编号	位置	高(m)	宽(m)	厚(m)	体积(万 m³)	物质组成	类型	稳定性
新滑坡	X1	甘家沟下游主沟右岸	30	94	7	1.97	坡面为马兰黄土、滑床为板岩	小型黄土滑坡	稳定性差
	X2	甘家沟下游主沟左岸	22	74	5	0.81	坡面为马兰黄土、滑床为板岩	小型黄土滑坡	稳定性差
	X3	甘家沟主沟 2# 坝下游左岸	55	20	10	1.1	坡面为碎石土	小型坡积层滑坡	稳定性差
	X4	甘家沟主沟 2# 坝下游左岸	80	113	20	18.1	碎石土	中型坡积层滑坡	稳定性差
	X5	甘家沟主沟 3# 坝下游右岸	82	120	6	5.9	粉砂质板岩	小型基岩滑坡	稳定性差

续表

灾害类型	编号	位置	高(m)	宽(m)	厚(m)	体积(万 m³)	物质组成	类型	稳定性
新滑坡	X6	甘家沟主沟 3# 坝副坝左岸	125	120	31	46.5	上部为马兰黄土，下部为粉砂质板岩	中型黄土-基岩混合滑坡	稳定性较差
	X7	甘家沟西支沟沟口右岸	200	120	8	19.2	上部为马兰黄土，下部为粉砂质板岩	中型黄土-基岩混合滑坡	稳定性较差
	X8	西支沟 1# 坝上游 35 m 处右岸	40	20	8	0.64	上部为碎石土，下部为粉砂质板岩	小型坡积层-基岩混合滑坡	稳定性差
	X9	甘家沟西支沟上游左岸	200	150	40	120	上部为马兰黄土，下部为粉砂质板岩	大型黄土-基岩混合滑坡	稳定性较差
	X10	西支沟上游南岔沟沟口右岸	120	170	25	51	粉砂质板岩	中型基岩滑坡	稳定性差
	X11	西支沟上游北岔沟沟口左岸	43	72	5	1.6	坡面为碎石土	小型坡积层滑坡	稳定性差
	X12	西支沟上游南岔沟沟口左岸	196	291	50	285.2	上部马兰黄土，下部为粉砂质板岩	大型黄土-基岩混合滑坡	稳定性差
	X13	西支沟北岔沟沟口右岸	250	187	26	121.6	马兰黄土	大型黄土滑坡	稳定性较差
	X14	西支沟北岔沟下游右岸	28	200	5	2.8	坡面为碎石土	小型坡积层滑坡	稳定性差
	X15	西支沟北岔沟下游左岸	20	30	3	0.18	坡面为碎石土	小型坡积层滑坡	稳定性差
	X16	甘家沟主沟 3# 坝上游左岸	140	420	35	205.8	上部为马兰黄土，下部为炭质板岩	大型黄土-基岩混合滑坡	稳定性差
	X17	甘家沟主沟 3# 坝上游右岸	380	392	25	744.8	上部为马兰黄土，下部为粉砂质板岩	大型黄土-基岩混合滑坡	稳定性较差
	X18	甘家沟主沟 3# 坝上游左岸	263	250	45	295.9	上部为马兰黄土，下部为粉砂质板岩	大型黄土-基岩混合滑坡	稳定性较差
	X19	甘家沟主沟东 2# 坝上游左岸	320	480	53	814.1	上部为马兰黄土，下部为粉砂质板岩	大型黄土-基岩混合滑坡	稳定性较差
	X20	甘家沟主沟东 2# 坝上游右岸	200	260	35	182	坡面为碎石土	大型坡积层滑坡	稳定性较差
	X21	甘家沟主沟东 2# 坝上游左岸	156	250	28	109.2	坡面为碎石土	大型坡积层滑坡	稳定性较差
	X22	甘家沟主沟东 3# 坝下游右岸	330	210	50	346.5	坡面为碎石土	大型坡积层滑坡	稳定性较差

续表

灾害类型	编号	位置	高(m)	宽(m)	厚(m)	体积(万m³)	物质组成	类型	稳定性
新滑坡	X23	甘家沟主沟东5#坝下游右岸	320	202	40	258.6	上部为马兰黄土,下部为粉砂质板岩	大型黄土-基岩混合滑坡	稳定性差
	X24	甘家沟主沟东5#坝下游左岸	53	80	10	4.24	坡面为碎石土	小型坡积层滑坡	稳定性差
	X25	甘家沟主沟东5#坝上游右岸	320	280	45	403.2	上部为马兰黄土,下部为粉砂质板岩	大型黄土-基岩混合滑坡	稳定性差
	X26	甘家沟主沟东5#坝上游左岸	115	156	20	35.88	粉砂质板岩	中型基岩滑坡	稳定性差
	X27	甘家沟主沟东5#坝上游右岸	123	90	15	16.61	坡面为碎石土	中型坡积层滑坡	稳定性差
	X28	甘家沟主沟东4#坝上游左岸	189	236	28	124.89	坡面为碎石土	大型坡积层滑坡	稳定性差
	X29	甘家沟主沟东5#坝下游右岸	210	320	25	168	坡面为碎石土	大型坡积层滑坡	稳定性差
老滑坡	L1	甘家沟主沟下游右岸	160	252	20	80.64	坡面为碎石土	中型坡积层滑坡	稳定性较差
	L2	甘家沟主沟下游右岸	257	312	20	160.37	坡面为碎石土	大型坡积层滑坡	稳定性较差
	L3	甘家沟主沟下游左岸	357	430	40	614.04	马兰黄土	大型黄土滑坡	稳定性较差
	L4	甘家沟主沟下游左岸	365	330	35	421.57	马兰黄土	大型黄土滑坡	稳定性较差
	L5	甘家沟主沟1#坝右岸	420	400	45	756	上部为马兰黄土,下部为粉砂质板岩	大型黄土-基岩混合滑坡	稳定性较差
	L6	甘家沟主沟1#坝左岸	260	320	30	249.6	马兰黄土	大型黄土滑坡	稳定性较差
	L7	甘家沟主沟2#坝下游左岸	156	550	26	223.08	马兰黄土	大型黄土滑坡	稳定性较差
	L8	甘家沟主沟2#坝右岸	120	297	30	106.92	青灰色粉砂质板岩	大型基岩滑坡	稳定性差
	L9	甘家沟主沟2#坝上游左岸	194	229	25	111.07	碎石土	大型坡积层滑坡	稳定性差
	L10	甘家沟西支沟沟口右岸	349	260	35	317.59	上部为马兰黄土,下部为粉砂质板岩	大型黄土-基岩混合滑坡	稳定性较差
	L11	甘家沟西支沟沟口左岸	235	286	38	255.4	上部为马兰黄土,下部为粉砂质板岩	大型黄土-基岩混合滑坡	稳定性较差

续表

灾害类型	编号	位置	高(m)	宽(m)	厚(m)	体积(万 m³)	物质组成	类型	稳定性
老滑坡	L12	甘家沟西支沟下游右岸	470	254	40	477.52	上部为马兰黄土，下部为粉砂质板岩	大型黄土-基岩混合滑坡	稳定性较差
	L13	甘家沟西支沟中游右岸	362	272	50	492.32	马兰黄土	大型黄土滑坡	稳定性较差
	L14	甘家沟西支沟上游右岸	289	351	50	507.2	粉砂质板岩	大型基岩滑坡	稳定性较差
	L15	甘家沟西支沟1#坝上游左岸	210	450	20	189	马兰黄土	大型黄土滑坡	稳定性较差
	L16	杜山村北	700	900	45	2 835	马兰黄土	特大型黄土滑坡	稳定性较差
	L17	小庄里村北	508	413	30	629.41	马兰黄土	大型黄土滑坡	稳定性较差
	L18	岸家山村	308	496	30	458.3	马兰黄土	大型黄土滑坡	稳定性较差
	L19	甘家沟西支沟西4#坝左岸	412	940	50	1 936.4	马兰黄土	特大型黄土滑坡	稳定性较差
	L20	郭家阳坡村南	170	460	20	156.4	马兰黄土	大型黄土滑坡	稳定性较差
	L21	甘家沟东1#坝上游左岸	264	672	34	603.18	上部马兰黄土，下部粉砂质板岩	大型黄土-基岩混合滑坡	稳定性较差
	L22	甘家沟东4#坝上游右岸	421	614	30	775.48	上部马兰黄土，下部炭质板岩	大型黄土-基岩混合滑坡	稳定性差
	L23	甘家沟草舌坪村	407	514	40	836.79	上部马兰黄土，下部炭质板岩	大型黄土-基岩混合滑坡	稳定性较差
	L24	甘家东2#坝左岸	327	754	46	1 134.17	粉砂质板岩	特大型基岩滑坡	稳定性差
	L25	甘家沟东2#坝上游右岸	520	720	50	1872	上部马兰黄土，下部粉砂质板岩	特大型黄土-基岩混合滑坡	稳定性较差
	L26	甘家沟东2#坝上游右岸	243	405	26	255.88	上部马兰黄土，下部粉砂质板岩	大型黄土-基岩混合滑坡	稳定性较差
	L27	甘家沟东3#坝左岸	146	498	20	145.42	粉砂质板岩	大型基岩滑坡	稳定性差
	L28	甘家沟东3#坝右岸	307	572	35	542.62	马兰黄土	大型黄土滑坡	稳定性较差
	L29	甘家沟东5#坝下游右岸	536	505	40	1 082.72	马兰黄土	特大型黄土滑坡	稳定性较差
	L30	甘家沟东5#坝下游左岸	126	142	15	26.84	粉砂质板岩	中型基岩滑坡	稳定性差
	L31	甘家沟东5#坝上游右岸	429	547	30	703.99	马兰黄土	大型黄土滑坡	稳定性较差
	L32	甘家沟东5#坝上游左岸	202	301	30	182.41	马兰黄土	大型黄土滑坡	稳定性较差
	L33	甘家沟侯家山村	187	243	25	113.6	马兰黄土	大型黄土滑坡	稳定性较差

续表

灾害类型	编号	位置	高(m)	宽(m)	厚(m)	体积(万 m³)	物质组成	类型	稳定性
老滑坡	L34	甘家沟东5#坝上游左岸	189	179	28	94.73	马兰黄土	中型黄土滑坡	稳定性较差
	L35	甘家沟东6#坝上游左岸	278	231	30	192.65	马兰黄土	大型黄土滑坡	稳定性较差
	L36	甘家沟东4#坝上游瓦舌头村	500	531	50	1 327.5	马兰黄土	特大型黄土滑坡	稳定性较差
	L37	甘家沟东4#坝上游左岸	206	279	30	172.42	马兰黄土	大型黄土滑坡	稳定性较差
	L38	甘家沟杨家上面村	338	427	50	721.63	马兰黄土	大型黄土滑坡	稳定性较差

(2) 崩塌

区内崩塌相对发育零星,共有3处,2处分布于西沟下游,1处分布于西沟与主沟交汇处主沟左岸。勘查区崩塌体主要发生在岩体破碎、节理较发育的陡峻坡体上,为坠落式、滑移式崩落,以倒石堆形式堆积于沟道两侧坡角处,大部分崩塌物堵塞沟道,堵塞厚度3~12 m,这些松散堆积物在集中式、高强度洪水的下蚀、侧蚀共同作用下,将会直接转化为泥石流的固体物质来源。这也是本区崩塌堆积物转化为泥石流固体物质所占比例高的原因之一。根据实测、计算统计,崩塌堆积物总量为152.48万 m³,可能转化为泥石流的固体物质储量为50.83万 m³。详见表6-16、图6-62至图6-64。

表6-16 甘家沟流域崩塌统计表

编号	位置	高(m)	宽(m)	厚(m)	体积(万 m³)	物质组成	类型	稳定性
B1	西支沟下游左岸	50	20	4	0.4	粉砂质板岩	小型基岩崩塌	稳定性差
B2	西支沟下游右岸	243	200	30	145.8	粉砂质板岩	特大型基岩崩塌	稳定性差
B3	甘家沟3#坝下游左岸	151	104	4	6.28	粉砂质板岩	中型基岩崩塌	稳定性差

图6-62 B3崩塌照片(镜向270°)   图6-63 B2崩塌照片(镜向20°)

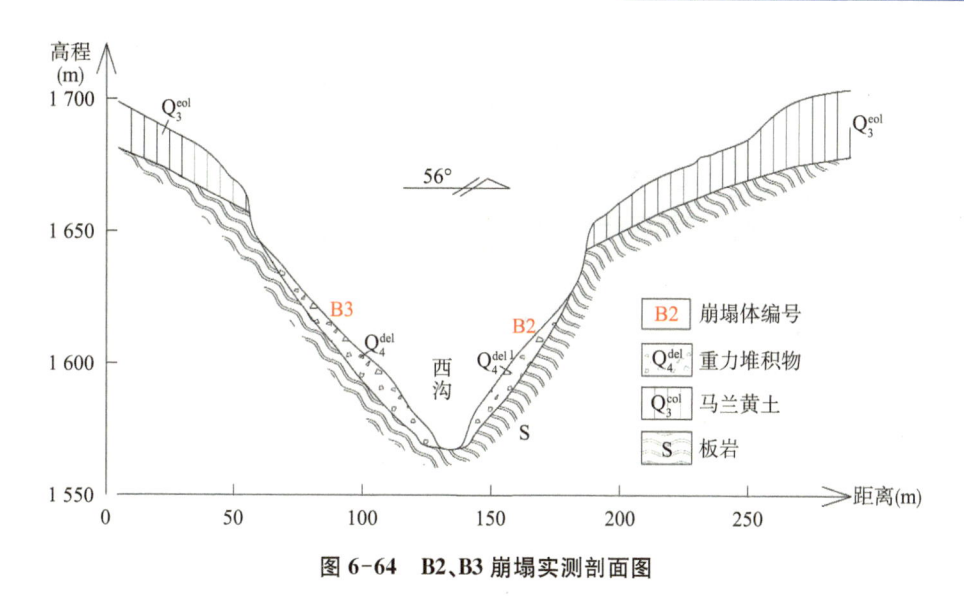

图 6-64　B2、B3 崩塌实测剖面图

区内崩塌均为岩质崩塌。岩体裸露,在小断裂、褶皱的作用下支离破碎,经长期风化后表层多为碎块—粉末状,稳定性差,加之高强度降水入渗、地震等综合作用,易产生崩塌。

2. 坡面松散物质

甘家沟流域的地层以黄土和板岩为主,黄土分布于山体梁峁地段,土质结构松散,植被稀少,保水能力差,板岩出露于山体底部,易风化,多呈碎块状、粉末状,无植被覆盖,两种特殊的岩土体在遭遇高强度降雨时,坡面侵蚀尤为严重,根据武都区水务局的调查,多年平均侵蚀模数为 35 400 t/(km² · a),属剧烈侵蚀区(图 6-65、图 6-66)。根据本区松散层厚度、堆积位置、密实固结程度、植被覆盖率及人类作用强度等分区测量估算,区内可转化为泥石流的坡面松散物质总量为 729.64 万 m³。

图 6-65　剥蚀形成的倒石堆(镜向 170°) 　　图 6-66　黄土表层开垦为耕地(镜向 110°)

3. 沟岸坍塌

区内沟岸坍塌分布于甘家沟村及东二沟上游和西沟沟脑一带,甘家沟村一带阶地发育,阶地陡坎直立,地层松散,在流水的侧向侵蚀下易发生坍塌;东二沟上游和西沟沟脑一

带沟岸岩性为板岩,炭质含量高,风化强烈,加之沟道急剧下切,坍塌极为发育(图 6-67、图 6-68)。经实测计算统计,流域内可直接转化为泥石流的坍塌物总量为 4.80 万 m^3。

图 6-67　主 2#坝下游沟岸坍塌(镜向 165°) 　　图 6-68　甘家沟村段沟岸坍塌(镜向 30°)

4. 沟床冲蚀以及支沟泥石流堆积物

沟床冲蚀在勘查区也具有明显的分带性,即东 1#坝以北中上游地带,沟床狭窄,跌水发育,沟道下切作用强烈,大部分地段下伏基岩出露,局部地段主沟及支沟沟床中堆积有厚 0.3~1.0 m 的碎石、块石,因此,该地带内可转化为泥石流的沟道堆积物较少。东 1#坝以南至沟口地带,主沟沟床变宽,沟谷比降减小,使沟床冲刷作用减弱,沟床堆积厚度逐渐增大,同时,该地带的部分冲沟沟口分布有厚 1.5~3.0 m 的泥石流堆积物。甘家沟村以南地段,由于生活垃圾及建筑弃土的随意堆放,沟道堆积物也十分丰富(图 6-69 至图 6-72)。据分段测量计算统计,流域内可直接转化为泥石流的沟床固体物质总量为 1.24 万 m^3。

图 6-69　支沟泥石流堆积扇(镜向 340°) 　　图 6-70　坡面泥石流(镜向 80°)

图 6-71　生活垃圾挤占沟道(镜向 78°)　　　图 6-72　建筑弃土堆积于沟道(镜向 0°)

6.2.3.3　固体松散物质的储量

勘查区泥石流的固体补给物质组分是由各种重力作用、面状侵蚀、沟道侵蚀作用混合而形成的,主要包括以下 5 种:

(1) 滑坡形成的扰动松散体,其中稳定差的新滑坡体在降雨等因素影响下有可能全部转化为泥石流补给物质;稳定性较差的老滑坡表层的松散层均可能在流水作用下再次进入沟道,成为补给源。

(2) 崩塌体结构比滑坡体更为松散,稳定性差,很容易进入沟谷补给泥石流。

(3) 坍塌分布位置较为特殊,这部分固体物质在泥石流形成时首先进入沟道。

(4) 面状侵蚀形成的细粒风化物质,受雨水作用以水土流失形式进入沟谷,这部分物质数量较小,但它能提高洪水的含沙量,进而提高洪水的侵蚀搬运能力,因此,它对泥石流的形成具有重要作用。

(5) 沟道堆积物,在主/支沟宽阔、沟道比降较小地段,早期洪水及泥石流的搬运物质堆积于主、支沟沟床中,为后期大规模泥石流提供了足够的固体物质补充来源。

根据实际勘查、统计计算,甘家沟流域面积为 42.93 km²,流域内可作为泥石流固体松散物质的总储量为 10 867.73 万 m³,单位面积补给量为 190.98 万 m³/km²。其中,滑坡堆积物储量为 10 081.22 万 m³,占总补给储量的 92.76%;崩塌堆积物储量为 50.83 万 m³,占总补给储量的 0.47%;坍塌堆积物储量为 4.80 万 m³,占总补给储量的 0.04%;沟道堆积物储量为 1.24 万 m³,占总补给储量的 0.01%;坡面堆积物储量为 729.64 万 m³,占总补给储量的 6.71%。可转化量为 4 029.70 万 m³,占总储量的 37.08%。详见表 6-17。

表 6-17　勘查区可转化为泥石流固体物质储量计算表

沟名		总储量 (万 m³)	其 中(万 m³)					可转化量 (万 m³)	单位面积补给量 (万 m³/km²)
			滑坡	崩塌	坍塌	沟道堆积	坡面		
甘家沟	主沟	7 545.22	7 019.77	0.14	2.88	1.09	521.34	3 020.98	70.25
	东一沟	72.86	48.16			24.7		48.71	19.72

续表

沟名		总储量（万 m³）	其 中（万 m³）					可转化量（万 m³）	单位面积补给量（万 m³/km²）
			滑坡	崩塌	坍塌	沟道堆积	坡面		
甘家沟	东二沟	544.97	502.89		0.58		41.5	195.51	47.11
	西沟	2 704.68	2 510.40	50.69	1.34	0.15	142.1	764.50	53.80

6.2.3.4 水动力条件

本区泥石流属典型的暴雨型泥石流，降雨是区内泥石流形成的唯一水源和激发因素。区内多年平均年降水量 487.2 mm，5—9 月降水量占全年降水总量的 75%～85%，且多以大雨或暴雨形式出现。自 1939 年以来，降水强度为 25～50 mm/d 的大雨平均每年 2～3 次，降水强度为 50～75 mm/d 的暴雨和降水强度大于 75 mm/d 的大暴雨每 10 年约有 2～3 次。连续 24 h 最大降雨量为 90.5 mm，1 h 最大降雨量为 40.0 mm，10 min 最大降雨量为 16.2 mm。甘家沟流域沟谷纵横，降水偏少，但降雨集中，暴雨多，集中式、高强度降水为泥石流的形成提供了充沛的水动力条件。

6.2.4 泥石流发育特征

6.2.4.1 泥石流沟类型

根据实际调查访问并结合甘家沟泥石流的固体物质成分、径流及堆积特征的分析认为，区内固体松散物质补给集中且黏性土含量较高，泥石流连续快速流动，且对沟床下蚀作用强烈，在堆积区呈扇状散流堆积。考虑到已有治理工程的影响，依据上述特征确定甘家沟主沟泥石流为黏性泥石流。

6.2.4.2 泥石流沟分区特征

泥石流形成区是为泥石流的形成提供水体和固体物质的主要补给区；流通区是泥石流发生运移的地段；堆积区是泥石流固体物质堆积的区域。根据上述分区原则，并结合泥石流的形成、运移、堆积特征，将甘家沟流域划分为形成区、流通区和堆积区。

甘家沟泥石流形成区呈羊角状，面积约为 34.69 km²，纵比降约为 77.40‰。通过野外调查，甘家沟泥石流的形成区表层主要为黄土，局部有少量残坡积物。降雨时，坡面物质会被雨水冲刷成多条小型支沟，持续降雨后冲蚀作用加强，小型支沟逐渐成为狭窄沟谷，深度最大可达 15 m。形成区下伏以千枚岩、板岩和炭质板岩为主的强风化基岩。局部有坚硬的砂质板岩出露，二者形成软硬相间的岩体组合。岩体表层风化侵蚀作用较强，结构破碎，又因在基岩强风化带上覆有黄土及松散堆积物，故整体容易在降雨或其他因素的影响下滑动，进而发生滑坡、崩塌等灾害。野外调查可见形成区滑坡、崩塌发育较密集，为泥石流提供了大量的松散固体物质。

流通区总面积约为 6.63 km²，纵比降约为 41.40‰。上游沟道狭窄曲折，以"V"形为主，冲刷深度为 0.2～1.6 m，平均坡度约为 28°，局部地区岸坡近直立。流通区上游植被覆

6.2.7 泥石流流体特征值计算

甘家沟泥石流的基本特征值,根据已发生泥石流的特征,结合现场和室内试验及查表综合计算确定。下面分别介绍各冲沟泥石流基本特征值的计算。

6.2.7.1 泥石流重度

泥石流重度采用固体物质储量法和综合评分法相互验证综合确定,计算断面主沟为出山口,支沟为汇流点。

(1) 固体物质储量法

$$\gamma_C = 10.6 A^{0.12}$$

式中:γ_C 为泥石流重度(kN/m³);A 为单位面积可补给泥石流的固体物质储量(万 m³/km²)。

(2) 综合评分法

根据区内各泥石流的易发性,综合评分赋值并查表确定其相应的泥石流重度。详见表6-18、表6-19。

表6-18 数量化评分(N)与泥石流重度关系对照表

评分	重度(kN/m³)	评分	重度(kN/m³)
75	15.16	100	16.90
91	16.28	101	16.97
94	16.48	103	17.10
97	16.69	107	17.38
99	16.83	111	17.66

表6-19 治理前泥石流重度计算成果

沟谷	流域面积(km²)	单位面积松散物储量(万 m³/km²)	固体物质储量法(kN/m³)	综合评分法(kN/m³)	综合取值(kN/m³)
甘家沟	42.93	72.25	17.57	17.66	17.66
东一沟	2.47	19.72	15.15	15.16	15.16
东二沟	4.15	47.11	16.75	16.97	16.86
西沟	14.21	53.80	15.77	17.10	16.44

通过固体物质储量法和综合评分法计算,甘家沟沟口的纵比降受人类工程改造及白龙江阶地的影响较大,综合取值采用综合评分法;东一沟固体物质储量法和综合评分法二者计算结果相差不大,考虑到东5#坝对其沟口比降的影响,综合取值采用综合评分法;东二沟与西沟流域内固体物质储量丰富,其中又以滑坡补给占主导地位,综合取值采用两种算法

的平均值。根据对1984年8月3日甘家沟泥石流的调查,其浆体十分黏稠,颗粒粗大,流体中携带3~5 m的巨石,重度达22.9 kN/m³,由于1995年实施治理工程抬高了沟床侵蚀基准面,拓宽了沟道,本次计算的重度有所降低是比较符合实际的。

6.2.7.2 泥石流流量

泥石流的流量值采用配方法确定,其计算公式为

$$Q_c = (1+\varphi)Q_B D_c$$

$$\varphi = \frac{\gamma_C - \gamma_S}{\gamma_h - \gamma_C}$$

式中:Q_c 为100年一遇泥石流洪峰值流量(m³/s);Q_B 为100年一遇洪峰清水流量(m³/s);φ 为泥石流泥沙修正系数;D_c 为泥石流堵塞系数。

公路、水利、铁路等部门在清水流量计算方面总结了许多经验公式,本次清水流量选取陇南市经验公式进行计算验证。

根据陇南市经验公式计算100年一遇暴雨洪峰清水流量,其计算公式如下:

$$Q = 11.2 F^{0.84}$$

式中:Q 为清水流量(m³/s);F 为流域面积(km²)。

经计算,经验公式法根据陇南市多条泥石流沟谷统计拟合的公式,运用成熟,具有很强的地区针对性,计算结果更为接近实际,因此综合取值采用经验公式法。根据经验,泥石流100年一遇的流量与20年一遇的流量换算系数约为0.5,与50年一遇的换算系数为0.8,故将100年一遇的流量进行折减即可得到其他频率的流量。据调查,1984年8月3日甘家沟暴发的泥石流,流量为641 m³/s,其重现期约为50年,以此推算,甘家沟泥石流100年一遇的流量为656.94 m³/s,考虑到该次泥石流发生在三十多年前,随后修建的多座拦挡坝对洪峰流量有所削减,故本次计算结果偏小是符合实际的。该地区泥石流流量计算结果见表6-20、表6-21。

表6-20 泥石流流量计算成果

沟谷	流域面积(km²)	清水流量(m³/s)	堵塞系数	$P=1\%$泥石流流量(m³/s)	综合取值(m³/s)
甘家沟	42.93	263.47	1.3	656.94	656.94
东一沟	2.47	23.94	1.0	35.34	35.34
东二沟	4.15	37.02	1.1	71.30	71.30
西沟	14.21	104.09	1.1	191.67	191.67

表 6-21　不同频率泥石流流量换算表

沟谷	流域面积 (km²)	P=1%泥石流流量(m³/s)	P=2%泥石流流量(m³/s) 换算系数	计算结果	P=5%泥石流流量(m³/s) 换算系数	计算结果
甘家沟	42.93	656.94	0.8	525.55	0.5	328.47
东一沟	2.47	35.34		28.27		17.67
东二沟	4.15	71.30		57.04		35.65
西沟	14.21	191.67		153.24		95.84

6.2.7.3　泥石流规模

(1) 一次泥石流最大冲出量

泥石流最大一次冲出量是根据泥石流历时(T)和最大流量(Q_c),按泥石流暴涨暴落的特点,将其过程线概化成五角星计算,其计算公式如下:

$$Q_w = \varphi K T Q_c$$

式中:Q_w 为一次最大冲出量(万 m³);Q_c 为泥石流流量(m³/s);K 为泥石流运动系数,取 0.278;φ 为泥石流泥沙修正系数;T 为泥石流过程时间,主沟取 45 min,即 2 700 s,支沟取 30 min,即 1 800 s。

(2) 泥石流年平均冲出量

根据武都区水务局调查,甘家沟多年平均侵蚀模数为 35 400 t/(km²·a),属剧烈侵蚀区。本次采用侵蚀模数法对各泥石流沟进行分区概算,经验公式如下:

$$W_H = M_1 M_2 F$$

式中:W_H 为泥石流年平均冲出量(m³);M_1 为降水系数(降水量为 400~700 mm,取 1);M_2 为侵蚀模数(m³/km²);F 为流域面积(km²)。

该地区泥石流冲出量详见表 6-22。

表 6-22　泥石流规模相关参数统计表

沟谷	流域面积 (km²)	泥石流洪峰流量(1%) (m³/s)	侵蚀模数 [t/(km²·a)]	泥石流过程时间(s)	一次最大冲出量 (万 m³)	(万 t)	年均冲出量 (万 m³)	(万 t)
甘家沟	42.93	656.94	35 400	2 700	45.27	79.95	78.8	139.16
东一沟	2.47	35.34	35 400	1 800	0.84	1.27	5.4	8.19
东二沟	4.15	71.30	35 400	1 800	2.68	4.52	8.1	13.66
西沟	14.21	191.67	35 400	1 800	6.46	10.62	26.6	43.73

(3) 泥石流规模

通过对甘家沟泥石流的形成、径流、堆积特征定性分析及基本特征值定量计算,初步得出,甘家沟流域补给泥石流的松散固体物质储量十分丰富,发生泥石流的频率较高,其中规模较大的 4~5 年发生一次,泥石流形成时具有汇流快、洪峰流量大的特点,据本次计算,泥石流洪峰流量(1%)为 656.94 m³/s,年平均冲出量为 78.8 万 m³,一次最大冲出量为45.27万 m³。综上所述,甘家沟泥石流现状规模属特大型。

6.2.8 泥石流危害特征及发展趋势

6.2.8.1 泥石流危害特征

通过对勘查区内泥石流的形成、径流堆积特征及以往发生过的泥石流灾害调查,综合分析认为,区内泥石流危害对象主要是沟脑、沟谷下游地区和沟口堆积区,沟脑处的危害方式以溯源侵蚀和沟道下切诱发滑坡为主,沟谷下游地区和沟口堆积区的危害方式以淤埋、冲毁、挤压主河道为主。

(1) 沟道下切、溯源侵蚀:甘家沟流域新构造运动强烈,整体处于上升状态,沟道下切及溯源侵蚀强烈,溯源侵蚀引起的滑坡不但增加了泥石流的松散物储量,同时对坐落于坡体的村庄造成危害。据调查,沟道下切及溯源侵蚀诱发的滑坡有9处,涉及小阳山村、瓦舍头村等8个村庄,危害方式以滑坡移动引起的地面开裂、房屋倾倒为主,如小阳山村因山体一直发生滑坡,现在村民已全部搬迁至较高的稳定地段。

(2) 淤埋、冲毁:这是区内泥石流最大的危害特点,危害对象主要为主沟沟道两侧及沟口的企业、村庄、农田、道路等,涉及甘家沟村、汉王村、李家村等13个村庄,共382户1885人及3所学校、12家企事业单位,同时212国道、武罐高速等重要交通干线均从其堆积区横穿而过,威胁资产超过1.5亿元。其中甘家沟村坐落于主沟沟道内,其遭受的威胁主要为主沟泥石流的冲刷和泥石流的淤埋;对泥石流沟口的汉王村、李家村以及企业单位的威胁方式主要为淤埋。据调查,1984年8月3日,甘家沟暴发泥石流,县城及其附近的5137间房屋和13600 ha耕地被冲毁淤埋,14人遇难,生命、财产遭受巨大灾难。

(3) 挤压河道:主沟泥石流流出沟口后,大量的固体物质随之堆积于白龙江河道,压占堵塞主河道,使得主河道变窄且比降减小,白龙江泥沙量的不断淤积和河床不断上升,造成水比城高的"悬河"地形,该段河床每年上升10 cm,武都城区段河床已高出城中心2.1 m。同时,沟口泥石流扇形地的迅速发展,不断挤压白龙江河道近2/3,将河床压缩到不足50 m宽,迫使白龙江主流从对岸山脚通过,并强烈侵蚀坡脚,造成大坪山滑坡的不断活动,当地村庄已三次搬迁,仍未摆脱滑坡的威胁。20世纪50年代以来,甘家沟泥石流曾4次堵断白龙江,每次约2~3 h,回水几千米,淹没农田千余亩,毁坏大批水利和交通设施。1952年7月,一场特大暴雨,甘家沟泥石流顺沟而下,致使白龙江断流数十分钟,江水倒流,严重威胁到县城的安全,因堵江被埋农田达1400亩[①]。

(4) 冲刷:主沟中下游为甘家沟阶地,甘家沟村坐落于二级阶地上,该地段沟道弯曲,侧蚀作用强烈,泥石流冲刷,造成沟岸底部掏空,上部坍塌,沟岸不断后退,危及村庄安全。

6.2.8.2 发展趋势

泥石流的发展具有一定的波动性。受诸多因素影响,在泥石流形成的三个基本条件

---

① 1亩≈666.7 m²。

中,地形条件的变化比较缓慢,降水条件受区域气候变化规律控制,而固体松散物质在内外地质动力与人类活动的作用下,则处在不断变化之中,因此流域内固体松散物质的储量及其积累速率是控制泥石流发展趋势的重要因素。通过勘查及综合分析区域资料和沟谷发育特征,勘查区的泥石流发展呈逐步增强的趋势,主要表现在以下几个方面:

(1) 新构造运动不断上升,沟谷下切及溯源侵蚀强烈,沟岸不断扩展,致使沟岸稳定的滑坡坡体前缘失稳复活,这为泥石流的不断发育提供了基础条件。

(2) 区内沟壑密集且沟坡陡峻,加之中下游地段沟岸岩性为黄土和板岩,这种结构特征在暴雨期间会促使沟岸不断以崩塌、滑坡等形式向两岸剥蚀扩展,形成的松散的堆积于沟道内的岩土体则成为泥石流的固体物源。同时,沟坡表层松散岩土体的广泛分布及黄土本身易被侵蚀,都是泥石流物质易形成的重要原因。因此,本区泥石流固体松散物质丰富,积累速率高,有利于泥石流的进一步发展。

(3) 随着城区建设的扩张和人口的不断增长,区内以土地开发和工程建设为主的人类活动日益增强,随之而来的则是该区的地质环境遭受破坏,诸如工业、生活垃圾及弃土和弃渣随意堆放压占主沟道,势必会提高泥石流的危害程度。

总之,受上述因素影响,区内泥石流发生频率将会增大,规模较大的泥石流发生的可能性极大。

6.2.9 泥石流监测方案

泥石流专业监测的目的是充分认识泥石流的暴发与运动发展规律,为研究泥石流暴发与运动发展的规律总结经验,在了解泥石流形成条件及发育特征的基础上,量化、实测泥石流活动规律、动力学特征等,为下一步深入开展泥石流形成机理、预警指标、防治工程设计参数优化等工作奠定基础;及时捕捉到灾害发生时的前兆信息,为防灾减灾服务。

6.2.9.1 监测设备布设

1. 监测设备布设原则

监测仪器设备安装点位的选择应遵循监测有效性、环境适宜性、施工可行性、维护安全性和便利性等原则,监测点位应具备较好的人机可达性和一定的基础施工条件。

(1) 雨量监测设备布设原则

雨量自动监测站,应选在 GPRS/GSM/CDMA 信号稳定、开阔、日照良好的地理位置;站址周围45°范围内不能有建筑物及树木遮挡;具体监测点需根据现场情况而定。

(2) 泥水位、流量监测设备布设原则

泥水位监测站点布设应按照泥石流运动情况和流体特征布设监测断面数量、距离,并视沟道地形、地质条件而定,一般在流通区纵坡、横断面形态变化处和地质条件变化处,以及弯道处等都应该布设监测站点。

泥水位和流量监测设备所在的断面宜选在沟床流态稳定、沟床稳定、淤积和淘刷稳定的沟段。

泥水位自动监测站,应选在 GPRS/SMS/CDMA 信号稳定、日照良好的位置,还应考虑设备的安全问题。

泥水位和流量监测站周围无沟壑、基岩断层。

(3) 视频监测设备布设原则

视频监测设备须布设在可以观察到泥石流沟道全貌或者在重点区段观测到泥石流暴发的视野开阔的位置。

(4) 地声设备布设原则

地声设备布设应选在 GPRS/SMS 信号稳定、开阔、日照良好的地理位置；应选在泥石流流域附近和沟口外，距离泥石流源地 10 km 以内，不易被滑坡、泥石流灾害破坏的地方（为了保证采集数据的准确及时，设备应尽量靠近泥石流的源地）；站址周围 45°范围内不能有建筑物及树木遮挡。

为避免或减少次声信号反射或折射的影响，设备置放地与流域内泥石流通道或形成区应有较好的通视条件。

(5) 预警广播设备布设原则

预警广播须布设在居民集中区附近，确保受灾害威胁的居民可以听到预警信息，以便提前做好应对地质灾害的准备及防范工作。

2. 设备布设

在主沟道上游形成区及中下游流通区，距沟口 9 km 及 4.5 km 处选址修筑泥石流监测断面，并分别在断面上布设泥水位计 1 台、流速（流量）计 1 台。本次所选的监测点位置具备泥石流断面施工条件，建筑材料可运至沟底，上游所布设的甘家沟 1# 断面处的监测仪器，可监测沟道上游 17.4 km² 流域面积的汇流情况；中下游所布设的甘家沟 2# 断面处的监测仪器，可监测沟道 37.68 km² 流域面积的汇流情况。在沟道形成区及流通区分别布设泥水位计、流速（流量）计，可对甘家沟泥石流的形成、排泄情况进行对比监测，分析印证该沟泥石流的成灾特征，有较好的研究应用价值。在主沟的中下游、不具备修建泥石流断面的区域布设 1 套泥石流断线仪，主要监测泥石流的发育情况，断线仪与预警广播相连，可在甘家沟发生泥石流时及时发出预警，保护下游至沟口段的群众生命及财产安全。对断线仪设计三组不同高度的监测位置，可在一定程度上对泥石流暴发的规模进行监测。甘家沟沟道中游地段沟岸基岩出露，具备布设地声计的条件，故选择在沟道中游处布设地声计 1 套，对泥石流的发生进行监测。在沟道上、中、下游沟坡开阔处各布设 1 处雨量计，雨量计覆盖沟道全流域，对整个流域的降雨情况进行监测。视频监测仪共布设 2 套，分别位于沟道中游及沟口处，所选地段沟道较为顺直，监测点上下游监测范围较大，可更宏观地监测泥石流的运移情况。在沟口甘家沟村附近布设预警广播 1 处，预警广播与沟道流域内各类监测仪器无线连接，可对任一监测仪器的预警情况进行信息播报，及时提醒当地居民进行避灾。

甘家沟共布设监测设备 12 套，详见表 6-23、图 6-74。

表 6-23　甘家沟泥石流监测设备统计表

监测点编号	监测仪器类型	监测点经纬度	
YL-01	雨量计	104°11′42.8″	33°28′18.5″
YL-02	雨量计	105°2′3.00″	33°23′49.9″

续表

监测点编号	监测仪器类型	监测点经纬度	
YL-03	雨量计	105°0′47.9″	33°21′34.9″
DS-01	地声计	105°1′0.99″	33°22′48.0″
NW-01	泥水位计	105°1′36.9″	33°25′49.0″
LL-01	流速(流量)计	105°1′36.9″	33°25′49.0″
NW-02	泥水位计	105°0′47.9″	33°22′23.9″
LL-02	流速(流量)计	105°0′47.9″	33°22′23.″
SP-01	视频监测仪	105°1′5.00″	33°23′17.0″
SP-02	视频监测仪	105°0′33.0″	33°21′11.9″
DX-01	断线仪	105°0′29.0″	33°26′53.0″
YJ-01	预警广播	105°58′32.8″	33°28′55.9″

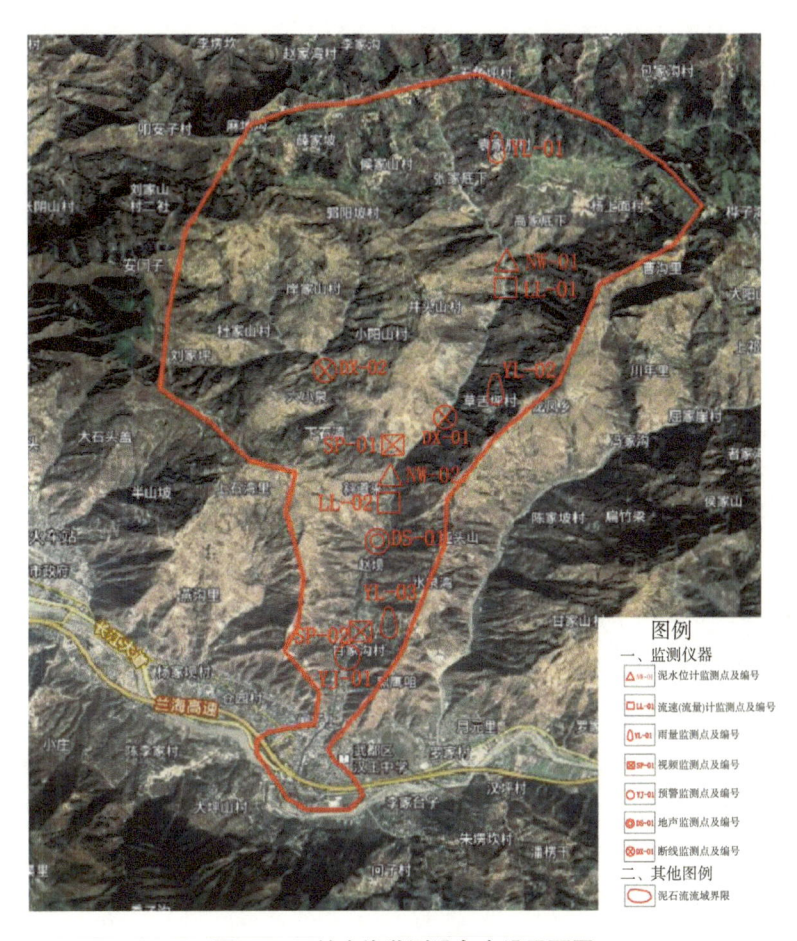

图 6-74 甘家沟监测设备布设平面图

(1) 设备布设依据

①雨量计

在甘家沟上、中、下游各安装一台雨量计进行降雨量监测,雨量计的安装位置应考虑以下几个方面:

a. 安装处地形开阔,无树木等遮挡,日照条件良好;

b. 安装处人烟稀少,仪器不容易遭到人为破坏;

c. 安装处不涉及土地使用矛盾。

②地声仪

在甘家沟中游左岸一平台处安装地声监测设备,对泥石流进行实时监控。地声设备的安装位置主要考虑以下几个方面:

a. 安装处地形开阔,无树木等遮挡,日照条件良好;

b. 安装位置既能最大程度接收到次声波,从而满足监测预报的要求,又有足够的稳定性,不会因为沟道两岸发生崩塌、滑坡等而破坏仪器。

③断线仪

在主沟的中下游,不具备修建泥石流断面的区域布设1套泥石流断线仪,主要监测泥石流的发育情况,断线仪与预警广播相连,可在甘家沟发生泥石流时及时发出预警,保护下游至沟口段的群众生命财产安全。

④泥水位、流速(流量)、视频监测设备

泥水位、流速(流量)和视频监测设备都位于监测断面上,根据实地调查,选取两处位置进行监测断面的施工。

1# 断面位于主沟上游高家底下附近,该处沟道顺直且开阔,日照条件良好;断面两侧岩土体稳定,监测设备不容易遭到破坏。

2# 断面位于主沟中游赵坝附近,该处沟道相对顺直且开阔,日照条件良好,断面两侧岩土体稳定,监测设备不容易遭到破坏。

2# 断面距离1# 断面(沿沟道)约4.5 km,两处断面基本可以控制甘家沟的流通区,不仅可以起到监测预警作用,而且对甘家沟泥石流的流量、流速、重度、最大冲出量等特征具有研究意义。

⑤断面设计

断面设计综合考虑沟道地形条件,详见图6-75、图6-76。

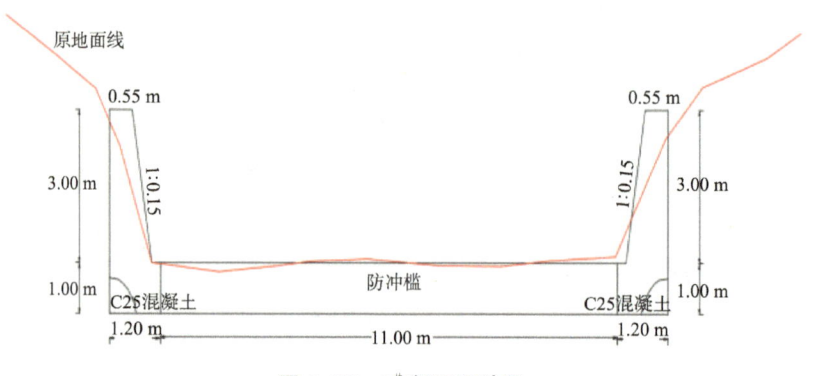

图6-75　1# 断面设计图

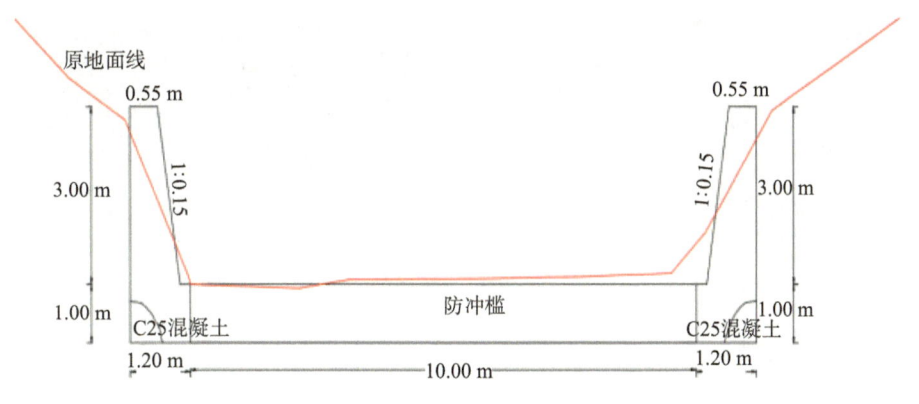

图 6-76　2#断面设计图

3. 监测设备的选取

泥石流监测主要有气象水文条件监测、泥石流固体物源监测、泥石流运动要素监测和泥石流宏观现象监测。

根据实地勘查，甘家沟流域面积为 42.93 km^2，在 20 世纪 90 年代进行过泥石流治理工程，目前修筑的部分拦挡坝已有不同程度的损坏，沟道中上游原始沟道呈"V"形，修筑拦挡坝处因坝后淤积，沟道呈"U"形，沟道两侧沟坡多呈下陡上缓形，沟道中游两侧沟岸滑塌严重。在现有经费保障下无法布设有效的监测网，因此只对气象水文条件、泥石流运动要素和泥石流宏观现象进行监测。本节中选取的监测设备包括雨量计、泥水位计、流速(流量)计、断线仪、地声计、预警广播及视频监测仪等，在沟道上、中、下游根据沟道实际情况布设适宜的监测仪器，对甘家沟泥石流的形成、径流特征等情况进行全面监测，并对泥石流发生情况及时预警。

6.2.9.2　监测设备施工

根据项目招标结果，由甘肃恒科迅流体控制科技有限公司负责甘家沟泥石流监测设备的施工及安装工作，监理单位为甘肃有色工程勘察设计研究有限公司。施工单位根据项目设备要求及现场定点情况，统计了土建工作所需的各种材料及配件，并对钢管、水泥等重要材料进行了采购和报验，组织好土建施工队伍。施工过程严格按照相关规范和标准执行，施工时间见表 6-24，监测施工过程详见图 6-77、图 6-78。

表 6-24　甘家沟泥石流监测设备施工时间表

时间段	施工内容
2022 - 03 - 10—2023 - 03 - 15	现场勘测定点
2022 - 05 - 01—2022 - 05 - 07	土建施工、围栏安装
2021 - 05 - 08—2021 - 05 - 30	设备安装调试

6.2.10　甘家沟泥石流监测数据分析

甘家沟泥石流的雨量计分别布设在上游、中游及下游，编号依次为 1#雨量计、2#雨量

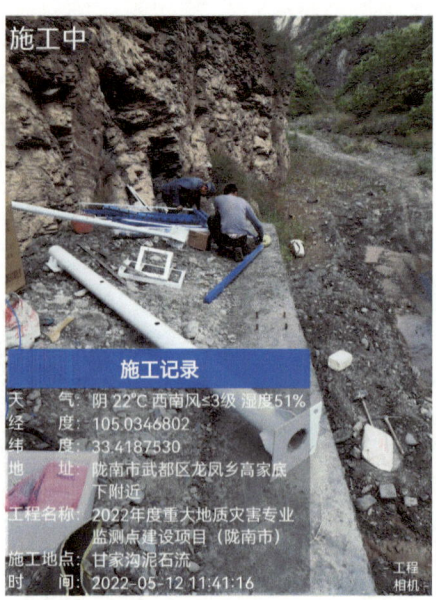

图 6-77　流速(流量)计土建施工过程照片

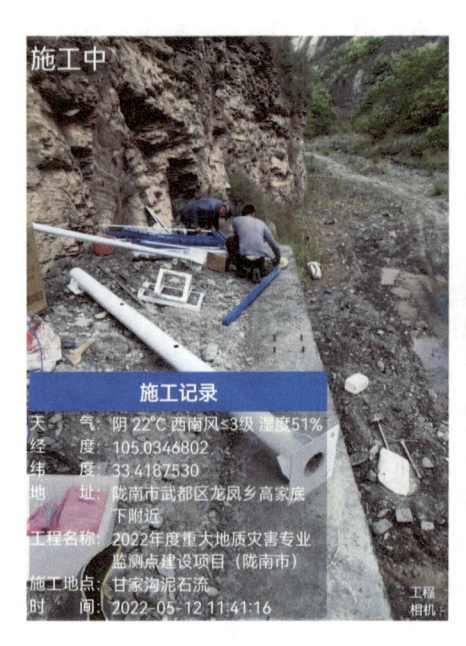

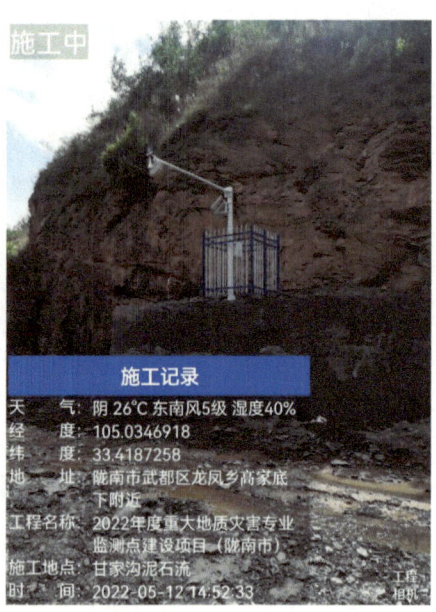

图 6-78　视频监测土建施工过程照片

计、3#雨量计。分别于 2022 年 4 月 25 日、27 日安装完成后开始监测,监测周期为 2 h,降雨期间加密至 5~20 min 监测一次。至 2022 年 12 月 31 日止,渭子沟 3 处雨量计累计降水最大值为安装于上游的 1#雨量计,累计降水量为 490.2 mm,累计降水量最小值为安装于下游的 3#雨量计,累计降水量为 425.2 mm;单月降雨量最大值均为 7 月,其中 1#雨量计测得 7 月份单月降雨量为 157.2 mm,2#雨量计测得 7 月份单月降雨量为 139.2 mm,3#雨量计测得 7 月份单月降雨量为 142.0 mm;单日降雨量最大为 85.0 mm,由 1#雨量计在 2022 年

8月14日测得,2#雨量计单日降雨量最大值为46.4 mm,由2022年8月14日测得,3#雨量计单日降雨量最大值为36.2 mm,出现于2022年7月14日。详见表6-25至表6-27、图6-79至图6-81。

表6-25 甘家沟泥石流1#雨量计数据统计表

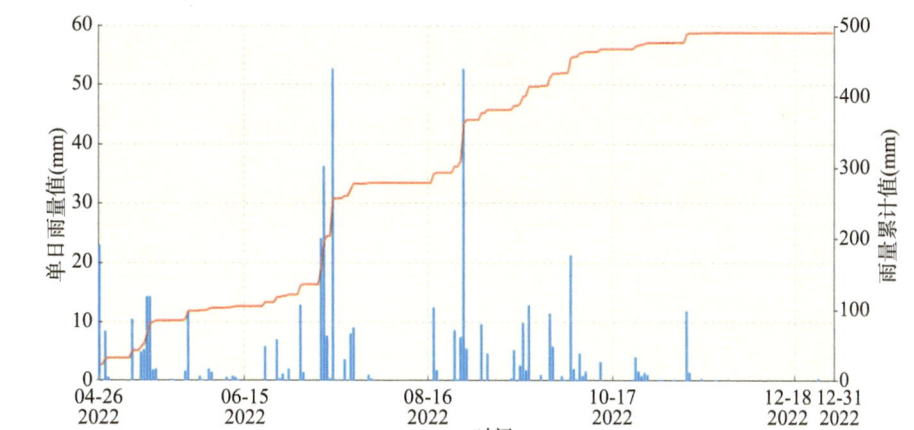

序号	时间	每月雨量值(mm)	累计雨量值(mm)
1	2022年4月	32.0	32.0
2	2022年5月	67.0	99.0
3	2022年6月	22.2	121.2
4	2022年7月	157.2	278.4
5	2022年8月	88.4	366.8
6	2022年9月	65.8	432.6
7	2022年10月	42.8	475.4
8	2022年11月	14.4	489.8
9	2022年12月	0.4	490.2

图6-79 甘家沟泥石流1#雨量计日监测统计图

表6-26 甘家沟泥石流2#雨量计数据统计表

序号	时间	每月雨量值(mm)	累计雨量值(mm)
1	2022年4月	32.0	32.0
2	2022年5月	58.8	90.8
3	2022年6月	18.0	108.8
4	2022年7月	139.2	248.0

续表

序号	时间	每月雨量值(mm)	累计雨量值(mm)
5	2022年8月	90.0	338.0
6	2022年9月	58.4	396.4
7	2022年10月	35.0	431.4
8	2022年11月	8.4	439.8
9	2022年12月	0.0	439.8

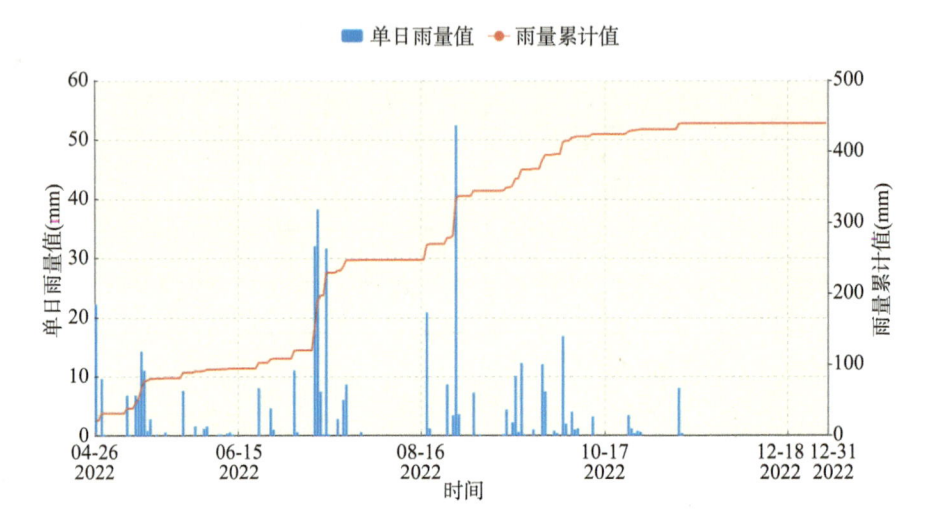

图6-80 甘家沟泥石流2#雨量计日监测统计图

表6-27 甘家沟泥石流3#雨量计数据统计表

序号	时间	每月雨量值(mm)	累计雨量值(mm)
1	2022年4月	26.2	26.2
2	2022年5月	55.8	82.0
3	2022年6月	18.6	100.6
4	2022年7月	142.0	242.6
5	2022年8月	90.0	332.6
6	2022年9月	55.2	387.8
7	2022年10月	31.6	419.4
8	2022年11月	5.8	425.2
9	2022年12月	0.0	425.2

甘家沟泥石流布设流速监测设备2套,分别位于主沟道上游及中下游段,其中布设于上游段的编号为1#流速仪,布设于中下游段的编号为2#流速仪,安装完毕后调试上

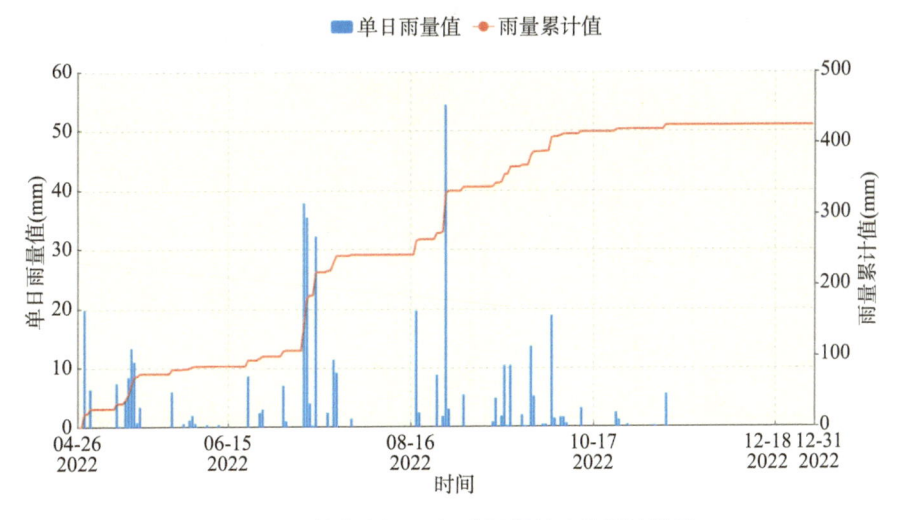

图 6-81 甘家沟泥石流 3# 雨量计日监测统计图

线,分别自 2022 年 5 月 13 日及 4 月 25 日开始监测,监测周期为 2 h,至 2022 年 12 月 31 日,1# 流速仪共采集到监测数据 2 749 条,2# 流速仪共采集到监测数据 2 976 条。其中,1# 流速仪监测数据多为 0.1~0.6 m/s,最大流速为 3.8 m/s,出现于 7 月 11 日。2# 流速仪监测数据多为 0.1~1.0 m/s,最大流速为 4.8 m/s,出现于 8 月 28 日。对比雨量计,在流速突增的当日均发生了降雨,与流速仪形成了较好的对应关系(图 6-82、图 6-83)。

本次安装的流速仪,可根据断面尺寸,后台计算通过位置的泥石流流量,仪器可通过程序进行自动解算,并将泥石流流量数据上传至监测预警平台(图 6-84、图 6-85)。

在甘家沟监测断面上还安装有 2 套泥水位计,布设位置与流速仪一致,布设于上游段的编号为 1# 泥水位计,布设于中下游段的编号为 2# 泥水位计,安装完毕后调试上线,分别自 5 月 13 日及 4 月 25 日开始监测,监测周期为 2 h,至 2022 年 12 月 31 日,1# 泥水位计共采集到监测数据 2 753 条,2# 泥水位计共采集到监测数据 2 974 条。早期该仪器监测基准未归零,项目组在发现该问题后,通知仪器安装单位进行整改,分别于 5 月 21 日及 5 月 25 日将 2 套泥水位计的监测基准归零。自仪器安装后至 12 月 31 日,甘家沟未发生过泥石流,仅在区域发生降雨时,沟内流水水位发生小幅度变化,变化幅度为 0.1~0.2 m,泥水位计的变化与降雨量所反映出的区域降水情况对应性较好(图 6-86、图 6-87)。

地声仪主要监测数据为 OSP、VSP、freq,其中 OSP 是指泥石流灾害发生时,近地表岩土体在其变形、运动过程中,因内部破裂或与其背景岩土体、空气等发生接触和相对运动而产生的弹性波传播过程所形成的原始声压,单位为帕(Pa);VSP 是在 OSP 的基础上,去除噪声和误差而取得的有效声压,单位为帕(Pa);freq 是指声波的频率,单位为赫兹(Hz)。在仪器目前运行的时间段内,甘家沟未发生泥石流,但周边声波持续存在,故监测数据显示声波频率存在,有效声压为 0,与现场实际情况一致(图 6-88)。

图 6-82　甘家沟 1# 流速仪监测数据图

图 6-83　甘家沟 2# 流速仪监测数据图

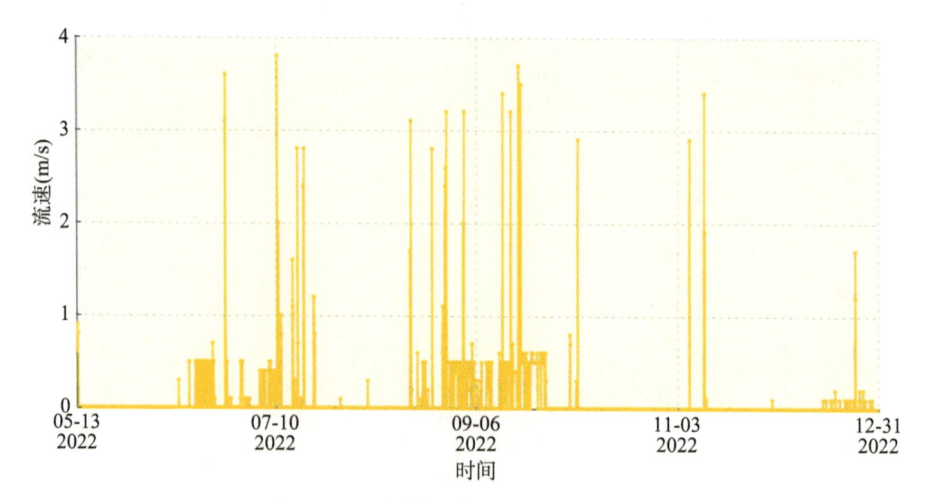

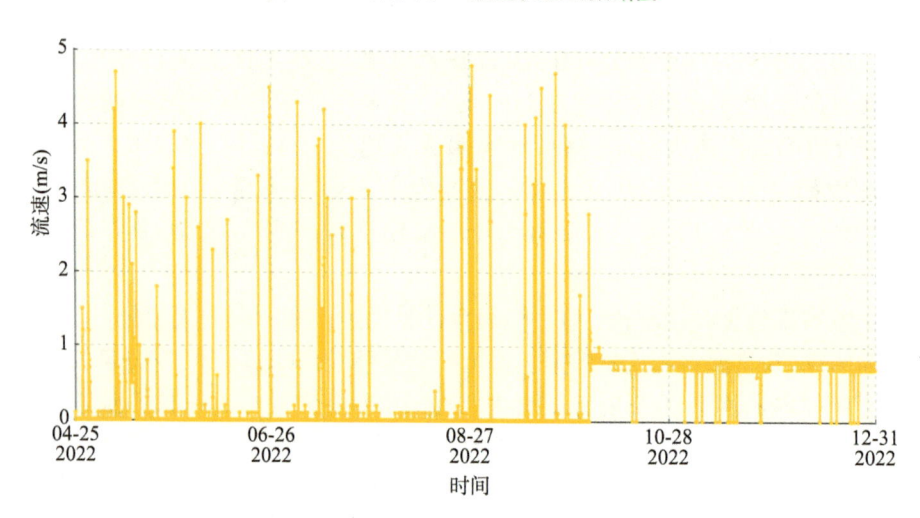

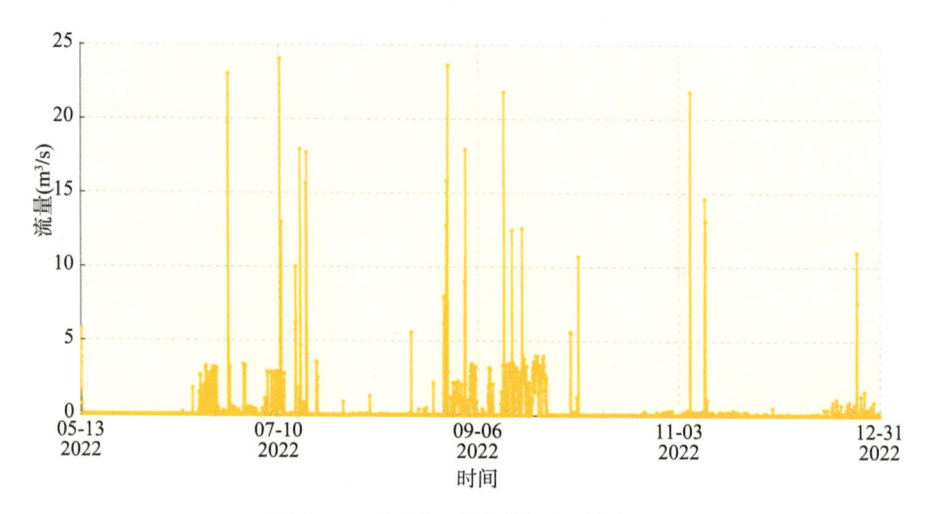

图 6-84　甘家沟 1# 流量仪监测数据图

图 6-85　甘家沟 2# 流量仪监测数据图

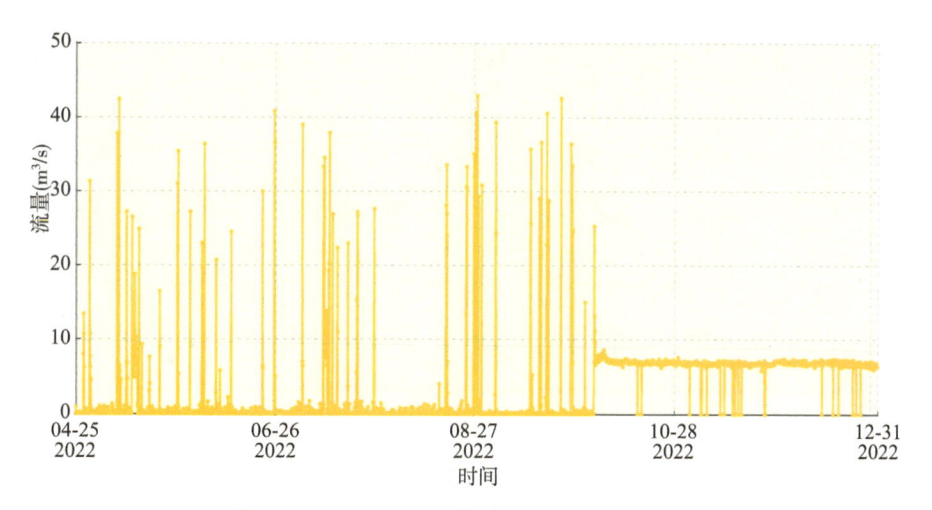

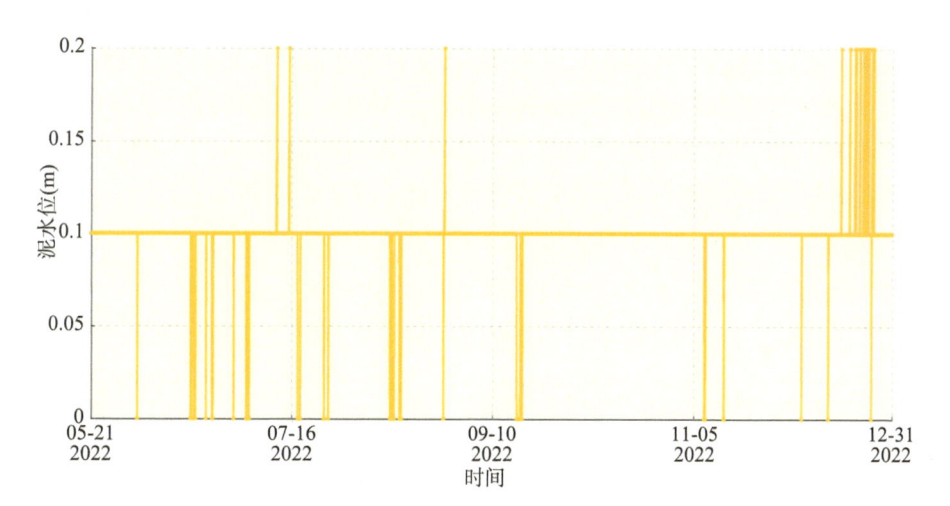

图 6-86　甘家沟 1# 泥水位计监测数据图

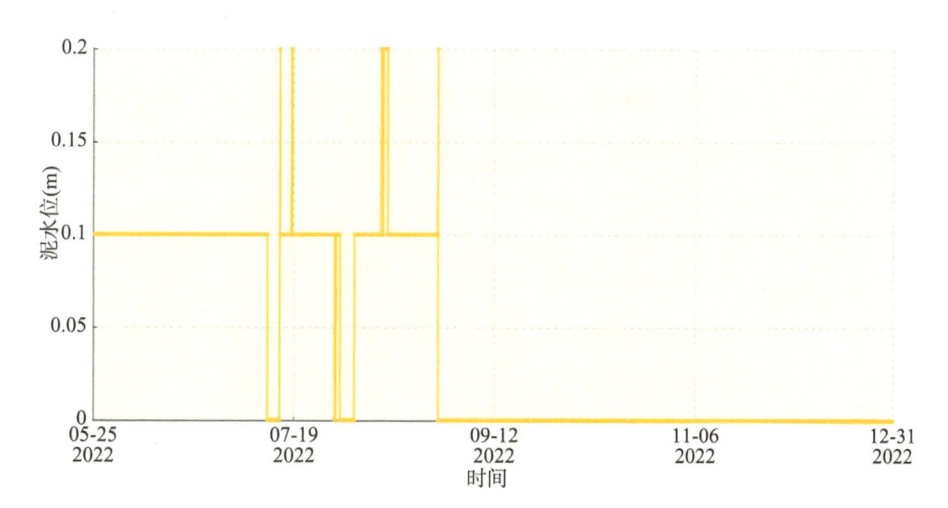

图 6-87　甘家沟 2# 泥水位计监测数据图

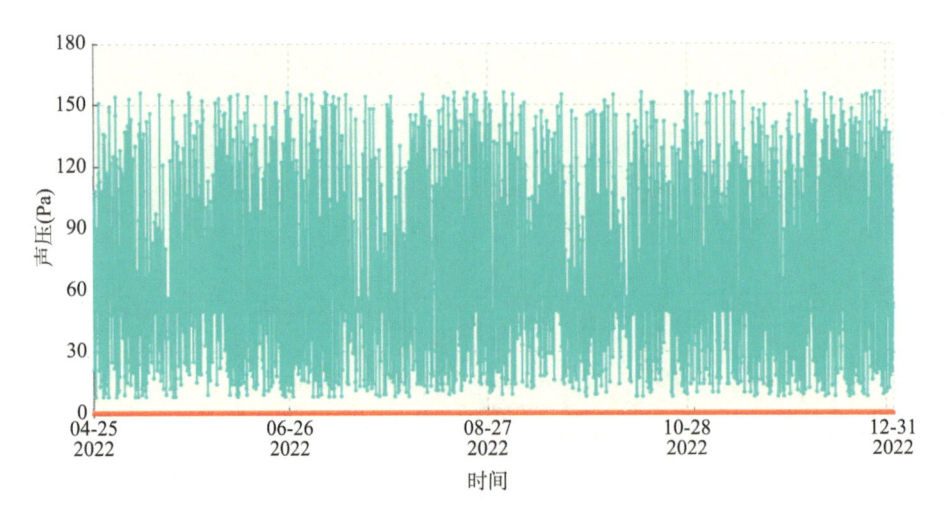

图 6-88　甘家沟泥石流地声仪监测数据图

通过数据比对,甘家沟3套雨量计在2022年4—12月的降水量存在一定差异,但差异较小,1#雨量计总降水量较3#雨量计多65 mm,大多数降雨日3处雨量计均有降水,但雨量具有一定差异,3处雨量计的监测数据体现出甘家沟内存在差异降水,但差异性较小,1#雨量计安装位置海拔为2 004 m,2#雨量计安装位置海拔为1 603 m,3#雨量计安装位置海拔为1 128 m,降水量整体随区域海拔的降低而降低。详见图6-89。

图 6-89　甘家沟雨量计对比柱状图

对甘家沟的流速(流量)仪数据与雨量计数据进行叠加,可明显反映出甘家沟内的流速(流量)仪与雨量计所测得的降水情况有较好的一致性,位于上游的1#流速(流量)仪在7月15日、8月18日、8月28日及10月3日均对降水产生了明显反应,在持续性小降雨量的情况下,流速(流量)仪也产生了一定的变化。1#流速(流量)仪安装处沟道较宽,仪器无法针对流水中线进行监测,故其监测数据反映出当降水结束后,汇流降低,流速(流量)计变为0值。详见图6-90。

对甘家沟2#流速(流量)仪数据与雨量计数据进行叠加(图6-91),同样也显示出了与雨量计所测得的降水情况有较好的一致性,位于下游的2#流速(流量)仪在5月12日、7月4日、8月18日、8月28日及9月26日均对降水产生了明显反应,其与降水的一致性高于1#流速(流量)仪。分析认为,2#流速(流量)仪布设在中下游,汇水面积远大于布设在上游的1#流速(流量)仪,径流特征也更加明显,故2#流速(流量)仪与雨量计的对应性更好。

2#流速(流量)仪布设位置处沟道较为宽阔,仪器布设在沟岸的断面上,无法监测到水流主线,早期在无降水的情况下监测值为0。在10月4日之后,流速则发生了变化,日常基本保持在0.8 m/s,经现场调查,甘家沟在2#断面处有长流水,早期长流水位于沟道中央,监测仪器无法监测到水流情况,故流速监测值为0,后水流自然偏移,目前水流主线已处于监测仪器的监测范围内,故有较为稳定的流速值。

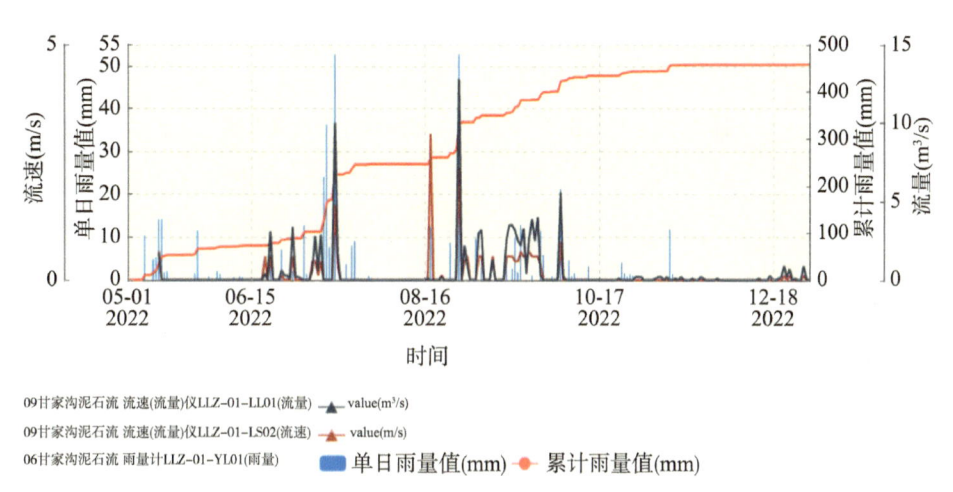

图6-90 甘家沟1#雨量计与1#流速(流量)仪数据叠加图

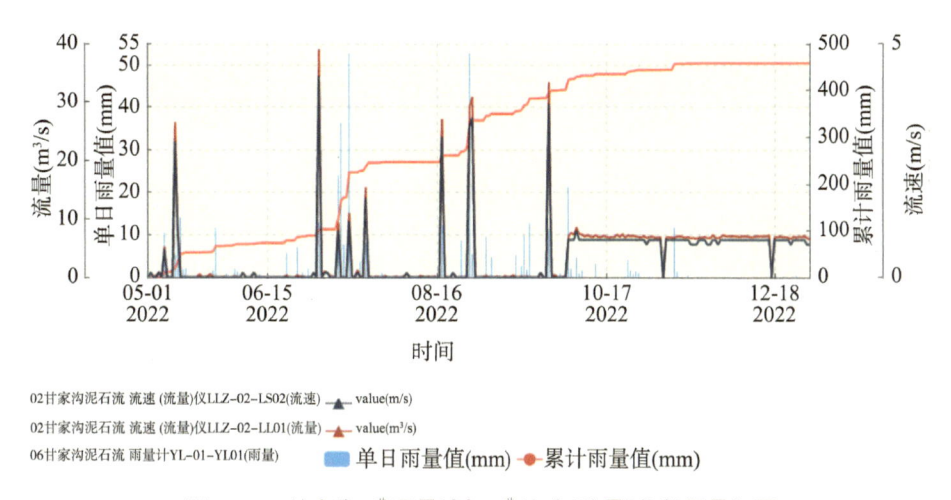

图6-91 甘家沟1#雨量计与2#流速(流量)仪数据叠加图

对甘家沟雨量计与泥水位计监测数据进行叠加比对,可显示出甘家沟在本次监测周期内,泥水位计的变化幅度较小,与雨量计的对应关系不明显。经现场检查,各仪器运行正常,综合分析认为该沟2套泥水位计所布设位置处的沟道较为宽阔,在本次监测周期内,甘家沟也未发生泥石流,沟道径流的泥水位变化不明显(图6-92)。

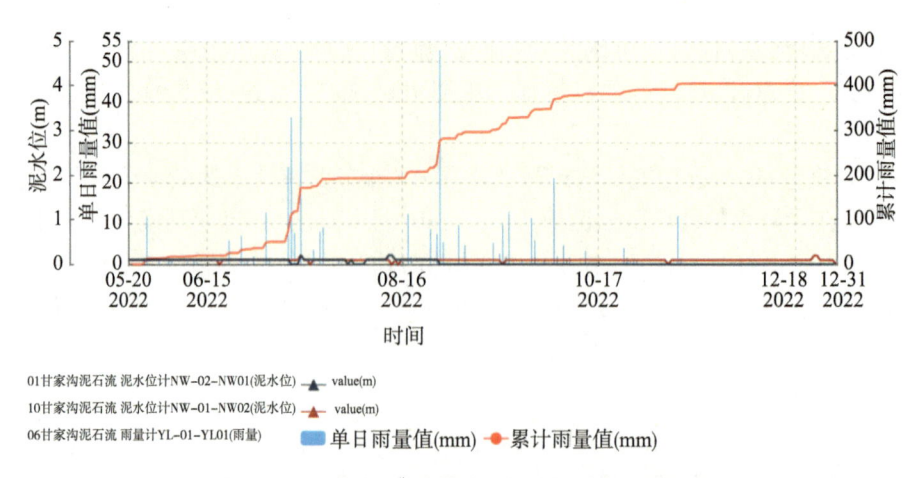

图 6-92　甘家沟 1# 雨量计与泥水位计数据叠加图

参考文献

[1] 中华人民共和国国土资源部. 崩塌、滑坡、泥石流监测规范：DZ/T 0221—2006[S]. 北京：中国标准出版社，2006.

[2] 中华人民共和国自然资源部. 地质灾害自动化仪器监测预警规范：DZ/T 0460—2023[S]. 北京：地质出版社，2023.

[3] 苏白燕，许强，黄健，等. 基于动态数据驱动的地质灾害监测预警系统设计与实现[J]. 成都理工大学学报（自然科学版），2018，45(5)：615-625.

[4] 许强. 滑坡监测预警的理论与实践[J]. 中国减灾，2022(19)：34-37.

[5] 唐亚明，张茂省，薛强，等. 滑坡监测预警国内外研究现状及评述[J]. 地质论评，2012，58(3)：533-541.

[6] 刘传正，陈春利. 中国地质灾害防治成效与问题对策[J]. 工程地质学报，2020，28(2)：375-383.

[7] 刘传正. 关于地质灾害防治中两个问题的认识[J]. 中国地质灾害与防治学报，2015，26(3)：1-2.

[8] 刘传正. 中国地质灾害气象预警方法与应用[J]. 岩土工程界，2004(7)：17-18.

[9] 李超. 地质灾害监测系统的研究与实现[D]. 西安：西安工业大学，2017.

[10] 苏白燕. 基于动态数据驱动技术的地质灾害监测预警研究[D]. 成都：成都理工大学，2018.

[11] 刘淑侠. 基于地质灾害监测预警平台的地质体数值模拟研究[D]. 成都：成都理工大学，2013.

[12] 刘芳. 榆林市地质灾害防治监测预警问题研究[D]. 西安：西北大学，2021.

[13] 彭启园. 甘肃滑坡与泥石流监测体系评价与数据分析研究[D]. 兰州：兰州大学，2020.

[14] 张斌. 滑坡地质灾害远程监测关键问题研究[D]. 北京：中国矿业大学（北京），2010.

[15] 韩冰. 雅安地区滑坡灾害监测预警研究[D]. 北京：中国地质大学（北京），2016.

[16] 刘传正.重大地质灾害防治理论与实践[M].北京:科学出版社,2019.

[17] 杨为民,黄晓,张永双,等.甘肃南部坪定—化马断裂带滑坡变形特征及其防治[J].地质通报,2013,32(12):1925-1935.

[18] 负宜含,张明波,伍宇明,等.基于时序遥感影像的黄土滑坡形变与河流水位关系研究——以天水市清泉村滑坡为例[J].地理科学进展,2023,42(2):353-363.

[19] 毛正君,张瑾鸽,仲佳鑫,等.梯田型黄土滑坡隐患发育特征与成因分析——以宁夏南部黄土丘陵区为例[J].中国地质灾害与防治学报,2022,33(6):142-152.

[20] 卢永兴,陈剑,霍志涛,等.降雨与开挖作用下黄土滑坡失稳过程分析:以关中地区长武县杨厂村老庙滑坡为例[J].地质科技通报,2022,41(6):95-104.

[21] 凌晴,张勤,张静,等.融合工程地质资料与GNSS高精度监测信息的黑方台党川黄土滑坡稳定性研究[J].测绘学报,2022,51(10):2226-2238.

[22] 李媛茜,张毅,孟兴民,等.活动构造断裂带巨型滑坡活动特性研究——以白龙江流域大小湾滑坡为例[J].兰州大学学报(自然科学版),2021,57(3):360-368.

[23] 冯啸.无人机倾斜摄影测量技术在地质灾害监测中的应用——以四川省茂县叠溪镇山体滑坡为例[J].华北自然资源,2022(4):98-101.

[24] 吴明辕,罗明,刘岁海.基于光学遥感与InSAR技术的潜在滑坡与老滑坡综合识别——以滇西北地区为例[J].中国地质灾害与防治学报,2022,33(3):84-93.

[25] 张勤,赵超英,陈雪蓉.多源遥感地质灾害早期识别技术进展与发展趋势[J].测绘学报,2000,51(6):885-896.

[26] 许强.对地质灾害隐患早期识别相关问题的认识与思考[J].武汉大学学报(信息科学版),2020,45(11):1651-1659.

[27] 张军,李进财,马维峰,等.重庆市地质灾害监测预警信息系统建设与应用[J].国土资源信息化,2013(4):47-51.

[28] 黄健.基于3D WebGIS技术的地质灾害监测预警研究[D].成都:成都理工大学,2012.

[29] 赵俊三,柯尊杰,陈国平,等.基于多源空间数据的地质灾害监测预警系统研究——以云南省德钦县为例[J].地理信息世界,2017,24(3):35-41.

[30] 魏嘉,张晔,魏园,等.地质灾害监测预警技术创新及应用[J].地矿测绘,2018,34(4):32-33.

[31] 石正英.大数据背景下农村自然灾害监测预警体系研究——以贵州省地质灾害为例[J].农村经济与科技,2022,33(18):155-157.

[32] 张凯翔.基于"3S"技术的地质灾害监测预警系统在我国的应用现状[J].中国地质灾害与防治学报,2020,31(6):1-11.

[33] 李傲雯,李永红,姚超伟,等.几种地质灾害监测预警和成功预报的模式[J].灾害学,2020,35(1):222-229.

[34] 山东省地质矿产勘查开发局第七地质大队(山东省第七地质矿产勘查院).一种地质灾害检测预警系统:CN 202210443602.9[P].2022-08-30.

[35] 陈亚萍.基于智能监测技术的煤矿地质监测预警系统设计[J].科学技术创新,

2022(12):169-172.

[36] 吴向平.矿山地质灾害防治及地质环境保护策略探思[J].世界有色金属,2022(8):208-210.

[37] 杨隽,吕伟,左华平.高速公路边坡实时监测预警系统建设研究与工程应用[J].中国公路,2022(19):106-107.

[38] 陈宜东.倾斜航空摄影技术在矿山地质灾害监测中的应用探讨[J].中国金属通报,2022(9):222-224.

[39] 旷丞吉,谭文斌,蒙勇.基于道路监控视频分析的地质灾害预警系统设计[J].无线互联科技,2022,19(19):62-64.

[40] 邱建新.地质灾害监测预警技术创新及应用研究[J].智能城市,2020,6(17):33-34.

[41] 左茂德.地质灾害监测预警技术创新及应用研究[J].大科技,2019(15):132-133.

[42] 曾程文.浅析测绘技术在地质灾害监测预警中的技术创新及应用研究[J].城镇建设,2021(21):375-376.

[43] 杨旭东,李媛,房浩.基于智能互联的地质灾害监测预警技术创新及应用[J].科技成果管理与研究,2018(6):66-67.

[44] 徐岩岩.GIS支持下的地质灾害防治信息平台建设[J].国土与自然资源研究,2016(1):57-59.

[45] 任晓霞,曾青石,喻孟良,等.国家地质环境数据中心建设研究[J].地质灾害与环境保护,2015,26(3):53-57.

[46] 周志华.广东省地质灾害防治信息化平台建设探析[J].西部资源,2017(1):77-82.

[47] 邓青春.基于ArcGISServer的地质灾害防治管理信息系统设计研究[J].资源与人居环境,2010(14):33-35.

[48] 张晓晨.某市地质灾害信息管理系统设计[D].秦皇岛:燕山大学,2018.

[49] 王小平,刘刚,杨帆,等.浅议湖北省地质灾害应急工作模型及平台实现[J].资源环境与工程,2015,29(6):902-906.

[50] 黄露.基于GIS的地质灾害气象预警决策支持系统的研究[D].武汉:武汉理工大学,2011.

[51] 鲁泰富,田林.滑坡监测技术及研究方法综述[J].科技致富向导,2011(36):383,361.

[52] 齐胜,彭少民.国内外滑坡防治与研究现状综述[J].地质勘探安全,2000(3):16-19.

[53] 江鸿彬,陈忠奎,夏春梅.突发地质灾害应急体系建设探讨[J].资源环境与工程,2015,29(6):896-901.

[54] 温铭生,刘传正,陈春利,等.地质灾害气象预警与减灾服务[J].城市与减灾,2019(3):9-12.

[55] 陈国华.滑坡稳定性评价方法对比研究[D].武汉:中国地质大学,2006.

[56] 崔剑,昌珺.探究渗透系数对边坡稳定的影响[J].山西焦煤科技,2012,36(5):42-44.

[57] 许强,汤明高,黄润秋,等.大型滑坡监测预警与应急处置[M].2版.北京:科技出版社,2020.

[58] 高立兵,苏军德.基于物联网技术的地质灾害多维异构组网与监测数据集成研究[J].

技术与市场,2020,27(5):10-12.
[59] 赵安文,刘奕含.地质灾害监测预警设备现状及未来技术发展方向[J].山西科技,2020,35(2):97-98,104.
[60] 周密.GNSS技术在地质灾害监测与预警系统中的应用[J].测绘标准化,2019,35(3):58-60.
[61] 基康仪器股份有限公司.科学预警防灾减灾——地质灾害预警信息系统[J].水文地质工程地质,2019,46(6):183.
[62] 葛大庆.地质灾害早期识别与监测预警中的综合遥感应用[J].城市与减灾,2018(6):53-60.
[63] 孙长安.国内外应用"3S"技术开展水土流失监测的发展状况[J].中国水土保持,2008(6):54-57.
[64] 张广平,黄露.基于地质灾害滑坡模型的预警预报系统研究[J].钦州学院学报,2013,28(2):57-60.
[65] 夏添,唐川,常鸣.基于WebGIS的泥石流预警系统的构建[J].水利学报,2012,43(S2):181-185.
[66] 闵从军,周瑛,刘海滨,等.北斗/GPS大坝实时监测与预警系统精度测试研究[J].勘察科学技术,2018(2):19-22.
[67] 唐亚明,张茂省,魏新平,等.舟曲三眼峪泥石流监测预警方案设计[J].西北地质,2011,44(3):95-99.
[68] 白利平,南赟,孙佳丽.北京市泥石流滑坡灾害临界雨量研究[J].中国地质灾害与防治学报,2007(2):34-36,41.
[69] 李朝安,魏鸿.西南地区泥石流滑坡灾害及防灾预警[J].中国地质灾害与防治学报,2004(3):34-37.
[70] 关云峰.水土保持开发建设项目监测[J].黑龙江水利科技,2014,42(5):265-266.
[71] EL-GAMILY I H, SELIM G, HERMAS E A. Wireless mobile field-based GIS science and technology fo r crisis management process:A case study of a fireevent, Cairo, Egypt [J]. The Egyptian Journal of Remote Sensing and Space Science,2010,13(1):21-29.
[72] JAKOB M. A size classification for debris flows [J]. Engineering Geology,2005,79(3):151-161.
[73] METTERNICHT G, HURNI L, GOGU R. Remote sensing of landslides:An analysis of the potential contribution to geo-spatial systems for hazard assessment in mountainous environments [J]. Remote Sensing of Environment:An Interdisciplinary Journal,2005,98(2-3):284-303.
[74] 张李荪.基于WebGIS的山洪灾害预警信息系统设计[J].人民长江,2009,40(17):84-85,93.
[75] 李桂香,吴元保.基于无线通信网络的输电线路监测平台的研究[J].实验室研究与探索,2016,35(8):82-84,120.

[76] 朱乾根,林锦瑞,寿绍文,等.天气学原理和方法[M].3版.北京:气象出版社,2000.

[77] 申建华,李丽平,张国勇,等.山西一次罕见大风天气成因分析[J].安徽农业科学,2011,39(34):21287-21289,21403.

[78] 郝寿昌,秦爱民,李馗峰.山西省天气预报技术手册[M].北京:气象出版社,2016.

[79] 马月枝,王新红,叶东,等.一次春季冷锋过境引起的大风天气分析[J].气象与环境科学,2010,33(3):41-47.

[80] 孙建明,陈卫锋.一次动量下传大风过程分析及预报着眼点[J].浙江气象科技,2001(4):1-4.

[81] 王益柏,袁勇,郭骞,等.一次强沙尘暴过程的动量下传诊断分析[J].气象科技,2012,40(5):820-826.

[82] 王念秦,王永锋,罗东海,等.中国滑坡预测预报研究综述[J].地质论评,2008(3):355-361.

[83] 鲁德科 ГИ,古勃科 НД.预报喀尔巴阡山山前粘性土层滑坡时数学方法的应用[C]//滑坡文集编委会.滑坡文集(第十一集).北京:中国铁道出版社,1994:152.

[84] 央广网.1—8月全国共发生地质灾害8994起成功预报635起[EB/OL].(2016-09-03)[2019-07-05].http://china.cnr.cn/ygxw/20160903/t20160903_523109088.shtml.

[85] 云南网.2018年云南省成功预报避让地质灾害54起[EB/OL].(2019-06-21)[2019-07-05].http://www.kunmingbc.com/lm/zx/84411.shtml.

[86] 西部网.安康岚皋县成功预报2起地质灾害避免18人伤亡[EB/OL].(2017-10-03)[2019-07-05].http://sx.sina.com.cn/news/g/2017-10-03/detail-ifymkwwk7997270.shtml.

[87] 中国新闻网.四川阿坝州泥石流地质灾害实现成功避险无人员伤亡[EB/OL].(2019-06-23)[2019-07-05]http://www.ce.cn/xwzx/gnsz/gdxw/201906/23/t20190623_32426876.shtml.

[88] 刘海南,李永红,杨渊,等.2001—2017年陕西省地质灾害成功预报时空分布规律[J].灾害学,2019,34(1):117-121.

[89] 陕西省国土资源厅.2017年地质灾害成功预报汇编[R].西安:陕西省国土资源厅,2017.

[90] 陕西省国土资源厅.2018年地质灾害成功预报汇编[R].西安:陕西省国土资源厅,2018.

[91] 许强,董秀军,李为乐.基于天-空-地一体化的重大地质灾害隐患早期识别与监测预警[J].武汉大学学报(信息科学版),2019,44(7):957-966.

[92] 宁奎斌,李永红,谢婉丽,等.秦巴山区地质灾害监测预警技术及应用[C]//第二届中国西部矿山地质环境保护学术论坛论文摘要集.西安:陕西省地质调查院,长安大学,2018.

[93] 地质灾害预报技术规程:DB 61/T 589—2013[S].北京:中国标准出版社,2013.

[94] 陕西省地质环境监测总站.2019年第5号地质灾害气象预警[EB/OL].(2017-07-

21)[2019-07-05]. http://shaanxi. cigem. cn/auto/db/detail. aspx? db=998001&rid=5402&showgp=False&prec=False&md=67&pd=202&msd=68&psd=5&mdd=68&pdd=5&count=10.

[95] 程晓露,徐岩岩,娄月红,等.陕西省2018年地质灾害(气象)预报预警工作报告[R].西安:陕西省地质环境监测总站,2019.

[96] 关凤峻.中国十万群测群防员四年避免九万人伤亡[EB/OL].(2010-07-25)[2019-07-05]. http://bosafe. com/html/yjjy/yjjy_dt/50369. html.

[97] 姚超伟.2018年群测群防动态报告[R].西安:陕西省地质环境监测总站,2018.

[98] 宁奎斌,刘海南,姚超伟,等.对高速远程链生突发地质灾害防治问题的思考[J].灾害学,2017,32(4):11-16,78.

[99] 宁奎斌,李永红,何倩,等.2000—2016年陕西省地质灾害时空分布规律及变化趋势[J].中国地质灾害与防治学报,2018,29(1):93-101.

[100] 李永红,范立民,贺卫中,等.对如何做好地质灾害详细调查工作的探讨[J].灾害学,2016,31(1):102-112.

[101] 关凤峻.群测群防:基层地灾防治的创举的群测群防[EB/OL].(2015-07-16)[2019-07-05]. http://www. cgs. gov. cn/xwl/ddyw/201603/t20160309_302637. html.

[102] 王雁林.陕西省地质灾害预报实例分析及模式探讨[J].灾害学,2006(4):71-74.